SHULI TONGJI FANGFA

数理统计方法

李秋芳　李晓莉　周　莉　王开永　主编

江苏大学出版社
JIANGSU UNIVERSITY PRESS

镇　江

图书在版编目(CIP)数据

数理统计方法 / 李秋芳等主编. — 镇江：江苏大学出版社，2023.7

ISBN 978-7-5684-2000-6

Ⅰ．①数… Ⅱ．①李… Ⅲ．①数理统计 Ⅳ．①O212

中国国家版本馆 CIP 数据核字(2023)第 140754 号

数理统计方法

主　　编/李秋芳　李晓莉　周　莉　王开永
责任编辑/李经晶
出版发行/江苏大学出版社
地　　址/江苏省镇江市京口区学府路 301 号（邮编：212013）
电　　话/0511-84446464(传真)
网　　址/http://press.ujs.edu.cn
排　　版/镇江市江东印刷有限责任公司
印　　刷/江苏凤凰数码印务有限公司
开　　本/787 mm×1 092 mm　1/16
印　　张/14
字　　数/355 千字
版　　次/2023 年 7 月第 1 版
印　　次/2023 年 7 月第 1 次印刷
书　　号/ISBN 978-7-5684-2000-6
定　　价/45.00 元

如有印装质量问题请与本社营销部联系(电话：0511-84440882)

◎ 前　言 ◎

　　数理统计是在概率理论的基础上发展起来的一个数学分支,其主要任务是研究如何通过有限的抽样资料,对所考虑的随机问题做出推断或预测,以尽可能地获取对随机现象整体的精确、可靠的结论,为采取某种决策和行动提供依据或建议.数理统计方法的基本概念和理论在自然科学领域和社会科学领域都有着极为广泛的应用.随着计算机技术的普及和统计软件的开发与应用,数理统计的应用范围日益扩大,统计分析已经成为许多专业的研究生进行科学研究所必备的基础知识和基本技能.

　　我们在编写本教材的过程中既保持了理论的严谨性,也兼顾了案例的通俗性和直观性.在选材和叙述上尽量从实际出发,由浅入深、由具体到抽象、由一般到特殊,力求语言精练,通俗易懂.所选案例尽量贴合实际问题,方便学生学习和理解.统计软件应用部分选择了常用软件 SPSS 进行讲解,并对教材中的部分案例进行操作分析,对运行结果进行解读.各章后配备有适量的习题,供学生练习使用,以巩固所学知识.本教材可提高学生利用统计软件进行统计分析和解决实际问题的能力,对学生创新能力的培养和综合素质的提高也起到一定的促进作用.

　　本书参加编写人员及其编写章节如下:周莉编写第 1、7 章,王开永编写第 2 章,李晓莉编写第 3、4 章,李秋芳编写第 5、6 章.全书由李秋芳、李晓莉统稿,书中插图由邢溯完成.

　　本书可作为高等院校工科专业研究生的教材或参考书.本书得到国家级一流本科专业建设点(苏州科技大学数学与应用数学)和"十四五"江苏省重点学科(数学)(苏州科技大学)项目的资助,同时得到我校数学与科学学院领导和同行的大力支持,在此一并表示衷心的感谢.

　　由于作者水平有限,书中难免存在疏漏之处,恳请读者批评指正.

编　者

2023 年 6 月

目　录

第1章　概率论的基础知识　　**001**

§1.1　概率的公理化定义与重要公式　001

§1.2　随机变量及其分布　004

§1.3　随机变量的数字特征　011

§1.4　大数定律与中心极限定理　015

§1.5　应用案例　018

习题1　019

第2章　数理统计的基本概念及抽样分布　　**021**

§2.1　数理统计的基本概念　021

§2.2　统计量和抽样分布　024

§2.3　正态总体统计量的分布　030

§2.4　应用案例　033

习题2　035

第3章　参数估计　　**037**

§3.1　点估计　037

§3.2　区间估计　045

§3.3　非正态总体均值的置信区间　050

§3.4　单侧置信限　052

§3.5　应用案例　053

习题3　054

第4章　假设检验　　**056**

§4.1　假设检验的基本原理与概念　056

§4.2　正态总体参数的假设检验　058

§4.3　非正态总体参数的假设检验　065

§4.4　卡方检验　066

§4.5　假设检验的其他问题　　071
§4.6　应用案例　　074
　习题 4　　076

第 5 章　方差分析和正交试验设计　　**079**
§5.1　方差分析简介　　079
§5.2　单因素试验的方差分析　　080
§5.3　双因素方差分析　　088
§5.4　正交试验设计　　096
§5.5　应用案例　　105
　习题 5　　109

第 6 章　相关分析与回归分析　　**113**
§6.1　相关分析与回归分析简介　　113
§6.2　一元线性回归分析　　115
§6.3　多元线性回归分析　　127
§6.4　非线性回归简介　　133
§6.5　应用案例　　137
　习题 6　　141

第 7 章　数理统计的案例实现　　**143**
§7.1　数据的描述性统计分析　　143
§7.2　参数区间估计的案例分析　　151
§7.3　假设检验的案例分析　　158
§7.4　方差分析的案例分析　　171
§7.5　相关与回归案例分析　　184

主要参考文献　　**197**
附　表　　**198**

第 1 章　概率论的基础知识

概率论是研究随机现象统计规律的一个数学分支,是学习数理统计的基础,为数理统计提供重要工具.为了更好地学习统计知识,本章简要介绍概率论的一些基础知识,其中理论部分只做叙述而不再进行证明.

§1.1　概率的公理化定义与重要公式

1.1.1　概率的公理化定义与性质

自然界中存在大量的随机现象,在相同条件下对随机现象做一次观察、记录或试验称为一次随机试验,通常用字母 E 表示.随机试验的所有可能结果构成的集合称为样本空间,记为 Ω;试验的每一个结果称为样本点,记为 ω;随机试验的任一可能结果被称为随机事件,简称事件,一般用大写的英文字母 $A,B,C,\cdots$ 表示.在随机试验中,当且仅当事件 A 中的一个样本点出现时,称事件 A 发生.

由于事件可以表示为样本空间的子集,因此可以通过集合论知识将事件之间的关系和运算归结为集合之间的关系和运算.

对于一次随机试验,重要的是研究各种结果发生的可能性大小,从而揭示随机现象的内在规律.对随机事件发生的可能性大小的度量即为概率.

定义 1.1.1　在相同的条件下重复进行 n 次试验,若事件 A 发生了 M_n 次,则称比值 $\dfrac{M_n}{n}$ 为事件 A 在 n 次试验中出现的频率,记为

$$f_n(A) = \frac{M_n}{n}. \tag{1.1.1}$$

在大量的重复试验中,事件 A 发生的可能性大小与其频率大小密切相关,而频率具有稳定性,故可通过频率来定义概率.

定义 1.1.2(概率的统计定义)　在相同条件下进行独立重复的 n 次试验,当试验次数 n 很大时,如果事件 A 发生的频率 $f_n(A)$ 在 $[0,1]$ 上的某一数值 p 附近摆动,则称数值 p 为事件 A 的概率,记为 $P(A) = p$.

定义 1.1.3(概率的古典定义)　设古典型随机试验的样本空间含有 n 个样本点,若事件 A 中含有 $k(k \leqslant n)$ 个样本点,则称 $\dfrac{k}{n}$ 为事件 A 的古典概率,记为

$$P(A) = \frac{k}{n} = \frac{A \text{ 中含有的样本点数}}{\Omega \text{ 中总的样本点数}}. \tag{1.1.2}$$

定义 1.1.4(概率的几何定义) 若记 A 为"在区域 Ω 中随机地取一点,而该点落在区域 D 中"这一事件,则其概率可定义为

$$P(A) = \frac{S_A}{S_\Omega}, \tag{1.1.3}$$

式中,S_Ω 为样本空间 Ω 的几何度量,S_A 为事件 A 所表示的区域 D 的几何度量. 称上述概率为几何概率.

在综合前人成果的基础上,苏联数学家柯尔莫哥洛夫(Kolmogorov)提出了概率的公理化定义. 这一定义既概括了以上几种概率定义中的共同性质,又避免了各自的局限性.

定义 1.1.5 (概率的公理化定义) 设随机试验 E 的样本空间为 Ω,对任意事件 A,规定一个实数 $P(A)$,若 $P(A)$ 满足下列公理,则称实数 $P(A)$ 为事件 A 的概率.

① 非负性 对任意事件 A,$0 \leqslant P(A) \leqslant 1$.

② 规范性 $P(\Omega) = 1$.

③ 可列可加性(完全可加性) 对于两两互不相容的事件序列 $A_1, A_2, \cdots$,有

$P(\bigcup_{i=1}^{\infty} A_i) = \sum_{i=1}^{\infty} P(A_i)$.

由概率的公理化定义可以推出随机事件的概率具有以下性质.

性质 1 对于任意事件 A,有 $0 \leqslant P(A) \leqslant 1$,且 $P(\Omega) = 1$,$P(\varnothing) = 0$.

性质 2(有限可加性) 若事件 $A_1, A_2, \cdots, A_n$ 两两互不相容,即 $A_i A_j = \varnothing (i \neq j)$,则有

$$P(\bigcup_{i=1}^{n} A_i) = \sum_{i=1}^{n} P(A_i). \tag{1.1.4}$$

性质 3 对任意事件 A,有 $P(\overline{A}) = 1 - P(A)$.

性质 4 若 $B \subset A$,则 $P(A - B) = P(A) - P(B)$ 且 $P(B) \leqslant P(A)$.

性质 5 $P(A - B) = P(A) - P(AB)$.

性质 6(加法公式) 对任意的事件 A, B,有 $P(A \bigcup B) = P(A) + P(B) - P(AB)$.

特别地,若 A 与 B 互不相容,则有 $P(A \bigcup B) = P(A) + P(B)$.

加法公式可以推广到 n 个事件:设 $A_1, A_2, \cdots, A_n$ 为任意 n 个事件,则有

$$P(\bigcup_{i=1}^{n} A_i) = \sum_{i=1}^{n} P(A_i) - \sum_{1 \leqslant i < j \leqslant n} P(A_i A_j) + \sum_{1 \leqslant i < j < k \leqslant n} P(A_i A_j A_k) - \cdots + (-1)^{n-1} P(A_1 A_2 \cdots A_n).$$

1.1.2 概率的重要公式

利用概率的性质可以计算较简单事件的概率,但在一些实际问题中,求事件的概率时还要考虑一些附加条件.

定义 1.1.6 设 A, B 是两个事件,且 $P(A) > 0$,记

$$P(B \mid A) = \frac{P(AB)}{P(A)}, \tag{1.1.5}$$

称 $P(B \mid A)$ 为在事件 A 发生的条件下事件 B 发生的条件概率.

不难验证,条件概率 $P(B \mid A)$ 同样满足概率的公理化定义中的三条公理,即非负性、规范性和可列可加性.条件概率的计算方法有两种:一种是利用条件概率的定义,在原来的样

本空间 Ω 中分别考虑无条件概率 $P(A)$ 和 $P(AB)$,然后代入定义中的公式计算;另一种是考虑因事件 A 的发生而缩减的样本空间 Ω',在 Ω' 中根据古典概率计算事件 B 发生的概率.

由条件概率的定义,很自然地可以得到下面的定理.

定理 1.1.1 设 A,B 为两个事件,若 $P(A)>0,P(B)>0$,则
$$P(AB)=P(A)P(B\mid A)=P(B)P(A\mid B),\qquad(1.1.6)$$
称之为概率的乘法公式.

乘法公式也可以推广到 n 个事件的情形:对于事件 $A_1,A_2,\cdots,A_n$,若有 $P(A_1A_2\cdots A_{n-1})>0$,则
$$P(A_1A_2\cdots A_n)=P(A_1)P(A_2\mid A_1)P(A_3\mid A_1A_2)\cdots P(A_n\mid A_1A_2\cdots A_{n-1}).$$
$$(1.1.7)$$

利用概率的乘法公式,可以计算若干事件同时发生的概率.

例 1.1.1 设某光学仪器厂制造的透镜第一次落下时被摔碎的概率为 $1/2$,第一次落下未被摔碎而第二次落下被摔碎的概率为 $7/10$,前两次落下未被摔碎而第三次落下被摔碎的概率为 $9/10$. 试求透镜落下 3 次而未被摔碎的概率.

解 以 $A_i(i=1,2,3)$ 表示事件"透镜第 i 次落下被摔碎",以 B 表示事件"透镜落下 3 次而未被摔碎",因为 $B=\overline{A_1}\ \overline{A_2}\ \overline{A_3}$,所以
$$P(B)=P(\overline{A_1}\ \overline{A_2}\ \overline{A_3})=P(\overline{A_3}\mid\overline{A_1A_2})P(\overline{A_2}\mid\overline{A_1})P(\overline{A_1})=\left(1-\frac{9}{10}\right)\left(1-\frac{7}{10}\right)\left(1-\frac{1}{2}\right)=\frac{3}{200}.$$

为了求复杂事件的概率,往往可以先把复杂事件分解成若干两两互不相容的简单事件的并集,然后利用条件概率和乘法公式求出这些简单事件的概率,最后利用概率的可加性得到最终结果.

定理 1.1.2 设事件 $A_1,A_2,\cdots,A_n$ 为样本空间 Ω 的一个划分,即 $A_iA_j=\varnothing(1\leqslant i<j\leqslant n),\bigcup\limits_{i=1}^{n}A_i=\Omega$,且 $P(A_i)>0(i=1,2,\cdots,n)$,那么对于事件 $B\subset\Omega$,有
$$P(B)=\sum_{i=1}^{n}P(A_i)P(B\mid A_i),\qquad(1.1.8)$$
称之为全概率公式.

定理 1.1.3 设事件 $A_1,A_2,\cdots,A_n$ 为样本空间 Ω 的一个划分,即 $A_iA_j=\varnothing(1\leqslant i<j\leqslant n),\bigcup\limits_{i=1}^{n}A_i=\Omega$,且 $P(A_i)>0(i=1,2,\cdots,n)$,那么对于事件 B,若 $P(B)>0$,则有
$$P(A_j\mid B)=\frac{P(A_jB)}{P(B)}=\frac{P(A_j)P(B\mid A_j)}{\sum\limits_{i=1}^{n}P(A_i)P(B\mid A_i)},\ j=1,2,\cdots,n,\qquad(1.1.9)$$
称之为贝叶斯公式.

定义 1.1.7 若两事件 A,B 满足
$$P(AB)=P(A)P(B),\qquad(1.1.10)$$
则称事件 A 与事件 B 相互独立,简称 A 与 B 独立.

定理 1.1.4 设事件 A 与事件 B 相互独立,则 A 与 $\overline{B},\overline{A}$ 与 $B,\overline{A}$ 与 $\overline{B}$ 各对事件也相互

独立.

定义 1.1.8 设 $A_1,A_2,\cdots,A_n$ 是 n 个事件,若对于所有可能的组合 $2\leqslant k\leqslant n,1\leqslant i_1<i_2<\cdots<i_k\leqslant n$,都有

$$P(A_{i_1}A_{i_2}\cdots A_{i_k})=P(A_{i_1})P(A_{i_2})\cdots P(A_{i_k}),\tag{1.1.11}$$

则称事件 $A_1,A_2,\cdots,A_n$ 相互独立.

§1.2 随机变量及其分布

引入随机变量和分布函数的定义后,对随机现象统计规律的研究就从对事件及事件概率的研究转化为对随机变量及其取值规律的研究,即对函数的研究,因此在计算时可将微积分与代数知识应用于概率论与统计分析.

1.2.1 随机变量及其分布的定义

定义 1.2.1 设一随机试验的样本空间为 Ω,若对任一样本点 $\omega\in\Omega$,都有唯一实数 $X(\omega)$ 与之对应,且对任意实数 x,集合 $\{\omega|X(\omega)\leqslant x\}$ 都是随机事件,则称 $X(\omega)$ 为随机变量.随机事件 $\{\omega|X(\omega)\leqslant x\}$ 也简记为 $\{X\leqslant x\}$.

$X=X(\omega)$ 是定义在 Ω 上的实值单值函数,通常用大写字母 $X,Y,Z,\cdots$ 表示随机变量.

定义 1.2.2 设 X 为一随机变量,对任意实数 x,事件 $\{\omega|X(\omega)\leqslant x\}$ 发生的概率依赖于 x 的取值,记为 $F(x)$,称

$$F(x)=P(X\leqslant x)\tag{1.2.1}$$

为随机变量 X 的分布函数.

由定义可知,分布函数是单调非降的,取值在 $0\sim1$ 之间,且满足 $F(-\infty)=\lim\limits_{x\to-\infty}F(x)=0$, $F(+\infty)=\lim\limits_{x\to+\infty}F(x)=1,F(x+0)=\lim\limits_{y\to x^+}F(y)=F(x)$.

如果一个随机变量所有可能的取值是有限个或可列个,则称此随机变量是离散型随机变量.

定义 1.2.3 设随机变量 X 所有可能的取值为 $x_1,x_2,\cdots,x_n,\cdots$,则称 X 取 x_i 的概率

$$P(X=x_i)=p_i,i=1,2,\cdots,n,\cdots\tag{1.2.2}$$

为随机变量 X 的概率分布列,简称分布列.

连续型随机变量的一切可能的取值会充满某个区间,区间内的点是不可列无穷多个,因此不能用离散型随机变量的分布列来描述连续型随机变量的分布,而要用密度函数来描述.

定义 1.2.4 设随机变量 X 的分布函数为 $F(x)$,如果存在一个非负可积实函数 $f(x)$,使得对任意实数 x,有

$$F(x)=\int_{-\infty}^{x}f(t)\mathrm{d}t,\tag{1.2.3}$$

则称 X 为连续型随机变量,且称 $f(x)$ 为 X 的概率密度函数,简称密度函数,它的大小反映

了 X 在 x 邻域内取值的概率大小.

由定义可以得出连续型随机变量的分布函数和密度函数的一些性质:

① 对任意实数 x,有 $f(x) \geqslant 0$ 且 $\int_{-\infty}^{+\infty} f(x) \mathrm{d}x = 1$.

② 在 $f(x)$ 的连续点 x 处,有 $F'(x) = f(x)$.

③ $F(x)$ 是实数域上的连续函数.

④ 对任意实数 x_1 和 $x_2 (x_1 < x_2)$,有

$$P(x_1 < X \leqslant x_2) = F(x_2) - F(x_1) = \int_{x_1}^{x_2} f(t) \mathrm{d}t. \tag{1.2.4}$$

⑤ 连续型随机变量 X 取任一实数点的概率为 0,即 $P(x=a) = 0$.

1.2.2　常见分布类型

不同的随机变量对应不同的概率分布,下面给出几种常见的分布.

1.离散型随机变量常见分布

(1) 离散均匀分布.

定义 1.2.5　如果随机变量 X 的可能取值为 $1, 2, \cdots, r$,其中 r 为一正整数,X 的概率分布为

$$P(X=k) = \frac{1}{r}, \ k = 1, 2, \cdots, r, \tag{1.2.5}$$

则称 X 服从参数为 r 的离散均匀分布.

(2) 二项分布.

定义 1.2.6　记 X 为 n 重伯努利(Bernoulli)试验中成功(记为事件 A)的次数,p 为每次试验中事件 A 发生的概率,若离散型随机变量 X 的分布列为

$$P(X=k) = \mathrm{C}_n^k p^k (1-p)^{n-k}, k = 0, 1, 2, \cdots, n, \tag{1.2.6}$$

其中 $0 < p < 1$,n 为正整数,则称 X 服从参数为 n 与 p 的二项分布,记作 $X \sim B(n, p)$.

特别地,当 $n=1$ 时,X 的分布列为 $P(X=k) = p^k (1-p)^{1-k}, k = 0, 1$,即

X	0	1
P	$1-p$	p

称 X 服从参数为 p 的两点分布或 $0-1$ 分布.

二项分布是随机变量 X 在 n 重独立重复试验下的概率分布,其应用很广泛.例如:保险公司在开发人寿或意外伤亡保险时计算各种伤亡、疾病及自然灾害发生的概率;计算产品检验中取到的不合格产品数;计算某射击运动员多次射击时命中目标的次数;计算一批种子中能发芽的种子数;等等.而产品是否合格、某日出生的新生儿的性别等则可以用服从两点分布的随机变量来描述.

（3）超几何分布.

定义 1.2.7 若离散型随机变量 X 的分布列为

$$P(X=k)=\frac{C_M^k C_{N-M}^{n-k}}{C_N^n},\ k=0,1,2,\cdots,\min\{n,M\},\qquad(1.2.7)$$

其中 n,M,N 均为正整数，$M\leqslant N,n\leqslant N$，则称 X 服从参数为 n,M,N 的超几何分布，记作 $X\sim H(n,M,N)$.

（4）泊松（Poisson）分布.

定义 1.2.8 若离散型随机变量 X 的分布列为

$$P(X=k)=\frac{\lambda^k}{k!}e^{-\lambda},\ k=0,1,2,\cdots,\qquad(1.2.8)$$

其中 $\lambda>0$，则称 X 服从参数为 λ 的泊松分布，记作 $X\sim P(\lambda)$.

泊松分布在理论和实际应用中很重要，常用于确定一个事件在某一特定时间或空间间隔中发生的次数，如单位时间内某放射性物质放射出的粒子数，某交通枢纽在某一高峰期的客流量和车流量，某段时间内到某车站候车的乘客数，一本书上的印刷错误数等，都能用泊松分布描述.

（5）几何分布.

定义 1.2.9 若离散型随机变量 X 的分布列为

$$P(X=k)=(1-p)^{k-1}p,\ k=1,2,3,\cdots,\qquad(1.2.9)$$

其中 $0<p<1$，则称 X 服从参数为 p 的几何分布，记作 $X\sim G(p)$.

2.连续型随机变量常见分布

（1）均匀分布.

定义 1.2.10 若连续型随机变量 X 的密度函数为

$$f(x)=\begin{cases}\dfrac{1}{b-a},&a<x<b,\\0,&\text{其他},\end{cases}\qquad(1.2.10)$$

则称 X 服从区间 (a,b) 上的均匀分布，记作 $X\sim U(a,b)$.

容易得出其对应的分布函数为

$$F(x)=\begin{cases}0,&x\leqslant a,\\\dfrac{x-a}{b-a},&a<x<b,\\1,&x\geqslant b.\end{cases}$$

均匀分布可用来描述在某个区间上具有等可能结果的随机现象的统计规律.例如：在估计计算误差 X 时，假定运算中的数据只保留小数点后两位，第三位需要进行四舍五入，则 X 服从 $U(-0.005,0.005)$；假定乘客在公共汽车站的候车时间为 X，且乘客在任意时刻都可能来到车站，而公共汽车每隔 a 分钟发出一辆，则 X 服从 $U(0,a)$.

（2）指数分布.

定义 1.2.11 若连续型随机变量 X 的密度函数为

$$f(x) = \begin{cases} \lambda \mathrm{e}^{-\lambda x}, & x > 0, \\ 0, & x \leqslant 0, \end{cases} \tag{1.2.11}$$

其中参数 $\lambda > 0$，则称 X 服从参数为 λ 的指数分布，记作 $X \sim E(\lambda)$.

可以得出其对应的分布函数为

$$F(x) = \begin{cases} 1 - \mathrm{e}^{-\lambda x}, & x > 0, \\ 0, & x \leqslant 0. \end{cases}$$

指数分布在可靠性和排队论中有广泛的应用，常用来描述排队模型中的服务时间分布、某些没有明显"衰老"机理的元器件寿命、两个来电之间的时间间隔等.

（3）正态分布.

正态分布是概率论与数理统计中最重要的一种分布，又称高斯分布. 很多随机变量服从或近似服从正态分布，如人的身高、体重，试验中的测量误差，某项医学检查的化验指标，某一时段的降雨量等. 在概率论中，即使有些随机变量不服从正态分布，在适当的条件下，这些随机变量和的分布也近似服从正态分布.

定义 1.2.12　若连续型随机变量 X 的密度函数为

$$f(x) = \frac{1}{\sigma\sqrt{2\pi}} \mathrm{e}^{-\frac{(x-\mu)^2}{2\sigma^2}}, -\infty < x < +\infty, \tag{1.2.12}$$

其中参数 $-\infty < \mu < +\infty, \sigma > 0$，则称 X 服从参数为 μ, σ^2 的正态分布，记作 $X \sim N(\mu, \sigma^2)$. 服从正态分布的随机变量也称为正态随机变量或正态变量.

正态分布的密度函数 $f(x)$ 的图形如图 1.2.1 所示，它具有如下性质：

① $f(x)$ 的曲线关于 $x = \mu$ 对称，即对任意实数 x，有 $f(\mu + x) = f(\mu - x)$.

② $f(x)$ 的曲线中间高、两边低，且在 $x = \mu$ 处，$f(x)$ 达到最大值 $\dfrac{1}{\sigma\sqrt{2\pi}}$.

③ 当 $x \to \pm\infty$ 时，$f(x) \to 0$.

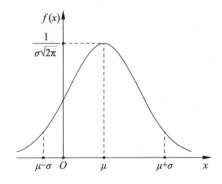

图 1.2.1　正态分布的密度函数的图形

正态分布的分布函数为

$$F(x) = \int_{-\infty}^{x} \frac{1}{\sigma\sqrt{2\pi}} \mathrm{e}^{-\frac{(t-\mu)^2}{2\sigma^2}} \mathrm{d}t, -\infty < x < +\infty. \tag{1.2.13}$$

当 $\mu = 0$ 且 $\sigma = 1$ 时，称正态分布 $N(0,1)$ 为标准正态分布. 服从标准正态分布 $N(0,1)$

的变量也称为标准正态变量,其对应的密度函数及分布函数分别记为 $\varphi(x)$ 及 $\Phi(x)$,即对任意实数 x,有

$$\varphi(x)=\frac{1}{\sqrt{2\pi}}\mathrm{e}^{-\frac{x^2}{2}}, \ \Phi(x)=\int_{-\infty}^{x}\varphi(t)\mathrm{d}t=\int_{-\infty}^{x}\frac{1}{\sqrt{2\pi}}\mathrm{e}^{-\frac{t^2}{2}}\mathrm{d}t, \tag{1.2.14}$$

标准正态分布的密度函数和分布函数的图形如图 1.2.2 所示.

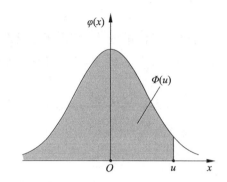

图 1.2.2　标准正态分布的密度函数和分布函数的图形

由于 $\varphi(x)$ 的图形关于 $x=0$ 对称,因此容易得出 $\Phi(x)$ 的如下性质:

① $\Phi(0)=\dfrac{1}{2}$.

② 对任意实数 x,

$$\Phi(-x)=1-\Phi(x). \tag{1.2.15}$$

对于 $\Phi(x)$ 的计算,本书的附表 2(标准正态分布表)给出了部分 $x>0$ 时的 $\Phi(x)$ 值.

任一正态分布都可以通过线性变换化成标准正态分布,因此与正态分布有关的事件的概率可通过查标准正态分布表获得.

定理 1.2.1　设随机变量 $X\sim N(\mu,\sigma^2)$,则 $U=\dfrac{X-\mu}{\sigma}\sim N(0,1)$. 对任意实数 $a<b$,有

$$P(a<X\leqslant b)=\Phi\left(\frac{b-\mu}{\sigma}\right)-\Phi\left(\frac{a-\mu}{\sigma}\right). \tag{1.2.16}$$

例 1.2.1　设随机变量 $X\sim N(20,4)$,试求:

(1) $P(15<X<26)$;

(2) 使得 $P(X\geqslant a)=0.305$ 的常数 a.

解　(1) 由式(1.2.16)可知

$$P(15<X<26)=\Phi\left(\frac{26-20}{2}\right)-\Phi\left(\frac{15-20}{2}\right)=\Phi(3)-[1-\Phi(2.5)]=0.9924.$$

(2) 由于 $P(X<a)=1-P(X\geqslant a)=0.695$,即 $\Phi\left(\dfrac{a-20}{2}\right)=0.695$,查标准正态分布表有 $\Phi(0.51)=0.695$,故 $\dfrac{a-20}{2}=0.51$,即 $a=21.02$.

例 1.2.2　在某场大型招聘考试中,共有 10000 人报考. 假设考试成绩 $X\sim N(\mu,\sigma^2)$,已知 90 分以上的有 359 人,60 分以下的有 1151 人. 现按照考试成绩从高分至低分依次录

用 2500 人,请问被录用者中最低分是多少?

解　考试成绩 $X \sim N(\mu, \sigma^2)$,90 分以上的占 3.59%,60 分以下的占 11.51%,由频率估计概率有

$$0.0359 = P(X > 90) = 1 - P(X \leqslant 90) = 1 - \Phi\left(\frac{90-\mu}{\sigma}\right),$$

$$0.1151 = P(X < 60) = \Phi\left(\frac{60-\mu}{\sigma}\right) = 1 - \Phi\left(\frac{\mu-60}{\sigma}\right),$$

即 $1 - 0.0359 = 0.9641 = \Phi\left(\frac{90-\mu}{\sigma}\right)$, $1 - 0.1151 = 0.8849 = \Phi\left(\frac{\mu-60}{\sigma}\right)$.

查标准正态分布表可得 $\frac{90-\mu}{\sigma} = 1.8$,$\frac{\mu-60}{\sigma} = 1.2$,解得参数为 $\mu = 72, \sigma = 10$.

设被录用者中最低分为 K,共录取 25%,即

$$0.25 = P(X \geqslant K) = 1 - \Phi\left(\frac{K-72}{10}\right), \text{即 } \Phi\left(\frac{K-72}{10}\right) = 0.75,$$

查表得 $\frac{K-72}{10} \geqslant 0.675$,即 $K \geqslant 78.75$,可知被录用者中最低分为 78.75 分.

1.2.3　多维随机变量

在具体应用中,常需要将多个变量的观测数据看作一个整体,譬如人们体检时的身高、体重、血压等指标. 将 n 个随机变量称为 n 维随机变量. 本节重点讨论二维随机变量,后续可考虑将二维推广为 n 维的情形.

定义 1.2.13　设一个试验的样本空间为 Ω,X 与 Y 为定义在 Ω 上的两个随机变量,由 X 与 Y 构成的一个向量 (X, Y) 称为二维随机变量或二维随机向量.

一般地,若 $X_1, X_2, \cdots, X_n$ 为定义在 Ω 上的随机变量,则称向量 $(X_1, X_2, \cdots, X_n)$ 为 n 维随机变量或 n 维随机向量.

定义 1.2.14　设 (X, Y) 为二维随机变量,对任意实数 x, y,称

$$F(x, y) = P(X \leqslant x, Y \leqslant y) \tag{1.2.17}$$

为二维随机变量 (X, Y) 的联合分布函数.

定义 1.2.15　设二维随机变量 (X, Y) 只取有限个或可列无穷多个数对,则称 (X, Y) 为二维离散型随机变量.

设二维离散型随机变量 (X, Y) 所有可能的取值为 (x_i, y_j),$i, j = 1, 2, \cdots$,则称

$$p_{ij} = P(X = x_i, Y = y_j), \ i, j = 1, 2, \cdots \tag{1.2.18}$$

为 (X, Y) 的联合分布列.

定义 1.2.16　设二维随机变量 (X, Y) 的联合分布函数为 $F(x, y)$,如果存在一个二元非负可积实函数 $f(x, y)$,使得对任意实数 x, y,有

$$F(x, y) = \int_{-\infty}^{x} \int_{-\infty}^{y} f(u, v) \mathrm{d}v \mathrm{d}u, \tag{1.2.19}$$

则称 (X, Y) 为二维连续型随机变量,且称 $f(x, y)$ 为二维随机变量 (X, Y) 的联合概率密度函数,简称联合密度函数.

对于二维离散型随机变量(X,Y),随机变量 X 与 Y 各自为一维离散型随机变量,则称随机变量 X,Y 的分布列分别为(X,Y)关于 X,Y 的边缘分布列.

(X,Y)关于 X 的边缘分布列为

$$P(X=x_i)=P(X=x_i,Y<+\infty)=\sum_{j=1}^{\infty}P(X=x_i,Y=y_j)=\sum_{j=1}^{\infty}p_{ij}\triangleq p_{i.},i=1,2,\cdots.$$

即
$$P(X=x_i)=\sum_{j=1}^{\infty}p_{ij}\triangleq p_{i.},i=1,2,\cdots. \tag{1.2.20}$$

类似地,(X,Y)关于 Y 的边缘分布列为

$$P(Y=y_j)=\sum_{i=1}^{\infty}p_{ij}\triangleq p_{.j},j=1,2,\cdots. \tag{1.2.21}$$

对于二维连续型随机变量(X,Y),随机变量 X 与 Y 分别为一维连续型随机变量并具有各自的密度函数,分别记作 $f_X(x)$ 与 $f_Y(y)$,称为(X,Y)关于 X,Y 的边缘密度函数.

设二维连续型随机变量(X,Y)的联合密度函数为 $f(x,y)$,联合分布函数为 $F(x,y)$,对任意实数 x,y,有

$$F_X(x)=F(x,+\infty)=\int_{-\infty}^{x}\left(\int_{-\infty}^{+\infty}f(u,y)\mathrm{d}y\right)\mathrm{d}u,$$

$$F_Y(y)=F(+\infty,y)=\int_{-\infty}^{y}\left(\int_{-\infty}^{+\infty}f(x,v)\mathrm{d}x\right)\mathrm{d}v.$$

从而,由密度函数的定义可知,对任意实数 x 和 y,随机变量 X 和 Y 的边缘密度函数分别为

$$f_X(x)=\int_{-\infty}^{+\infty}f(x,y)\mathrm{d}y, \tag{1.2.22}$$

$$f_Y(y)=\int_{-\infty}^{+\infty}f(x,y)\mathrm{d}x. \tag{1.2.23}$$

定义 1.2.17 设二维随机变量(X,Y)的联合分布函数为 $F(x,y)$,关于 X 与 Y 的边缘分布函数分别为 $F_X(x)$ 及 $F_Y(y)$.若对任意实数 x 与 y,有

$$P(X\leqslant x,Y\leqslant y)=P(X\leqslant x)P(Y\leqslant y), \tag{1.2.24}$$

即
$$F(x,y)=F_X(x)F_Y(y), \tag{1.2.25}$$

则称随机变量 X 与 Y 相互独立.

推广到 n 维随机变量$(X_1,X_2,\cdots,X_n)$,联合分布函数记作 $F(x_1,x_2,\cdots,x_n)$,关于 X_i 的边缘分布函数记作 $F_{X_i}(x_i)$,$i=1,2,\cdots,n$.若对任意实数 $x_1,x_2,\cdots,x_n$,有

$$F(x_1,x_2,\cdots,x_n)=F_{X_1}(x_1)F_{X_2}(x_2)\cdots F_{X_n}(x_n), \tag{1.2.26}$$

则称随机变量 $X_1,X_2,\cdots,X_n$ 相互独立.

二维离散型随机变量(X,Y)中 X 与 Y 相互独立的充分必要条件是:对任意 x_i 与 y_j,$i,j=1,2,\cdots$,有 $P(X=x_i,Y=y_j)=P(X=x_i)P(Y=y_j)$,即 $p_{ij}=p_{i.}\,p_{.j}$.

二维连续型随机变量(X,Y)的联合密度函数为 $f(x,y)$,X 与 Y 相互独立的充分必要条件为 $f(x,y)=f_X(x)f_Y(y)$,这一条件几乎处处成立.

1.2.4 最大值和最小值的分布函数

设随机变量 $X_1,X_2,\cdots,X_n$ 相互独立,边缘分布函数分别为 $F_1(x),F_2(x),\cdots,$

$F_n(x)$，则它们的最大值 $\max\{X_1,X_2,\cdots,X_n\}$ 的分布函数为

$$
\begin{aligned}
F_{\max}(x) &= P(\max\{X_1,X_2,\cdots,X_n\}\leqslant x)\\
&= P(X_1\leqslant x,X_2\leqslant x,\cdots,X_n\leqslant x)\\
&= P(X_1\leqslant x)P(X_2\leqslant x)\cdots P(X_n\leqslant x)\\
&= F_1(x)F_2(x)\cdots F_n(x)
\end{aligned}
$$

它们的最小值 $\min\{X_1,X_2,\cdots,X_n\}$ 的分布函数为

$$
\begin{aligned}
F_{\min}(x) &= P(\min\{X_1,X_2,\cdots,X_n\}\leqslant x)\\
&= 1-P(\min\{X_1,X_2,\cdots,X_n\}>x)\\
&= 1-P(X_1>x,X_2>x,\cdots,X_n>x)\\
&= 1-P(X_1>x)P(X_2>x)\cdots P(X_n>x)\\
&= 1-[1-P(X_1\leqslant x)][1-P(X_2\leqslant x)]\cdots[1-P(X_n\leqslant x)]\\
&= 1-[1-F_1(x)][1-F_2(x)]\cdots[1-F_n(x)]
\end{aligned}
$$

特别地，若 $X_1,X_2,\cdots,X_n$ 相互独立且分布函数相同，均为 $F(x)$，则

$$
F_{\max}(x)=P(\max\{X_1,X_2,\cdots,X_n\}\leqslant x)=[F(x)]^n,
$$
$$
F_{\min}(x)=P(\min\{X_1,X_2,\cdots,X_n\}\leqslant x)=1-[1-F(x)]^n.
$$

§1.3 随机变量的数字特征

概率分布可以完整地刻画随机变量取值的概率性质，数字特征可以描述随机变量取值的主要概率特性.

1.3.1 数学期望

随机变量 X 的数学期望记作 $E(X)$.

定义 1.3.1 设离散型随机变量 X 的分布列为 $p_i=P(X=x_i)$，$i=1,2,\cdots$，称

$$
E(X)=\sum_{i=1}^{\infty}x_ip_i \tag{1.3.1}
$$

为离散型随机变量 X 的数学期望或均值，简称期望.

设连续型随机变量 X 的密度函数为 $f(x)$，当 $\int_{-\infty}^{+\infty}|x|f(x)\mathrm{d}x<+\infty$ 时，定义

$$
E(X)=\int_{-\infty}^{+\infty}xf(x)\mathrm{d}x \tag{1.3.2}
$$

为连续型随机变量 X 的数学期望.

数学期望代表未来的预期，有着中心化的特征. 它是一个实数，是一种加权平均. 与一般变量的算术平均值不同，期望从本质上体现了随机变量 X 取可能值的真正的平均值.

定理 1.3.1 设 $Y=g(X)$ 为随机变量 X 的函数，

① 若 X 为离散型随机变量，分布列为 $p_i=P(X=x_i)$，$i=1,2,\cdots$，则

$$
E(Y)=E[g(X)]=\sum_{i=1}^{\infty}g(x_i)p_i. \tag{1.3.3}
$$

② 若 X 为连续型随机变量,密度函数为 $f(x)$,则

$$E(Y) = E[g(X)] = \int_{-\infty}^{+\infty} g(x) f(x) \mathrm{d}x. \tag{1.3.4}$$

③ 设 (X,Y) 为二维离散型随机变量,联合分布列为 $p_{ij} = P(X=x_i, Y=y_j)$, $i,j=1$, $2,\cdots$, $g(x,y)$ 为二元函数,则

$$E[g(X,Y)] = \sum_i^\infty \sum_j^\infty g(x_i, y_j) p_{ij}. \tag{1.3.5}$$

④ 设 (X,Y) 为二维连续型随机变量,联合概率密度函数 $f(x,y)$, $g(x,y)$ 为二元函数,则

$$E[g(X,Y)] = \int_{-\infty}^{+\infty} \int_{-\infty}^{+\infty} g(x,y) f(x,y) \mathrm{d}x \mathrm{d}y. \tag{1.3.6}$$

注:假设定理给出的四个公式中等式右边的积分或者级数都绝对收敛.

数学期望有如下性质.

性质 1 设 a,b 为常数,X 为随机变量,则 $E(aX+b) = aE(X)+b$.

性质 2 设 X,Y 为随机变量,则 $E(X+Y) = E(X)+E(Y)$.

将性质 2 推广到有限个随机变量的和的情形,有 $E\left(\sum_{i=1}^n a_i X_i\right) = \sum_{i=1}^n a_i E(X_i)$.

性质 3 设 X,Y 为相互独立的随机变量,则 $E(XY) = E(X)E(Y)$. 若随机变量 X_1, $X_2,\cdots,X_n$ 相互独立,则有

$$E(X_1 X_2 \cdots X_n) = E(X_1) E(X_2) \cdots E(X_n).$$

例 1.3.1 设随机变量 $X \sim N(1,9)$, $Y \sim U(0,1)$, $Z \sim B(5,0.5)$,且 X,Y,Z 相互独立,求 $(2X+Y)(Z+1)$ 的数学期望.

解 由 $X \sim N(1,9)$, $Y \sim U(0,1)$, $Z \sim B(5,0.5)$ 可知

$$E(X) = 1, \ E(Y) = \frac{1}{2}, \ E(Z) = \frac{5}{2}.$$

又由于 X,Y,Z 相互独立,故由性质 3 得

$$\begin{aligned}
E[(2X+Y)(Z+1)] &= E(2X+Y)E(Z+1) \\
&= [2E(X)+E(Y)] \cdot [E(Z)+1] \\
&= \frac{35}{4}.
\end{aligned}$$

例 1.3.2 某公共汽车起点站于每小时的 10 分、30 分、55 分发车,某乘客不知发车时间,在每小时内的任意时刻随机到达车站,求该乘客的平均候车时间.

解 设 X 为乘客的到站时间,则 $X \sim U(0,60)$,故 X 的密度函数为

$$f(x) = \begin{cases} \dfrac{1}{60}, & 0 \leqslant x \leqslant 60, \\ 0, & \text{其他.} \end{cases}$$

设 Y 为乘客的候车时间,根据题意有

$$Y=g(X)=\begin{cases}10-X, & 0\leqslant X\leqslant 10,\\ 30-X, & 10<X\leqslant 30,\\ 55-X, & 30<X\leqslant 55,\\ 70-X, & 55<X\leqslant 60,\end{cases}$$

则候车时间 Y 的数学期望为

$$E(Y)=\int_{-\infty}^{+\infty}g(x)f(x)\mathrm{d}x$$

$$=\frac{1}{60}\left[\int_0^{10}(10-x)\mathrm{d}x+\int_{10}^{30}(30-x)\mathrm{d}x+\int_{30}^{55}(55-x)\mathrm{d}x+\int_{55}^{60}(70-x)\mathrm{d}x\right]$$

$$=\frac{625}{60}.$$

该乘客的平均候车时间为 10 分 25 秒.

1.3.2　方差

数学期望反映了随机变量的平均取值水平,但无法反映随机变量与其平均值的偏离程度.方差则更好地从数值上刻画了随机变量取值的波动程度,反映了随机变量的取值与其中心位置的平均偏离程度.

定义 1.3.2　对于随机变量 X,若 $E\{[X-E(X)]^2\}<+\infty$,则称 $E\{[X-E(X)]^2\}$ 为随机变量 X 的方差,记作 $D(X)$ 或 $\mathrm{Var}(X)$,即

$$D(X)=E\{[X-E(X)]^2\}, \tag{1.3.7}$$

称 $\sqrt{D(X)}$ 为随机变量 X 的标准差或均方差,记作 $\sigma(X)$.它同样反映了随机变量与其中心位置的偏离程度,与随机变量和数学期望具有相同的量纲.

若 X 为离散型随机变量,则 $D(X)=\sum_{i=1}^{\infty}[x_i-E(X)]^2 p_i$;若 X 为连续型随机变量,则 $D(X)=\int_{-\infty}^{+\infty}[x-E(X)]^2 f(x)\mathrm{d}x$.

在实际计算方差 $D(X)$ 时,经常使用如下公式:

$$D(X)=E(X^2)-[E(X)]^2. \tag{1.3.8}$$

随机变量的方差具有如下性质(下面所涉及的随机变量的方差均假设存在).

性质 1　设 a,b 为常数,X 为随机变量,则 $D(aX+b)=a^2 D(X)$.

性质 2　设 X 与 Y 为相互独立的随机变量,则 $D(X\pm Y)=D(X)+D(Y)$.

若随机变量 $X_1,X_2,\cdots,X_n$ 相互独立,$a_1,a_2,\cdots,a_n$ 为任意常数,则

$$D\left(\sum_{i=1}^{n}a_i X_i\right)=\sum_{i=1}^{n}a_i^2 D(X_i).$$

性质 3　已知随机变量 X 的方差 $D(X)$ 存在且 $D(X)>0$.记随机变量

$$X^*=\frac{X-E(X)}{\sqrt{D(X)}}=\frac{X-E(X)}{\sigma(X)},$$

可知 $E(X^*)=0$ 且 $D(X^*)=1$.通常称 X^* 为随机变量 X 的标准化随机变量.

例 1.3.3　设随机变量 $X\sim N(0,1)$,$Y\sim N(-1,12)$,且 X 与 Y 相互独立,试求随机变

量 $Z=2X-Y+1$ 的密度函数.

解 由正态分布的线性性质可知 $Z=2X-Y+1$ 仍服从正态分布. 又由于
$$E(Z)=E(2X-Y+1)=2E(X)-E(Y)+1=2,$$
$$D(Z)=D(2X-Y+1)=4D(X)+D(Y)=16.$$

因此 $Z=2X-Y+1\sim N(2,16)$,故 $Z=2X-Y+1$ 的密度函数为
$$f(z)=\frac{1}{4\sqrt{2\pi}}e^{-\frac{(z-2)^2}{32}},\ -\infty<z<+\infty.$$

1.3.3 协方差与相关系数

协方差与相关系数是描述两个随机变量之间相互关联程度的数字特征.

定义 1.3.3 对于二维随机变量 (X,Y),若 $E\{[X-E(X)][Y-E(Y)]\}$ 存在,则称其为随机变量 X 与 Y 的协方差,记作 $\mathrm{Cov}(X,Y)$.

根据数学期望的性质,容易得到一个常用的协方差计算公式,即
$$\mathrm{Cov}(X,Y)=E(XY)-E(X)E(Y). \tag{1.3.9}$$

协方差 $\mathrm{Cov}(X,Y)$ 是描述 X 与 Y 相互关联程度的一个特征数,它是有量纲的量. 有时为了消除量纲的影响,对协方差除以具有相同量纲的量,就得到相关系数的概念.

定义 1.3.4 对于二维随机变量 (X,Y),若 $D(X)$ 和 $D(Y)$ 存在,且 $D(X)>0,D(Y)>0$,则称
$$\rho_{XY}=\frac{\mathrm{Cov}(X,Y)}{\sqrt{D(X)}\sqrt{D(Y)}} \tag{1.3.10}$$

为随机变量 X 与 Y 的相关系数.

对于随机变量 X 与 Y 的相关系数 ρ_{XY},可以给出另一种解释:设随机变量 X 与 Y 的标准化随机变量分别为
$$X^*=\frac{X-E(X)}{\sqrt{D(X)}},\quad Y^*=\frac{Y-E(Y)}{\sqrt{D(Y)}},$$

则有 $\mathrm{Cov}(X^*,Y^*)=E(X^*Y^*)-E(X^*)E(Y^*)=\frac{\mathrm{Cov}(X,Y)}{\sqrt{D(X)}\sqrt{D(Y)}}=\rho_{XY}.$

由定义可知,协方差与相关系数具有如下性质(a,b 均为常数).

性质 1 $\mathrm{Cov}(X,Y)=\mathrm{Cov}(Y,X),\mathrm{Cov}(X,X)=D(X).$

性质 2 $\mathrm{Cov}(aX+c,bY+d)=ab\mathrm{Cov}(X,Y),\mathrm{Cov}(X,a)=0.$

性质 3 $D(aX+bY)=a^2D(X)+b^2D(Y)+2ab\mathrm{Cov}(X,Y).$

性质 4 若随机变量 X 与 Y 相互独立,则 $\mathrm{Cov}(X,Y)=0.$

性质 5 相关系数 $|\rho_{XY}|\leqslant1$;X 与 Y 不相关$\Leftrightarrow\rho_{XY}=0$;$|\rho_{XY}|=1\Leftrightarrow$存在常数 a,b 使 $P(Y=aX+b)=1$,其中,当 $\rho_{XY}=1$ 时,$a>0$,当 $\rho_{XY}=-1$ 时,$a<0$.

当 $\rho_{XY}=0$ 时,称随机变量 X 与 Y 不相关;当 $0<|\rho_{XY}|<1$ 时,表示随机变量 X 与 Y 有"一定程度"的线性关系.

若随机变量 X 与 Y 相互独立,则它们必不相关;反之不一定成立. 特别地,若二维随机

变量 $(X,Y) \sim N(\mu_1,\mu_2,\sigma_1^2,\sigma_2^2,\rho)$，则 X 与 Y 相互独立的充分必要条件是 X 与 Y 不相关，即 $\rho_{XY}=\rho=0$.

例 1.3.4　某销售公司业务员每月的工资由两部分组成：一部分为基本工资，每月 c 元；另一部分为业绩津贴，每签一笔业务可以得到 a 元 $(a>0)$. 试分析在这种工资体系下，该业务员的月工资 Y 与其业务量 X 的关系（假定方差大于 0）.

解　由题意将该业务员的月工资表示为

$$Y=aX+c,$$

可知 Y 与 X 之间有严格的线性关系. 因为 $a>0$，所以二者存在正相关关系. 通过协方差和相关系数进行验证，由于

$$\mathrm{Cov}(X,Y)=\mathrm{Cov}(X,aX+c)=a\mathrm{Cov}(X,X)+\mathrm{Cov}(X,c)=aD(X)>0,$$
$$D(Y)=\mathrm{Cov}(aX+c,aX+c)=a^2D(X),$$

因此 $\rho_{XY}=\dfrac{\mathrm{Cov}(X,Y)}{\sqrt{D(X)}\sqrt{D(Y)}}=\dfrac{\mathrm{Cov}(X,Y)}{\sqrt{D(X)}\sqrt{a^2D(X)}}=1.$

1.3.4　其他数字特征

随机变量的其他数字特征包括原点矩、中心矩、偏度、峰度等.

定义 1.3.5　设 X 为随机变量，k 为正整数.

① 若 $E(X^k)$ 存在，则称其为随机变量 X 的 k 阶原点矩，记作 μ_k，即 $\mu_k=E(X^k)$.

② 若 $E\{[X-E(X)]^k\}$ 存在，则称其为随机变量 X 的 k 阶中心矩，记作 v_k，即 $v_k=E\{[X-E(X)]^k\}$.

定义 1.3.6　设随机变量 X 的三阶、四阶中心矩存在，则称

① $SK(X)=\dfrac{E\{[X-E(X)]^3\}}{[\sqrt{D(X)}]^3}=\dfrac{v_3}{[\sigma(X)]^3}$ 为随机变量 X 的偏度系数，简称偏度.

② $K(X)=\dfrac{E\{[X-E(X)]^4\}}{[\sqrt{D(X)}]^4}-3=\dfrac{v_4}{[\sigma(X)]^4}-3$ 为随机变量 X 的峰度系数，简称峰度.

偏度系数反映了随机变量分布关于其数学期望偏斜的程度，峰度系数反映了随机变量分布的陡峭程度.

定义 1.3.7　设随机变量 X 的方差存在，则称

$$\mathrm{Cv}(X)=\dfrac{\sqrt{D(X)}}{E(X)}=\dfrac{\sigma(X)}{E(X)}$$

为随机变量 X 的变异系数，它能够较客观地比较两个随机变量取值的波动程度.

§1.4　大数定律与中心极限定理

极限定理既可以解释概率的统计定义，又是大样本统计的理论基础，主要包括随机变量及其分布的极限性质和收敛性的一些结果. 大数定律和中心极限定理是其中的基本

理论.

大数定律揭示了满足一定条件的随机变量序列的平均数 $\overline{X}_n = \dfrac{1}{n}\sum\limits_{i=1}^{n}X_i$ 的渐近性质,其中"频率收敛于概率"这一论断是大数定律的特殊情形;中心极限定理描述了满足一定条件的随机变量序列的和 $Y = \sum\limits_{i=1}^{n}X_i$ 的极限分布,刻画了和的分布收敛于正态分布这一类定理.

1.4.1　大数定律

定义 1.4.1　设 $X_1, X_2, \cdots, X_n, \cdots$ 是一个随机变量序列,a 是常数.若对于任意正数 ε,有

$$\lim_{n\to+\infty} P(|X_n - a| < \varepsilon) = 1,$$

则称序列 $X_1, X_2, \cdots, X_n, \cdots$ 依概率收敛于常数 a,记作当 $n \to +\infty$ 时,$X_n \xrightarrow{P} a$.

定义 1.4.2　对于随机变量序列 $\{X_n\}$,令 $\overline{X}_n = \dfrac{1}{n}\sum\limits_{i=1}^{n}X_i$,若对于任意正数 ε,有

$$\lim_{n\to+\infty} P(|\overline{X}_n - E(\overline{X}_n)| < \varepsilon) = 1,$$

则称 $\{X_n\}$ 服从大数定律.

定理 1.4.1[切比雪夫(Chebyshev)大数定律]　设 $X_1, X_2, \cdots, X_n, \cdots$ 是两两不相关的随机变量序列,具有数学期望 $E(X_i) = \mu_i$ 和有界的方差 $D(X_i) = \sigma_i^2 \leqslant c < +\infty$,则对于任意正数 ε,有

$$\lim_{n\to+\infty} P\left(\left|\frac{1}{n}\sum_{i=1}^{n}X_i - \frac{1}{n}\sum_{i=1}^{n}\mu_i\right| < \varepsilon\right) = 1. \tag{1.4.1}$$

由此可以看出,大量相互独立的随机现象平均后的随机变量 $\dfrac{1}{n}\sum\limits_{i=1}^{n}X_i$ 将比较紧密地聚集在其期望 $\dfrac{1}{n}\sum\limits_{i=1}^{n}\mu_i$ 附近.

随机变量 X 的方差 $D(X)$ 表明 X 在其数学期望 $E(X)$ 的周围取值的分散程度.因此对于任意的正数 ε,事件 $|X - E(X)| \geqslant \varepsilon$ 的概率应该与 $D(X)$ 有关.俄国数学家切比雪夫巧妙地用数学不等式表示了它们之间的定量关系.

定理 1.4.2(切比雪夫不等式)　设随机变量 X 的数学期望 $E(X)$ 和方差 $D(X)$ 存在,则对于任意正数 ε,有

$$P(|X - E(X)| \geqslant \varepsilon) \leqslant \frac{D(X)}{\varepsilon^2}, \tag{1.4.2}$$

等价地,有

$$P(|X - E(X)| < \varepsilon) \geqslant 1 - \frac{D(X)}{\varepsilon^2}, \tag{1.4.3}$$

称式(1.4.2)和式(1.4.3)为切比雪夫不等式.

定理 1.4.3(伯努利大数定律)　设 M_n 是 n 次重复独立试验中事件 A 发生的次数,p 是事件 A 在一次试验中发生的概率,则对于任意正数 ε,有

$$\lim_{n \to +\infty} P\left(\left|\frac{M_n}{n} - p\right| < \varepsilon\right) = 1. \tag{1.4.4}$$

伯努利大数定律提供了用频率的极限值定义概率的理论依据,频率 $\frac{M_n}{n}$ 可以作为概率 p 的近似值.若事件 A 发生的概率很小,则正如伯努利大数定律所指出的,事件 A 发生的频率也很小,由此可见,概率很小的随机事件在个别试验中实际上是不太可能发生的,通常把这一原理称为小概率事件的实际不可能性原理.

在 $X_1, X_2, \cdots, X_n, \cdots$ 独立同分布的条件下,切比雪夫大数定律得到了如下的进一步改进.

定理 1.4.4[辛钦(Khinchin)大数定律]　设 $X_1, X_2, \cdots, X_n, \cdots$ 是独立同分布的随机变量序列,存在有限的数学期望 $E(X_i) = \mu$,则对于任意正数 ε,有

$$\lim_{n \to +\infty} P\left(\left|\frac{1}{n}\sum_{i=1}^{n} X_i - \mu\right| < \varepsilon\right) = 1. \tag{1.4.5}$$

辛钦大数定律不要求方差存在,它为寻求随机变量数学期望的近似提供了理论依据.该定律说明,大量重复观察所得数据的算术平均值比较稳定地围绕在其数学期望附近,这就为用算术平均值代替真值提供了理论根据,同时也为数理统计中的矩估计法提供了一定的理论依据.

1.4.2　中心极限定理

现实世界中很多研究对象受到大量相互独立的随机因素的影响,且其中每一个因素在总的影响中所起的作用非常小,可以证明研究对象服从或近似服从正态分布.中心极限定理就是研究随机变量和的极限分布在什么条件下为正态分布的问题,它主要描述了大量随机变量的和的分布可用正态分布来逼近.

定理 1.4.5[林德伯格-列维(Lindeberg-Lévy)中心极限定理]　设随机变量序列 $X_1, X_2, \cdots, X_n, \cdots$ 相互独立且同分布,且 $E(X_i) = \mu, D(X_i) = \sigma^2$,则对任意实数 x,有

$$\lim_{n \to +\infty} P\left(\frac{\sum_{i=1}^{n} X_i - n\mu}{\sqrt{n}\,\sigma} \leqslant x\right) = \int_{-\infty}^{x} \frac{1}{\sqrt{2\pi}} e^{-\frac{t^2}{2}} \, dt = \Phi(x). \tag{1.4.6}$$

该定理表明,当 n 很大时,$\sum_{i=1}^{n} X_i$ 近似服从正态分布 $N(n\mu, n\sigma^2)$.中心极限定理表明了正态分布的重要地位,也为处理大样本提供了理论基础.

定理 1.4.6[棣莫弗-拉普拉斯(De moivre-Laplace)中心极限定理]　设 M_n 是 n 次重复独立试验中事件 A 发生的次数,$p(0 < p < 1)$ 是事件 A 在一次试验中发生的概率,则对任意实数 x,有

$$\lim_{n \to +\infty} P\left(\frac{M_n - np}{\sqrt{np(1-p)}} \leqslant x\right) = \int_{-\infty}^{x} \frac{1}{\sqrt{2\pi}} e^{-\frac{t^2}{2}} \, dt = \Phi(x). \tag{1.4.7}$$

大数定律定性地指出许多独立的随机因素叠加的平均结果收敛于常数而趋于稳定;中心极限定理则定量地给出了这个叠加结果的极限分布.

§1.5 应用案例

例1.5.1 某厂家生产的灯泡的合格率为0.6,求10000个灯泡中合格灯泡数在5800～6200之间的概率.

解 设 X 为10000个灯泡中合格的灯泡数,则 $X \sim B(10000, 0.6)$.

解法一:利用二项分布计算合格灯泡数在5800～6200之间的概率的精确值,即

$$P(5800 < X < 6200) = \sum_{i=0}^{6200} C_{10000}^i 0.6^i 0.4^{10000-i} - \sum_{i=0}^{5800} C_{10000}^i 0.6^i 0.4^{10000-i}$$
$$= 0.999979699 - 0.000024299$$
$$= 0.9999554.$$

解法二:由棣莫弗-拉普拉斯中心极限定理计算近似值,即

$$P(5800 < X < 6200) = P\left(\frac{5800 - 10000 \times 0.6}{\sqrt{10000 \times 0.6 \times 0.4}} < \frac{X - np}{\sqrt{np(1-p)}} < \frac{6200 - 10000 \times 0.6}{\sqrt{10000 \times 0.6 \times 0.4}}\right)$$
$$\approx \Phi(4.08) - \Phi(-4.08)$$
$$= 2\Phi(4.08) - 1$$
$$= 2 \times 0.999977 - 1$$
$$= 0.99995.$$

解法三:利用切比雪夫不等式进行概率值的估计,则有

$$P(5800 < X < 6200) = P(|X - 6000| < 200) \geqslant 1 - \frac{2400}{200^2} = 1 - 0.06 = 0.94.$$

由上面三种求解结果可以看到,解法一求出了概率的精确值,但如果不借助计算工具,其计算量比较大;解法二利用中心极限定理求概率的近似值,其计算结果与精确值相比,误差非常小;解法三利用切比雪夫不等式给出概率的估计值,估计结果存在比较大的误差,因此切比雪夫不等式虽在理论上具有重要意义,但估计的概率值不够精确.

例1.5.2 某高校后勤公司为提高服务质量,在大学生中开展后勤服务满意度调查.设大学生对后勤服务的总体满意率为 $p(0 < p < 1)$,现在大学生中随机抽取 n 个调查对象,并以这些调查对象对后勤服务的满意频率 f_n 作为总体满意率 p 的点估计.问:至少需要多少个调查对象,才能以95%的把握使得总体满意率 p 与调查的满意频率 f_n 之间的差异小于0.1?

解 为了方便对该问题进行研究,给出必要的假设:

(1)随机抽取的 n 个调查对象对调查问题的回答是相互独立的;

(2)每个调查对象只能从"满意"或者"不满意"中择其一进行回答;

(3)对后勤服务满意的人数为 $M_n (0 \leqslant M_n \leqslant n)$.

设 $X_i = \begin{cases} 1, & \text{第 } i \text{ 个人回答满意,} \\ 0, & \text{第 } i \text{ 个人回答不满意,} \end{cases} i = 1, 2, \cdots, n$,由上述假设可知 $X_i \sim B(1, p)$,则

$E(X_i) = p, D(X_i) = p(1-p), i = 1, 2, \cdots, n$,而 $M_n = \sum_{i=1}^{n} X_i, f_n = \frac{M_n}{n} = \frac{1}{n} \sum_{i=1}^{n} X_i$,由棣莫

弗-拉普拉斯中心极限定理可知

$$\frac{M_n - np}{\sqrt{np(1-p)}} = \frac{\frac{1}{n}\sum_{i=1}^{n}X_i - p}{\sqrt{\frac{p(1-p)}{n}}} \overset{\text{近似}}{\sim} N(0,1).$$

由题意可知,调查人数 n 需要满足

$$0.95 \leqslant P\left(\left|\frac{1}{n}\sum_{i=1}^{n}X_i - p\right| < 0.1\right) = P\left(\frac{\left|\frac{1}{n}\sum_{i=1}^{n}X_i - p\right|}{\sqrt{\frac{p(1-p)}{n}}} < \frac{0.1}{\sqrt{\frac{p(1-p)}{n}}}\right) \approx 2\Phi\left(\frac{0.1\sqrt{n}}{\sqrt{p(1-p)}}\right) - 1,$$

即有 $\Phi\left(\dfrac{0.1\sqrt{n}}{\sqrt{p(1-p)}}\right) \geqslant 0.975$. 查标准正态分布表可知,$\Phi(1.96) = 0.975$,即 $\dfrac{0.1\sqrt{n}}{\sqrt{p(1-p)}} \geqslant$

1.96,故

$$n \geqslant p(1-p)\frac{1.96^2}{0.1^2} = 384.16p(1-p).$$

对于 $0 < p < 1$,都有 $0 < p(1-p) \leqslant \dfrac{1}{4}$,因此 $n \geqslant 96.04$,即至少需要调查 97 个大学生才能够满足问题的要求.

习题 1

1. 设仓库中有 100 件某种商品,该商品的市场需求 X 是随机变量,其密度函数为

$$f(x) = \begin{cases} \dfrac{1}{40}, & 80 \leqslant x \leqslant 120, \\ 0, & \text{其他}. \end{cases}$$

求:(1) 仓库的库存不能满足市场需求的概率;

(2) 平均销售量;

(3) 若要以 95% 的概率保障市场需求,则库存至少应为多少?

2. Warren Dinner 公司对 9 个不同的项目进行了投资,假设不同的投资项目带来的收益是独立的,每个投资项目的收益都服从正态分布,且均值为 500 个单位,标准差为 100 个单位. 求:

(1) Warren Dinner 公司总的投资收益的平均值是多少?

(2) 总收益在 4000~5200 个单位之间的概率是多少?

3. 设二维连续型随机变量 (X, Y) 的联合密度函数为

$$f(x, y) = \begin{cases} 1, & 0 < x < 1, 0 < y < 2x, \\ 0, & \text{其他}. \end{cases}$$

求:(1) X 与 Y 的边缘概率密度函数 $f_X(x)$ 和 $f_Y(y)$,并判断 X 与 Y 是否相互独立;

(2) X 与 Y 的协方差 $\text{Cov}(X, Y)$,并判断 X 与 Y 是否相关;

(3) $P\left(X<\dfrac{1}{2}\right)$.

4. 某车间有同型号机床 200 部,每部机床开动的概率为 0.7,假定各机床的开关是独立的,每部机床开动时要消耗 15 个单位电能. 问:电厂最少要供应这个车间多少电能,才能以 95% 的概率保证不致因供电不足而影响该车间生产?

5. 为调查某城市成年男子吸烟的比例 $p(0<p<1)$,现随机调查 n 个成年男子,记其中吸烟的人数为 $M_n(0\leqslant M_n\leqslant n)$,频率为 $f_n=\dfrac{M_n}{n}$. 问:至少需要调查多少个成年男子,才能以 95% 的概率使得该城市成年男子吸烟的比例 p 与调查的频率 f_n 之间的差异小于 0.01?

第2章　数理统计的基本概念及抽样分布

数理统计是在概率理论的基础上,侧重于对随机现象本身进行资料的收集、整理和分析,并为以后的决策和行动提供依据和建议的学科.其主要任务就是研究如何通过有限的观察资料,对所考虑的随机问题做出推断或预测,从而尽可能地获得对随机现象整体的精确、可靠的结论.

§2.1　数理统计的基本概念

2.1.1　总体与样本

1. 总体和个体

在统计问题中,把作为研究对象的全体称为总体.一般在实际统计研究中,总体通常指有关研究对象的某一项指标(或几项指标),考察该指标的分布情况,用随机变量 X 表示,其分布函数表示为 $F(x)$,总体中的每一个成员称为个体.

2. 样本

总体的分布一般是未知的,或只知道是包含了未知参数的某个分布,为了了解总体的分布情况,从总体中随机抽取 n 个个体 $X_1,X_2,\cdots,X_n$,称 $X_1,X_2,\cdots,X_n$ 为总体的一个样本,n 称为样本容量,可以把样本看作 n 维随机变量 $(X_1,X_2,\cdots,X_n)$.一旦抽取了样本就可以得到具体的指标值 $(x_1,x_2,\cdots,x_n)$,称这一组指标值为样本的一次观察值,简称样本值.

从总体中按照抽样规则抽取样本的过程称为抽样.抽样方法有很多种,最常用的抽样方法满足以下性质:

① 代表性:总体中每一个个体都有同等机会被抽入样本,这意味着样本中的每个个体 $X_i(i=1,2,\cdots)$ 与所考察的总体 X 具有相同的分布.

② 独立性:样本中每个个体取什么值并不影响其他个体的取值,即样本 $X_1,X_2,\cdots,X_n$ 是相互独立的随机变量.

由简单随机抽样方法得到的样本称为简单随机样本,下文如不特别说明,所抽取的样本均为简单随机样本.

简单随机样本的联合分布由总体的分布决定.假设样本 $X_1,X_2,\cdots,X_n$ 来自总体 X,记 X 的分布函数为 $F(x)$,则由样本的独立同分布性质可得样本 $(X_1,X_2,\cdots,X_n)$ 的联合分布函数为 n 个边缘分布的乘积,即

$$F^*(x_1,x_2,\cdots,x_n)=\prod_{i=1}^{n}F(x_i).$$

上式适用于一切随机变量类型,当总体分布是离散型或连续型时,还有下面的结果:

① 假设总体 X 是离散型随机变量,且分布列为 $P(X=x)=p(x)$,则样本$(X_1,X_2,\cdots,$ $X_n)$的联合分布列为

$$
\begin{aligned}
p^*(x_1,x_2,\cdots,x_n) &= P(X_1=x_1,X_2=x_2,\cdots,X_n=x_n)\\
&= P(X_1=x_1)P(X_2=x_2)\cdots P(X_n=x_n)\\
&= p(x_1)p(x_2)\cdots p(x_n)\\
&= \prod_{i=1}^{n}p(x_i).
\end{aligned} \tag{2.1.1}
$$

② 假设总体 X 是连续型随机变量,且概率密度函数为 $f(x)$,则样本$(X_1,X_2,\cdots,X_n)$的联合概率密度函数为

$$
f^*(x_1,x_2,\cdots,x_n)=f(x_1)f(x_2)\cdots f(x_n)=\prod_{i=1}^{n}f(x_i). \tag{2.1.2}
$$

2.1.2 经验分布函数与直方图

统计学所研究的一切问题,归根结底是通过样本推断总体.总体一般是未知的或者是部分未知的,为了得到对总体直观、明确的描述,对从总体中随机抽取的样本数据进行初步的整理分析,从而直观地显示其统计规律.

1. 经验分布函数

定义 2.1.1 设 $X_1,X_2,\cdots,X_n$ 是取自总体 X 的一个样本,且总体分布函数为 $F(x)$. 把样本观察值从小到大排列为 $x_{(1)}\leqslant x_{(2)}\leqslant\cdots\leqslant x_{(n)}$,则称函数

$$
F_n(x)=\begin{cases}
0, & x<x_{(1)},\\
\dfrac{k}{n}, & x_{(k)}\leqslant x<x_{(k+1)},k=1,2,\cdots,n-1,\\
1, & x\geqslant x_{(n)},
\end{cases} \tag{2.1.3}
$$

为经验分布函数.

经验分布函数 $F_n(x)$ 是样本观察值$(x_1,x_2,\cdots,x_n)$中不大于 x 的值出现的频率,故 $0\leqslant F_n(x)\leqslant 1$,并且是非降、右连续的函数,也就是说,它具有分布函数的基本性质.经验分布函数的图形如图 2.1.1 所示.

当样本容量较大时,经验分布函数 $F_n(x)$ 是总体分布函数 $F(x)$ 的良好近似.

当 $n\to+\infty$ 时,$F_n(x)$ 以概率 1 一致收敛于 $F(x)$,即

$$
P(\lim_{n\to+\infty}\sup_{-\infty<x<+\infty}|F_n(x)-F(x)|=0)=1.
$$

这是著名的格里汶科(Glivenko)定理,它是样本推断总体的基本理论依据.

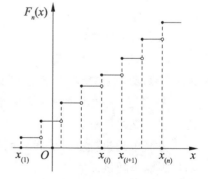

图 2.1.1 经验分布函数图

2. 直方图

样本数据的整理是统计研究的基础.整理数据最常用的方法之一是给出其频数频率分布表,并根据需要绘出样本的频率直方图,简称直方图.直方图的绘图步骤如下:

（1）找出样本观察值 $x_1,x_2,\cdots,x_n$ 中的最小值和最大值，分别记作 $x_{(1)}$ 与 $x_{(n)}$，即

$$x_{(1)}=\min\{x_1,x_2,\cdots,x_n\}, x_{(n)}=\max\{x_1,x_2,\cdots,x_n\}.$$

（2）适当选取略小于 $x_{(1)}$ 的数 a 与略大于 $x_{(n)}$ 的数 b，把区间 (a,b) 分为若干个子区间 $(a,t_1),(t_1,t_2),\cdots,(t_{i-1},t_i),\cdots,(t_{l-1},b)$，子区间的个数一般为 8～15 个，子区间的长度 $\Delta t_i=t_i-t_{i-1},i=1,2,\cdots,l$，各子区间的长度可以相等，也可以不相等.

（3）计算样本观察值落在各子区间内的频数 n_i 及频率 $f_i=\dfrac{n_i}{n},i=1,2,\cdots,l$.

（4）在 x 轴上截取各子区间，以 $\dfrac{f_i}{\Delta t_i}$ 为高做小矩形，各个小矩形的面积 ΔS_i 就等于样本观察值落在该子区间内的频率，即

$$\Delta S_i=\Delta t_i\cdot\frac{f_i}{\Delta t_i}=f_i, i=1,2,\cdots,l.$$

所有小矩形的面积总和等于 1，所有小矩形就构成了频率直方图.

当样本容量 n 充分大时，X 落在各个子区间 (t_{i-1},t_i) 内的频率近似等于其概率，即 $f_i\approx P(t_{i-1}<X<t_i),i=1,2,\cdots,l$，所以直方图大致描述了总体 X 的概率分布.

例 2.1.1　为调查某湖中悬浮固体物质的浓度，对其进行了 50 次测量（单位：mg/L），具体数据如下：

56.1，42.9，56.2，46.3，80.3，50.1，42.9，41.8，61.2，66.2，
61.9，65.1，64.3，71.6，46.2，53.9，56.6，67.3，66.5，70.4，
40.2，65.1，29.3，58.7，52.1，55.6，58.2，67.9，65.1，68.2，
54.6，53.0，74.2，82.7，60.2，57.3，62.2，68.8，67.1，61.2，
41.5，78.1，55.6，57.2，78.3，38.9，75.8，58.5，51.2，74.3.

依据此数据绘出湖中悬浮固体物质浓度的频率分布表及直方图.

解　样本观察值中的最小值是 29.3，最大值是 82.7，确定数据的分布区间为 $(25,85)$，并把这个区间等分为 6 个子区间：

$$(25,35],(35,45],\cdots,(75,85),$$

由此得到该湖中悬浮固体物质浓度的频数频率分布表如表 2.1.1 所示，直方图如图 2.1.2 所示.

表 2.1.1　频数频率分布表

悬浮固体物质的浓度	频数	频率/%	累计频率/%
(25,35]	1	2	2
(35,45]	6	12	14
(45,55]	8	16	30
(55,65]	16	32	62
(65,75]	14	28	90
(75,85)	5	10	100
合计	50	100	

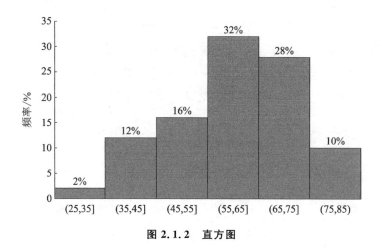

图 2.1.2　直方图

除了直方图外,还有茎叶图、折线图、柱状图、饼图等多种直观表示数据分布的形式,它们各有特点,需要时可以根据问题要求选择相应的统计工具绘制.

§2.2　统计量和抽样分布

2.2.1　统计量

对样本的信息特征进行提炼时,可以用样本的某个函数 $g(X_1, X_2, \cdots, X_n)$ 表示. 因为样本 $X_1, X_2, \cdots, X_n$ 是 n 维随机变量 $(X_1, X_2, \cdots, X_n)$,所以任何样本函数 $g(X_1, X_2, \cdots, X_n)$ 都是 n 维随机变量的函数,显然也是随机变量. 根据样本 $X_1, X_2, \cdots, X_n$ 的观察值 $x_1, x_2, \cdots, x_n$ 计算得到的函数值 $g(x_1, x_2, \cdots, x_n)$ 就是样本函数 $g(X_1, X_2, \cdots, X_n)$ 的观察值.

定义 2.2.1　设 $X_1, X_2, \cdots, X_n$ 是来自总体 X 的一个简单随机样本,$g(X_1, X_2, \cdots, X_n)$ 是样本 $X_1, X_2, \cdots, X_n$ 的函数,若 $g(X_1, X_2, \cdots, X_n)$ 中不含有任何未知参数,则称这类样本函数为统计量.

数理统计中常用的几个重要的统计量如下.

（1）样本均值

$$\overline{X} = \frac{1}{n} \sum_{i=1}^{n} X_i. \tag{2.2.1}$$

（2）样本方差

$$S^2 = \frac{1}{n-1} \sum_{i=1}^{n} (X_i - \overline{X})^2. \tag{2.2.2}$$

在实际计算中常会采用下式计算 S^2：

$$S^2 = \frac{1}{n-1} \sum_{i=1}^{n} X_i^2 - \frac{n}{n-1} \overline{X}^2. \tag{2.2.3}$$

（3）样本标准差

$$S = \sqrt{S^2} = \sqrt{\frac{1}{n-1} \sum_{i=1}^{n} (X_i - \overline{X})^2}. \tag{2.2.4}$$

（4）样本 k 阶原点矩

$$A_k = \frac{1}{n}\sum_{i=1}^{n} X_i^k, k=1,2,\cdots. \qquad (2.2.5)$$

当 $k=1$ 时,式(2.2.5)为样本均值 $\overline{X}$.

（5）样本 k 阶中心矩

$$B_k = \frac{1}{n}\sum_{i=1}^{n} (X_i - \overline{X})^k, k=2,3,\cdots. \qquad (2.2.6)$$

当 $k=2$ 时,式(2.2.6)为样本二阶中心距 B_2,其与样本方差 S^2 之间满足 $B_2 = \frac{n-1}{n}S^2$.

在对样本的描述性分析中,较为常用的还有以下统计量.

（1）次序统计量.

设 $X_1,X_2,\cdots,X_n$ 是取自总体 X 的样本,$x_1,x_2,\cdots,x_n$ 为样本观察值,把样本观察值从小到大排序,并记作 $x_{(1)},x_{(2)},\cdots,x_{(n)}$,即满足 $x_{(1)}\leqslant x_{(2)}\leqslant\cdots\leqslant x_{(n)}$,取值为 $x_{(i)}(i=1,2,\cdots,n)$ 的变量 $X_{(i)}(i=1,2,\cdots,n)$ 是样本 $X_1,X_2,\cdots,X_n$ 的函数,因此称 $X_{(1)},X_{(2)},\cdots,X_{(n)}$ 为次序统计量,$x_{(1)},x_{(2)},\cdots,x_{(n)}$ 为次序统计量的观察值,其中 $X_{(1)}=\min\{X_1,X_2,\cdots,X_n\}$ 为最小次序统计量,$X_{(n)}=\max\{X_1,X_2,\cdots,X_n\}$ 为最大次序统计量.

（2）极差

$$R = x_{(n)} - x_{(1)}. \qquad (2.2.7)$$

（3）样本中位数

$$M_d = \begin{cases} x_{\left(\frac{n+1}{2}\right)}, & n \text{ 为奇数}, \\ \dfrac{x_{\left(\frac{n}{2}\right)} + x_{\left(\frac{n}{2}+1\right)}}{2}, & n \text{ 为偶数}. \end{cases} \qquad (2.2.8)$$

样本中位数 M_d 表明样本数据的中心位置,其上下两侧各有 50% 的数据,因此也称 M_d 为 50% 分位数.相比于样本均值,中位数不易受极端值的影响,表现得更稳定.

（4）四分位数.

对于一组样本观察值 $x_{(1)},x_{(2)},\cdots,x_{(n)}$,处于 25% 和 75% 位置的数值 Q_L 和 Q_U 称为下四分位数和上四分位数:

$$Q_L = \begin{cases} x_{(0.25n+1)}, & 0.25n \text{ 不是整数}, \\ \dfrac{x_{(0.25n)} + x_{(0.25n+1)}}{2}, & 0.25n \text{ 是整数}. \end{cases} \qquad (2.2.9)$$

$$Q_U = \begin{cases} x_{(0.75n+1)}, & 0.75n \text{ 不是整数}, \\ \dfrac{x_{(0.75n)} + x_{(0.75n+1)}}{2}, & 0.75n \text{ 是整数}. \end{cases} \qquad (2.2.10)$$

并且称 $H=Q_U-Q_L$ 为四分位距.由于区间(Q_L,Q_U)包含有样本 50% 的数据,因此 H 可以作为一个描述数据分散程度的指标,当数据小于 $Q_L-1.5H$ 或者大于 $Q_U+1.5H$ 时,认为该数据是离群值或异常值.

(5) 样本相关系数.

若样本是成对数据 $(x_i, y_i)(i=1,2,\cdots n)$,则关心变量 x 与 y 是否有线性关系,常用于描述 x 与 y 线性关系的统计量是样本相关系数:

$$r_{xy} = \frac{\sum_{i=1}^{n}(x_i - \overline{x})(y_i - \overline{y})}{\sqrt{\sum_{i=1}^{n}(x_i - \overline{x})^2}\sqrt{\sum_{i=1}^{n}(y_i - \overline{y})^2}} . \tag{2.2.11}$$

当 $r_{xy} > 0$ 时,x 与 y 正相关;当 $r_{xy} < 0$ 时,x 与 y 负相关.

2.2.2 抽样分布

统计量是样本的函数,统计量的概率分布称为抽样分布.确定各种统计量的抽样分布是数理统计学的一个基本问题.很多统计推断都是基于正态分布的假设,所以以标准正态分布为基石而构造的三个著名的抽样分布在统计学中有着广泛的应用.

1. χ^2 分布

定义 2.2.2 设 $X_1, X_2, \cdots, X_n$ 相互独立,且都服从标准正态分布 $N(0,1)$,则称随机变量

$$\chi^2 = X_1^2 + X_2^2 + \cdots + X_n^2 \tag{2.2.12}$$

服从自由度为 n 的 χ^2 分布,记作 $\chi^2 \sim \chi^2(n)$,其中自由度 n 为相互独立的随机变量的个数.

可以证明,χ^2 分布的密度函数为

$$f_{\chi^2}(x) = \begin{cases} \dfrac{1}{2^{\frac{n}{2}}\Gamma\left(\dfrac{n}{2}\right)} x^{\frac{n}{2}-1} \mathrm{e}^{-\frac{x}{2}}, & x > 0, \\ 0, & x \leqslant 0. \end{cases} \tag{2.2.13}$$

其中 $\Gamma\left(\dfrac{n}{2}\right)$ 为伽马函数,其表达式为 $\Gamma(\alpha) = \int_0^{+\infty} x^{\alpha-1}\mathrm{e}^{-x}\mathrm{d}x$.

由定义 2.2.2 不难得到以下结论:

(1) 设 $X_1, X_2, \cdots, X_n$ 相互独立,且都服从正态总体 $N(\mu, \sigma^2)$,则

$$\chi^2 = \frac{1}{\sigma^2}\sum_{i=1}^{n}(X_i - \mu)^2 \sim \chi^2(n). \tag{2.2.14}$$

(2) 设 $X_1 \sim \chi^2(n_1)$,$X_2 \sim \chi^2(n_2)$,且 X_1 与 X_2 相互独立,则

$$X_1 + X_2 \sim \chi^2(n_1 + n_2), \tag{2.2.15}$$

即 χ^2 分布具备可加性.

(3) 若 $X \sim \chi^2(n)$,则 $E(X) = n$,$D(X) = 2n$.

χ^2 分布的密度函数图形是一个取值为非负的偏态分布,图 2.2.1 分别绘出自由度 $n=1$,$n=4$ 及 $n=6$ 的 χ^2 分布的密度函数曲线.

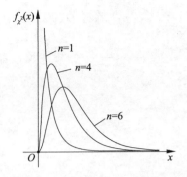

图 2.2.1　χ^2 分布密度函数曲线图

定义 2.2.3　当随机变量 $\chi^2 \sim \chi^2(n)$ 时,对给定的正数 α,$0 < \alpha < 1$,称满足 $P(\chi^2 > \chi_\alpha^2(n)) = \alpha$ 的点 $\chi_\alpha^2(n)$ 是自由度为 n 的 χ^2 分布的 α 上侧分位数,如图 2.2.2 所示.

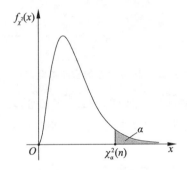

图 2.2.2　χ^2 分布的 α 上侧分位数

附表 4 为 χ^2 分布的上侧分位数表. 例如,取 $n = 10$,$\alpha = 0.05$,查表可以得 $\chi_{0.05}^2(10) = 18.307$.

2. t 分布

定义 2.2.4　设随机变量 X 与 Y 相互独立,且 $X \sim N(0,1)$,$Y \sim \chi^2(n)$,则称随机变量

$$T = \frac{X}{\sqrt{Y/n}} \tag{2.2.16}$$

服从自由度为 n 的学生氏分布,简称 t 分布,记作 $T \sim t(n)$.

t 分布的密度函数是

$$f_t(x) = \frac{\Gamma\left(\dfrac{n+1}{2}\right)}{\sqrt{n\pi}\,\Gamma\left(\dfrac{n}{2}\right)}\left(1 + \frac{x^2}{n}\right)^{-\frac{n+1}{2}}, \quad -\infty < x < +\infty. \tag{2.2.17}$$

图 2.2.3 分别给出了自由度 $n = 2$,$n = 6$ 及 $n = +\infty$ 时的 t 分布的密度函数曲线. 由此可以得到 t 分布的几条性质:

(1) 密度函数 $f_t(x)$ 的图形是关于纵轴对称的单峰曲线.

(2) 当 $n = 1$ 时,$f_t(x) = \dfrac{1}{\pi(1 + x^2)}$,$-\infty < x < +\infty$,即为柯西分布,其数学期望和方差

都不存在；当 $n>1$ 时，有 $E(T)=0$；当 $n>2$，有 $D(T)=\dfrac{n}{n-2}$.

（3）当 $n\to+\infty$ 时，$f_t(x)\to\dfrac{1}{\sqrt{2\pi}}e^{-\frac{x^2}{2}}$ $(-\infty<x<+\infty)$，即 t 分布的极限分布是标准正态分布.

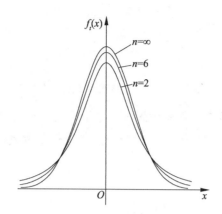

图 2.2.3 t 分布的密度函数曲线

定义 2.2.5 当随机变量 $T\sim t(n)$ 时，对给定的正数 $\alpha,0<\alpha<1$，称满足 $P(T>t_\alpha(n))=\alpha$ 的点 $t_\alpha(n)$ 是自由度为 n 的 t 分布的 α 上侧分位数，如图 2.2.4 所示.

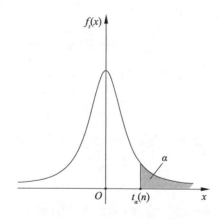

图 2.2.4 t 分布的 α 上侧分位数

附表 5 为 t 分布的上侧分位数表. 设 $n=10,\alpha=0.05$，查表得 $t_{0.05}(10)=1.812$.

3. F 分布

定义 2.2.6 设 $X\sim\chi^2(n_1),Y\sim\chi^2(n_2)$，且 X 与 Y 相互独立，则称随机变量

$$F=\frac{X/n_1}{Y/n_2} \tag{2.2.18}$$

服从自由度为 (n_1,n_2) 的 F 分布，记作 $F\sim F(n_1,n_2)$，其中 n_1 称为第一自由度，n_2 称为第二自由度.

F 分布由费歇尔(Fisher)首先提出，其密度函数为

$$f_F(x) = \begin{cases} \dfrac{\Gamma\left(\dfrac{n_1+n_2}{2}\right)}{\Gamma\left(\dfrac{n_1}{2}\right)\Gamma\left(\dfrac{n_2}{2}\right)}\left(\dfrac{n_1}{n_2}\right)^{\frac{n_1}{2}} x^{\frac{n_1}{2}-1}\left(1+\dfrac{n_1}{n_2}x\right)^{-\frac{n_1+n_2}{2}}, & x>0, \\ 0, & x\leqslant 0. \end{cases} \quad (2.2.19)$$

由定义 2.2.6 可以得到 F 分布的重要性质：

(1) 若 $F\sim F(n_1,n_2)$，则 $\dfrac{1}{F}\sim F(n_2,n_1)$．

(2) 若 $T\sim t(n)$，则 $T^2\sim F(1,n)$．

F 分布的密度函数曲线如图 2.2.5 所示．由于 F 分布具有两个参数，因此其密度函数曲线较为复杂．

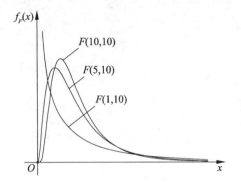

图 2.2.5　F 分布的密度函数曲线

定义 2.2.7　当随机变量 $F\sim F(n_1,n_2)$ 时，对给定的正数 α，$0<\alpha<1$，称满足 $P(F>F_\alpha(n_1,n_2))=\alpha$ 的点 $F_\alpha(n_1,n_2)$ 是自由度为 (n_1,n_2) 的 F 分布的 α 上侧分位数，如图 2.2.6 所示．

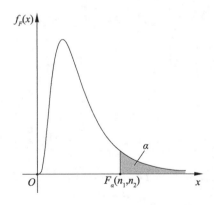

图 2.2.6　F 分布的 α 上侧分位数

附表 6 为 F 分布的上侧分位数表．例如，当 $n_1=5$，$n_2=10$，$\alpha=0.05$ 时，有 $F_{0.05}(5,10)=3.33$．利用 F 分布的性质和定义 2.2.7 可以证明

$$F_{1-\alpha}(n_1,n_2) = \frac{1}{F_\alpha(n_2,n_1)}, \quad (2.2.20)$$

所以当 $\alpha = 0.05$ 时,由上式可得 $F_{0.95}(5,10) = \dfrac{1}{F_{0.05}(10,5)} = \dfrac{1}{4.74} = 0.21097$.

§2.3 正态总体统计量的分布

2.3.1 单个正态总体统计量的分布

从总体 X 中抽取样本 $X_1, X_2, \cdots, X_n$,样本均值与样本方差分别记作

$$\overline{X} = \frac{1}{n}\sum_{i=1}^{n} X_i, \quad S^2 = \frac{1}{n-1}\sum_{i=1}^{n}(X_i - \overline{X})^2.$$

定理 2.3.1 设总体 X 服从正态分布 $N(\mu, \sigma^2)$,则样本均值 $\overline{X} = \dfrac{1}{n}\sum_{i=1}^{n} X_i$ 的分布为

$$\overline{X} \sim N\left(\mu, \frac{\sigma^2}{n}\right). \tag{2.3.1}$$

证 因为随机变量 $X_1, X_2, \cdots, X_n$ 相互独立,并且与总体 X 服从相同的正态分布 $N(\mu, \sigma^2)$,所以它们的线性组合 $\overline{X} = \dfrac{1}{n}\sum_{i=1}^{n} X_i = \sum_{i=1}^{n}\dfrac{1}{n} X_i$ 服从正态分布 $N\left(\mu, \dfrac{\sigma^2}{n}\right)$.

推论 2.3.1 设总体 X 服从正态分布 $N(\mu, \sigma^2)$,则有统计量

$$U = \frac{\overline{X} - \mu}{\dfrac{\sigma}{\sqrt{n}}} \sim N(0,1). \tag{2.3.2}$$

证 由定理 2.3.1 知,$\overline{X} \sim N\left(\mu, \dfrac{\sigma^2}{n}\right)$,将 $\overline{X}$ 标准化即得式(2.3.2).

定理 2.3.2 设总体 X 服从正态分布 $N(\mu, \sigma^2)$,则有

$$\chi^2 = \frac{1}{\sigma^2}\sum_{i=1}^{n}(X_i - \mu)^2 \sim \chi^2(n). \tag{2.3.3}$$

证 因为 $X_i \sim N(\mu, \sigma^2)$,标准化有 $\dfrac{X_i - \mu}{\sigma} \sim N(0,1), i = 1, 2, \cdots, n$. 又因为 $X_1, X_2, \cdots, X_n$ 相互独立,所以 $\dfrac{X_1 - \mu}{\sigma}, \dfrac{X_2 - \mu}{\sigma}, \cdots, \dfrac{X_n - \mu}{\sigma}$ 也相互独立. 由定义 2.2.2 可知

$$\chi^2 = \frac{1}{\sigma^2}\sum_{i=1}^{n}(X_i - \mu)^2 = \sum_{i=1}^{n}\left(\frac{X_i - \mu}{\sigma}\right)^2 \sim \chi^2(n).$$

定理 2.3.3 设总体 X 服从正态分布 $N(\mu, \sigma^2)$,则

(1) 样本均值 $\overline{X}$ 与样本方差 S^2 相互独立;

(2) 统计量 $\chi^2 = \dfrac{(n-1)S^2}{\sigma^2}$ 服从自由度为 $n-1$ 的 χ^2 分布,即

$$\chi^2 = \frac{(n-1)S^2}{\sigma^2} \sim \chi^2(n-1). \tag{2.3.4}$$

证明略.

定理 2.3.4　设总体 X 服从正态分布 $N(\mu,\sigma^2)$，则统计量 $T=\dfrac{\overline{X}-\mu}{S/\sqrt{n}}$ 服从自由度为 $n-1$ 的 t 分布，即

$$T=\frac{\overline{X}-\mu}{S/\sqrt{n}}\sim t(n-1). \tag{2.3.5}$$

证　由推论 2.3.1 知，统计量 $U=\dfrac{\overline{X}-\mu}{\sigma/\sqrt{n}}\sim N(0,1)$．又由定理 2.3.3 知，统计量 $\chi^2=\dfrac{(n-1)S^2}{\sigma^2}\sim\chi^2(n-1)$，因为样本均值 $\overline{X}$ 与样本方差 S^2 相互独立，所以统计量 $U=\dfrac{\overline{X}-\mu}{\sigma/\sqrt{n}}$ 与 $\chi^2=\dfrac{(n-1)S^2}{\sigma^2}$ 也相互独立．由定义 2.2.4 可知，统计量

$$T=\frac{U}{\sqrt{\dfrac{\chi^2}{n-1}}}=\frac{\overline{X}-\mu}{S/\sqrt{n}}\sim t(n-1).$$

2.3.2　两个正态总体的统计量的分布

从总体 X 中抽取容量为 n_1 的样本 $X_1,X_2,\cdots,X_{n_1}$，从总体 Y 中抽取容量为 n_2 的样本 $Y_1,Y_2,\cdots,Y_{n_2}$，假设所有的抽样都是相互独立的，由此得到的样本 $X_i(i=1,2,\cdots,n_1)$ 与 $Y_j(j=1,2,\cdots,n_2)$ 都是相互独立的随机变量．把取自两个总体的样本均值分别记作 $\overline{X}=\dfrac{1}{n_1}\sum_{i=1}^{n_1}X_i$ 和 $\overline{Y}=\dfrac{1}{n_2}\sum_{j=1}^{n_2}Y_j$，样本方差分别记作 $S_1^2=\dfrac{1}{n_1-1}\sum_{i=1}^{n_1}(X_i-\overline{X})^2$ 和 $S_2^2=\dfrac{1}{n_2-1}\sum_{j=1}^{n_2}(Y_j-\overline{Y})^2$．

定理 2.3.5　设总体 X 服从正态分布 $N(\mu_1,\sigma_1^2)$，总体 Y 服从正态分布 $N(\mu_2,\sigma_2^2)$，则

$$U=\frac{(\overline{X}-\overline{Y})-(\mu_1-\mu_2)}{\sqrt{\dfrac{\sigma_1^2}{n_1}+\dfrac{\sigma_2^2}{n_2}}}\sim N(0,1). \tag{2.3.6}$$

证　由定理 2.3.1 知 $\overline{X}\sim N\left(\mu_1,\dfrac{\sigma_1^2}{n_1}\right)$，$\overline{Y}\sim N\left(\mu_2,\dfrac{\sigma_2^2}{n_2}\right)$，因为 $\overline{X}$ 与 $\overline{Y}$ 相互独立，所以

$$\overline{X}-\overline{Y}\sim N\left(\mu_1-\mu_2,\dfrac{\sigma_1^2}{n_1}+\dfrac{\sigma_2^2}{n_2}\right),$$

标准化后得

$$U=\frac{(\overline{X}-\overline{Y})-(\mu_1-\mu_2)}{\sqrt{\dfrac{\sigma_1^2}{n_1}+\dfrac{\sigma_2^2}{n_2}}}\sim N(0,1).$$

当 $\sigma_1=\sigma_2=\sigma$ 时，得到下面的推论．

推论 2.3.2　设总体 X 服从正态分布 $N(\mu_1,\sigma^2)$，总体 Y 服从正态分布 $N(\mu_2,\sigma^2)$，则

$$U = \frac{(\overline{X} - \overline{Y}) - (\mu_1 - \mu_2)}{\sigma \sqrt{\dfrac{1}{n_1} + \dfrac{1}{n_2}}} \sim N(0,1). \tag{2.3.7}$$

定理 2.3.6 设总体 X 服从正态分布 $N(\mu_1, \sigma^2)$，总体 Y 服从正态分布 $N(\mu_2, \sigma^2)$，则

$$T = \frac{(\overline{X} - \overline{Y}) - (\mu_1 - \mu_2)}{\sqrt{\dfrac{(n_1-1)S_1^2 + (n_2-1)S_2^2}{n_1 + n_2 - 2}} \sqrt{\dfrac{1}{n_1} + \dfrac{1}{n_2}}} \sim t(n_1 + n_2 - 2).$$

记 $S_w = \sqrt{\dfrac{(n_1-1)S_1^2 + (n_2-1)S_2^2}{n_1 + n_2 - 2}}$ 为合并样本标准差，则上式可以表示为

$$T = \frac{(\overline{X} - \overline{Y}) - (\mu_1 - \mu_2)}{S_w \sqrt{\dfrac{1}{n_1} + \dfrac{1}{n_2}}} \sim t(n_1 + n_2 - 2). \tag{2.3.8}$$

证 由推论 2.3.2 可知，$U = \dfrac{(\overline{X} - \overline{Y}) - (\mu_1 - \mu_2)}{\sigma \sqrt{\dfrac{1}{n_1} + \dfrac{1}{n_2}}} \sim N(0,1)$. 由定理 2.3.3 可知，

$$\frac{(n_1-1)S_1^2}{\sigma^2} \sim \chi^2(n_1-1), \frac{(n_2-1)S_2^2}{\sigma^2} \sim \chi^2(n_2-1).$$

因为 S_1^2 与 S_2^2 相互独立，所以由式 (2.2.15) 可知，

$$\chi^2 = \frac{(n_1-1)S_1^2}{\sigma^2} + \frac{(n_2-1)S_2^2}{\sigma^2} \sim \chi^2(n_1 + n_2 - 2).$$

又因为 $\overline{X}$ 与 S_1^2 相互独立，$\overline{Y}$ 与 S_2^2 相互独立，所以可以证明统计量 U 与 χ^2 也相互独立. 于是由定义 2.2.4 可知，统计量

$$T = \frac{U}{\sqrt{\dfrac{\chi^2}{n_1 + n_2 - 2}}} = \frac{(\overline{X} - \overline{Y}) - (\mu_1 - \mu_2)}{\sqrt{\dfrac{(n_1-1)S_1^2 + (n_2-1)S_2^2}{n_1 + n_2 - 2}} \sqrt{\dfrac{1}{n_1} + \dfrac{1}{n_2}}} \sim t(n_1 + n_2 - 2).$$

定理 2.3.7 设总体 X 服从正态分布 $N(\mu_1, \sigma_1^2)$，总体 Y 服从正态分布 $N(\mu_2, \sigma_2^2)$，则有

$$F = \frac{\displaystyle\sum_{i=1}^{n_1} (X_i - \mu_1)^2 / (n_1 \sigma_1^2)}{\displaystyle\sum_{j=1}^{n_2} (Y_j - \mu_2)^2 / (n_2 \sigma_2^2)} \sim F(n_1, n_2). \tag{2.3.9}$$

证 由定理 2.3.2 可知，

$$\chi_1^2 = \frac{1}{\sigma_1^2} \sum_{i=1}^{n_1} (X_i - \mu_1)^2 \sim \chi^2(n_1), \chi_2^2 = \frac{1}{\sigma_2^2} \sum_{j=1}^{n_2} (Y_j - \mu_2)^2 \sim \chi^2(n_2),$$

因为所有的 X_i 与 Y_j 都是相互独立的，所以 χ_1^2 与 χ_2^2 也相互独立. 于是由定义 2.2.6 有

$$F = \frac{\dfrac{\chi_1^2}{n_1}}{\dfrac{\chi_2^2}{n_2}} = \frac{\displaystyle\sum_{i=1}^{n_1}(X_i-\mu_1)^2/(n_1\sigma_1^2)}{\displaystyle\sum_{j=1}^{n_2}(Y_j-\mu_2)^2/(n_2\sigma_2^2)} \sim F(n_1, n_2).$$

定理 2.3.8　设总体 X 服从正态分布 $N(\mu_1, \sigma_1^2)$，总体 Y 服从正态分布 $N(\mu_2, \sigma_2^2)$，则

$$F = \frac{S_1^2/\sigma_1^2}{S_2^2/\sigma_2^2} \sim F(n_1-1, n_2-1). \tag{2.3.10}$$

证　由定理 2.3.3 可知，

$$\chi_1^2 = \frac{(n_1-1)S_1^2}{\sigma_1^2} \sim \chi^2(n_1-1), \quad \chi_2^2 = \frac{(n_2-1)S_2^2}{\sigma_2^2} \sim \chi^2(n_2-1),$$

因为 S_1^2 与 S_2^2 相互独立，所以 χ_1^2 与 χ_2^2 也相互独立．于是由定义 2.2.6 可知

$$F = \frac{\dfrac{\chi_1^2}{n_1-1}}{\dfrac{\chi_2^2}{n_2-1}} = \frac{S_1^2/\sigma_1^2}{S_2^2/\sigma_2^2} \sim F(n_1-1, n_2-1).$$

§2.4　应用案例

例 2.4.1　表 2.4.1 为某城市 2013 年 1 月某空气质量监测点采集到的部分检测指标观测值，试回答以下问题：

(1) 对 $PM_{2.5}$ 观测值进行基本统计分析，并判断是否存在离群值；

(2) 分别计算二氧化硫与 $PM_{2.5}$、一氧化碳与 $PM_{2.5}$、臭氧与 $PM_{2.5}$、可吸入颗粒物与 $PM_{2.5}$ 的样本相关系数，并绘制散点图．

表 2.4.1　某空气质量监测点采集到的部分检测指标观测值

二氧化硫	一氧化碳	臭氧	可吸入颗粒物	$PM_{2.5}$
53	19	30	76	90
47	29	8	88	143
57	31	13	51	58
61	28	8	81	142
55	34	8	96	175
56	30	10	99	215
51	31	28	121	250
58	54	9	157	309
64	47	8	127	273
61	51	24	159	329
74	65	4	145	299
62	59	27	143	299

二氧化硫	一氧化碳	臭氧	可吸入颗粒物	PM$_{2.5}$
59	45	38	131	246
50	44	27	136	261
54	44	9	124	260
63	60	5	159	295
57	61	15	145	282
56	48	36	137	262
54	39	26	111	204
55	41	12	91	179
54	53	11	82	227
72	75	8	116	277
57	66	24	119	242
58	50	32	112	226
53	32	43	106	173
85	52	19	156	266
72	73	18	236	426
63	57	30	149	307
47	40	62	120	230
44	40	23	96	201
12	54	4	80	186

（数据来源：2013 年全国研究生数学建模竞赛 D 题）

解 （1）根据表 2.4.1 中 PM$_{2.5}$ 的观测数据计算得到各基本统计量的结果见表 2.4.2.

表 2.4.2　PM$_{2.5}$ 观测数据的基本统计量计算结果

变量	n	$\bar{x}$	s^2	s	min	Q_L	M_d	Q_U	max
PM$_{2.5}$	31	236.5	5387.6	73.4	58	186	246	282	426

由表 2.4.2 中的结果还可以计算四分位距：

$$H = Q_U - Q_L = 282 - 186 = 96, 且 Q_L - 1.5H = 42, Q_U + 1.5H = 426.$$

因为样本数据 x_i 满足 $42 < x_i \leqslant 426$，由此判断该组数据不存在离群值.

（2）根据式（2.2.11）分别计算各组样本相关系数，结果见表 2.4.3.

表 2.4.3　各组样本相关系数

检测指标	二氧化硫	一氧化碳	臭氧	可吸入颗粒物
PM$_{2.5}$	0.4334	0.7767	0.0029	0.9298

结果显示，二氧化硫与 PM$_{2.5}$ 的相关系数为 0.4334，这两个检测指标的相关程度比较

低;一氧化碳与 $PM_{2.5}$ 的相关系数为 0.7767,这两个检测指标具有中等相关程度;臭氧与 $PM_{2.5}$ 的相关系数为 0.0029,这两个检测指标基本不相关;可吸入颗粒物与 $PM_{2.5}$ 的相关系数为 0.9298,这两个检测指标的相关程度很高.

各检测指标与 $PM_{2.5}$ 的散点图如图 2.4.1 所示.

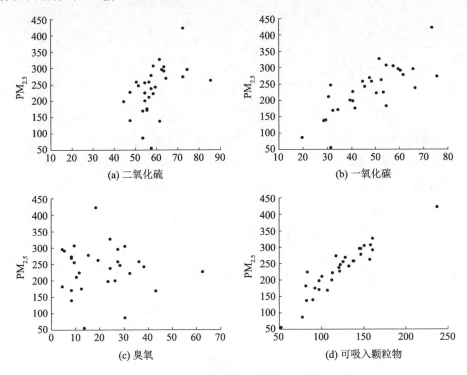

图 2.4.1　各检测指标与 $PM_{2.5}$ 的散点图

习题 2

1.(1) 设总体 X 服从几何分布 $P(X=k)=p(1-p)^{k-1}$,$k=1,2,\cdots$,求容量为 n 的简单随机样本 $X_1,X_2,\cdots,X_n$ 的联合分布列.

(2) 设总体服从区间 (a,b) 的均匀分布,写出容量为 5 的简单随机样本 $X_1,X_2,\cdots,X_5$ 的联合概率密度函数.

2. 在某苗圃园随机抽取 40 株苗木,测得苗高(单位:cm)如下:

283,292,320,275,276,300,252,220,281,310,243,138,291,260,

262,169,252,165,241,310,261,325,295,300,270,264,135,343,

190,244,275,314,164,185,144,258,141,221,230,230.

请根据数据解决以下问题:

(1) 适当分组计算样本频数及频率,并列出频数频率分布表,绘制样本频率直方图;

(2) 分别计算样本均值、样本标准差、极差、中位数、四分位距等基本统计量的值,并判断离群值的情况.

3. 设样本 $X_1, X_2, \cdots, X_m$ 和样本 $Y_1, Y_2, \cdots, Y_n$ 相互独立,且均来自总体 $N(0, \sigma^2)$. 证明:

(1) $\dfrac{\sum\limits_{i=1}^{m} X_i^2 + \sum\limits_{j=1}^{n} Y_j^2}{\sigma^2} \sim \chi^2(m+n)$;

(2) $\sqrt{\dfrac{n}{m}} \dfrac{\sum\limits_{i=1}^{m} X_i}{\sqrt{\sum\limits_{j=1}^{n} Y_j^2}} \sim t(n)$.

4. 设总体 X 服从正态分布 $N(\mu, 5^2)$.

(1) 从总体中抽取容量为 64 的样本,求概率 $P(|\overline{X} - \mu| < 1)$;

(2) 试求抽取样本容量 n 为多大时,才能使概率 $P(|\overline{X} - \mu| < 1)$ 达到 0.95?

5. 设样本 $X_1, X_2, \cdots, X_{10}$ 和样本 $Y_1, Y_2, \cdots, Y_{15}$ 相互独立且均来自总体 $X \sim N(20, 3)$,求 $P(|\overline{X} - \overline{Y}| > 0.3)$.

6. 设总体 $X \sim N(8, 2^2)$,抽取样本 $X_1, X_2, \cdots, X_{10}$,求:

(1) $P(\max\{X_1, X_2, \cdots, X_{10}\} > 10)$;

(2) $P(\min\{X_1, X_2, \cdots, X_{10}\} \leqslant 5)$.

第3章 参数估计

数理统计的基本问题是根据样本提供的信息对总体的分布或分布参数做出统计推断. 统计推断可以分为两大类,一类是参数估计,包含点估计和区间估计;另一类是假设检验. 本章主要介绍参数估计的有关概念与基本理论.

§3.1 点估计

许多总体的概率分布都与参数有关,如果参数未知就需要根据样本对其进行估计. 设总体 $X \sim F(x,\theta)$,其中 θ 为未知参数,$\theta \in \Theta$,Θ 是 θ 可能取值的范围. $X_1, X_2, \cdots, X_n$ 是来自总体 X 的样本,$x_1, x_2, \cdots, x_n$ 为样本观察值. 所谓参数的点估计就是构造适当的统计量

$$\hat{\theta} = \hat{\theta}(X_1, X_2, \cdots, X_n),$$

用它的观察值 $\hat{\theta}(x_1, x_2, \cdots, x_n)$ 来估计未知参数 θ,这里称 $\hat{\theta}(X_1, X_2, \cdots, X_n)$ 为 θ 的估计量,称 $\hat{\theta}(x_1, x_2, \cdots, x_n)$ 为 θ 的估计值. 为方便起见,统称估计量和估计值为参数 θ 的点估计,并记作 $\hat{\theta}$.

常用的构造点估计量的方法有矩估计法、最大似然估计法、最小二乘法、贝叶斯估计法等,本节仅介绍前两种方法.

3.1.1 矩估计法

矩估计法最早由英国统计学家皮尔逊(Pearson)于 1894 年提出. 它的基本思想是以样本矩作为相应总体矩的估计量,而以样本矩的连续函数作为相应总体矩的连续函数的估计量,这种估计方法称为矩估计法.

设总体 X 含有 l 个未知参数 $\theta_1, \theta_2, \cdots, \theta_l$,$X_1, X_2, \cdots, X_n$ 是来自总体 X 的样本,假设总体 X 的 k 阶原点矩 $\mu_k = E(X^k)$ 存在,$A_k = \dfrac{1}{n}\sum_{i=1}^{n} X_i^k$ 为样本的 k 阶原点矩,由辛钦大数定律可知,

$$A_k = \frac{1}{n}\sum_{i=1}^{n} X_i^k \xrightarrow{P} \mu_k = E(X^k), n \to +\infty.$$

基于上述基本思想,下面给出矩估计量的求解步骤:

(1)计算各阶总体原点矩 μ_k,注意到 $\theta_1, \theta_2, \cdots, \theta_l$ 是总体 X 的 l 个未知参数,因此总体 X 的 k 阶原点矩 μ_k 应是 $\theta_1, \theta_2, \cdots, \theta_l$ 的函数,$k = 1, 2, \cdots, l$.

(2)用样本的 k 阶原点矩 A_k 代替式中的 μ_k,这时式中的 θ_k 就变成了各阶样本原点矩

A_k 的函数,即一个统计量,在这里就是一个估计量,记作 $\hat{\theta}_k$,即 θ_k 的矩估计量为 $\hat{\theta}_k = \theta(A_1, A_2, \cdots, A_l)$, $k = 1, 2, \cdots, l$.

一般来说,总体有几个未知参数就求几个总体的原点矩,最后以样本原点矩替换总体原点矩,求解方程得到未知参数的点估计量.

例 3.1.1 设总体 $X \sim U(0, \theta)$, θ 为未知参数, $X_1, X_2, \cdots, X_n$ 为 X 的一个样本,试求 θ 的矩估计量.

解 因为 $\mu_1 = E(X) = \dfrac{0 + \theta}{2} = \dfrac{\theta}{2}$,用 $A_1 = \dfrac{1}{n} \sum_{i=1}^{n} X_i = \overline{X}$ 代替 μ_1,即 $\overline{X} = \dfrac{\theta}{2}$,解得 θ 的矩估计量 $\hat{\theta} = 2\overline{X}$.

例 3.1.2 设总体 X 的均值与方差分别为 μ 和 σ^2 且均未知, $X_1, X_2, \cdots, X_n$ 为 X 的一个样本,求 μ 与 σ^2 的矩估计.

解 计算总体的一阶、二阶原点矩:
$$\begin{cases} \mu_1 = E(X) = \mu, \\ \mu_2 = E(X^2) = D(X) + [E(X)]^2 = \sigma^2 + \mu^2. \end{cases}$$

用样本矩 $A_1 = \overline{X}$, $A_2 = \dfrac{1}{n} \sum_{i=1}^{n} X_i^2$ 代替上述 μ_1, μ_2,解得 μ 与 σ^2 的矩估计为

$$\begin{cases} \hat{\mu} = A_1 = \overline{X}, \\ \hat{\sigma}^2 = A_2 - \overline{X}^2 = \dfrac{1}{n} \sum_{i=1}^{n} X_i^2 - \overline{X}^2 = \dfrac{1}{n} \sum_{i=1}^{n} (X_i - \overline{X})^2. \end{cases}$$

根据例 3.1.2 可知,总体均值 $\mu = E(X)$ 的矩估计是样本均值 $\overline{X}$,总体方差 $\sigma^2 = D(X)$ 的矩估计是样本的二阶中心矩 $B_2 = \dfrac{1}{n} \sum_{i=1}^{n} (X_i - \overline{X})^2$.

虽然矩估计法的原理容易理解,步骤简单易行,但对原点矩不存在的总体(如柯西分布等)则不适用,并且矩估计量还可能不唯一. 另外矩估计法对总体信息的利用率不高,因此有必要探究更能充分利用总体信息的估计方法.

3.1.2 最大似然估计法

最大似然估计法是英国统计学家费歇尔(Fisher)为改进矩估计法而于 1912 年提出来的. 最大似然估计法需要已知总体 X 的分布形式,估计结果的性质在理论上较为优良,是一种非常重要的点估计方法.

最大似然估计法的基本思想:确定未知参数 θ 的估计 $\hat{\theta}(x_1, x_2, \cdots, x_n)$ 的依据应该以实际抽样中样本 $x_1, x_2, \cdots, x_n$ 发生的可能性最大为目的. 下面以两点分布为例,说明最大似然估计法的基本思想及最大似然估计的求解步骤.

例 3.1.3 设总体 $X \sim B(1, p)$, $X_1, X_2, \cdots, X_n$ 为来自总体的样本,其样本观察值为 $x_1, x_2, \cdots, x_n$,求参数 p 的最大似然估计.

解 依据最大似然估计法的基本思想,未知参数 p 的最大似然估计 $\hat{p}$ 应该使得 $P(X_1 =$

$x_1, X_2 = x_2, \cdots, X_n = x_n)$ 达到最大值，即使得下式达到最大值：

$$P(X_1 = x_1, X_2 = x_2, \cdots, X_n = x_n) = \prod_{i=1}^{n} P(X_i = x_i)$$

$$= \prod_{i=1}^{n} p^{x_i} (1-p)^{1-x_i}$$

$$= p^{\sum_{i=1}^{n} x_i} (1-p)^{n-\sum_{i=1}^{n} x_i}.$$

这是一个关于未知数 p 的实函数，记作 $L(p)$，其实就是样本 $X_1, X_2, \cdots, X_n$ 的联合分布列，现在问题转化为求实函数 $L(p)$ 的极值点 $\hat{p}$.

(1) 对函数 $L(p)$ 求导，

$$\frac{\mathrm{d}L(p)}{\mathrm{d}p} = \left(\sum_{i=1}^{n} x_i \right) p^{\sum_{i=1}^{n} x_i - 1} (1-p)^{n-\sum_{i=1}^{n} x_i} - \left(n - \sum_{i=1}^{n} x_i \right) p^{\sum_{i=1}^{n} x_i} (1-p)^{n-\sum_{i=1}^{n} x_i - 1}.$$

(2) 令 $\dfrac{\mathrm{d}L(p)}{\mathrm{d}p} = 0$，求解方程得驻点

$$\hat{p} = \frac{1}{n} \sum_{i=1}^{n} x_i = \overline{x},$$

即为未知参数 p 的最大似然估计.

定义 3.1.1　设离散型总体 X 的分布列为 $P(X=x) = p(x, \theta_1, \theta_2, \cdots, \theta_l)$，其中 $\theta_1, \theta_2, \cdots, \theta_l$ 为未知参数，$X_1, X_2, \cdots, X_n$ 为来自总体 X 的一个样本，则称样本的联合分布列

$$L(x_1, x_2, \cdots, x_n; \theta_1, \theta_2, \cdots, \theta_l) = \prod_{i=1}^{n} p(x_i, \theta_1, \theta_2, \cdots, \theta_l) \tag{3.1.1}$$

为参数 $\theta_1, \theta_2, \cdots, \theta_l$ 的似然函数，记作 $L(\theta_1, \theta_2, \cdots, \theta_l)$.

同理，若连续型总体 X 的密度函数为 $f(x; \theta_1, \theta_2, \cdots, \theta_l)$，则参数 $\theta_1, \theta_2, \cdots, \theta_l$ 的似然函数定义为

$$L(\theta_1, \theta_2, \cdots, \theta_l) = L(x_1, x_2, \cdots, x_n; \theta_1, \theta_2, \cdots, \theta_l) = \prod_{i=1}^{n} f(x_i, \theta_1, \theta_2, \cdots, \theta_l).$$

$$\tag{3.1.2}$$

对于固定的 $\theta_1, \theta_2, \cdots, \theta_l$，$L$ 作为 $x_1, x_2, \cdots, x_n$ 的函数，是样本 $X_1, X_2, \cdots, X_n$ 的联合密度函数（或联合分布列）；对于已经取得的样本值 $x_1, x_2, \cdots, x_n$，L 是 $\theta_1, \theta_2, \cdots, \theta_l$ 的函数. $\theta_1, \theta_2, \cdots, \theta_l$ 应是使 L 的取值达到最大的点.

定义 3.1.2　对于似然函数 $L(\theta_1, \theta_2, \cdots, \theta_l)$，在 $x_1, x_2, \cdots, x_n$ 已知的条件下，称使其达到最大值的 $\hat{\theta}_1, \hat{\theta}_2, \cdots, \hat{\theta}_l$ 为参数 $\theta_1, \theta_2, \cdots, \theta_l$ 的最大似然估计值. 相应的统计量 $\hat{\theta}_i(X_1, X_2, \cdots, X_n), i = 1, 2, \cdots, l$ 为参数 $\theta_1, \theta_2, \cdots, \theta_l$ 的最大似然估计量.

在例 3.1.3 中看到，似然函数的求导过程比较繁琐，这是由于似然函数 L 通常是一些函数的乘积或是指数函数，因此可以通过对 L 施行对数变换 $\ln L$ 使求导过程简便. 由于对数函数是单调上升函数，L 与 $\ln L$ 在相同点取得最大值，故可将求 L 的最大值点的问题转化为求 $\ln L$ 的最大值点的问题.

对例 3.1.3 中的似然函数 $L(p) = p^{\sum\limits_{i=1}^{n} x_i}(1-p)^{n-\sum\limits_{i=1}^{n} x_i}$ 求对数:

$$\ln L(p) = \ln p \sum_{i=1}^{n} x_i + [\ln(1-p)](n - \sum_{i=1}^{n} x_i).$$

再对 $\ln L(p)$ 求导数:

$$\frac{\mathrm{d}\ln L(p)}{\mathrm{d}p} = \frac{1}{p} \sum_{i=1}^{n} x_i - \frac{1}{1-p}(n - \sum_{i=1}^{n} x_i).$$

令其为零,求解方程即得

$$\hat{p} = \frac{1}{n} \sum_{i=1}^{n} x_i = \overline{x}.$$

此结果与例 3.1.3 的结果一致,而求导过程却要简便得多.

因此,最大似然估计常常是满足下述方程组的一组解:

$$\frac{\partial L(\theta_1, \theta_2, \cdots, \theta_l)}{\partial \theta_i} = 0, \quad i = 1, 2, \cdots, l$$

或者

$$\frac{\partial \ln L(\theta_1, \theta_2, \cdots, \theta_l)}{\partial \theta_i} = 0, \quad i = 1, 2, \cdots, l. \tag{3.1.3}$$

上述方程组均称为似然方程组.

最大似然估计量的求解步骤如下:

(1) 写出似然函数 $L(\theta_1, \theta_2, \cdots, \theta_l)$. 对于离散型总体,似然函数是样本 $X_1, X_2, \cdots, X_n$ 的联合分布列;对于连续型总体,似然函数是样本 $X_1, X_2, \cdots, X_n$ 的联合密度函数.

(2) 对似然函数 $L(\theta_1, \theta_2, \cdots, \theta_l)$,既可以采用求导数的方法,也可以根据似然函数的特点或性质求出似然函数的最大值点 $\hat{\theta}_i(X_1, X_2, \cdots, X_n), i = 1, 2, \cdots, l$,此即未知参数 θ_i 的最大似然估计.

例 3.1.4 设某车床每周发生故障的次数 X 服从参数为 λ 的泊松分布 $P(\lambda)$,即

$$P(X = x) = \frac{\lambda^x}{x!} \mathrm{e}^{-\lambda}, \quad x = 0, 1, 2, \cdots.$$

若对该车床进行 n 次观测,得样本 $x_1, x_2, \cdots, x_n$,求参数 λ 的最大似然估计量;若样本观察值为 $0, 2, 1, 0, 3, 2, 1, 0, 3, 1$,求参数 λ 的最大似然估计值.

解 似然函数为

$$L(x_1, x_2, \cdots, x_n; \lambda) = \prod_{i=1}^{n} \frac{\lambda^{x_i}}{x_i!} \mathrm{e}^{-\lambda} = \mathrm{e}^{-n\lambda} \prod_{i=1}^{n} \frac{\lambda^{x_i}}{x_i!} = \mathrm{e}^{-n\lambda} \frac{\lambda^{\sum\limits_{i=1}^{n} x_i}}{\prod\limits_{i=1}^{n} x_i!}.$$

两边取对数得

$$\ln L = -n\lambda + \left(\sum_{i=1}^{n} x_i\right) \ln \lambda - \sum_{i=1}^{n} \ln(x_i!).$$

对 λ 求导并令其等于零,得似然方程

$$\frac{\mathrm{d}\ln L}{\mathrm{d}\lambda} = -n + \frac{\sum\limits_{i=1}^{n} x_i}{\lambda} = 0,$$

解得参数 λ 的最大似然估计值为

$$\hat{\lambda} = \frac{1}{n}\sum_{i=1}^{n} x_i = \overline{x},$$

与其对应的估计量 $\overline{X}$ 即为 λ 的最大似然估计量.

由样本观察值计算可知 $\hat{\lambda} = \frac{1}{n}\sum_{i=1}^{n} x_i = 1.3$,即平均每周发生故障 1.3 次.

例 3.1.5 设总体 X 服从 $N(\mu,\sigma^2)$,其中 μ,σ^2 为未知参数,$x_1,x_2,\cdots,x_n$ 是从该总体中所抽样本的观测值,试求 μ,σ^2 的最大似然估计.

解 总体 X 的密度函数为

$$f(x;\mu,\sigma^2) = \frac{1}{\sigma\sqrt{2\pi}}\mathrm{e}^{-\frac{(x-\mu)^2}{2\sigma^2}}, \quad -\infty < x < +\infty.$$

似然函数为

$$L(x_1,x_2,\cdots,x_n;\mu,\sigma^2) = \prod_{i=1}^{n}\frac{1}{\sigma\sqrt{2\pi}}\mathrm{e}^{-\frac{(x_i-\mu)^2}{2\sigma^2}} = (2\pi)^{-\frac{n}{2}}(\sigma^2)^{-\frac{n}{2}}\mathrm{e}^{-\frac{1}{2\sigma^2}\sum\limits_{i=1}^{n}(x_i-\mu)^2}.$$

两边取对数得

$$\ln L = -\frac{n}{2}\ln(2\pi) - \frac{n}{2}\ln\sigma^2 - \frac{1}{2\sigma^2}\sum_{i=1}^{n}(x_i-\mu)^2.$$

由
$$\begin{cases} \dfrac{\partial\ln L}{\partial\mu} = \dfrac{1}{\sigma^2}\left(\sum\limits_{i=1}^{n} x_i - n\mu\right) = 0, \\ \dfrac{\partial\ln L}{\partial\sigma^2} = -\dfrac{n}{2\sigma^2} + \dfrac{1}{2(\sigma^2)^2}\sum\limits_{i=1}^{n}(x_i-\mu)^2 = 0, \end{cases}$$
解得参数 μ,σ^2 的最大似然估计值分别为

$$\hat{\mu} = \frac{1}{n}\sum_{i=1}^{n} x_i = \overline{x}, \quad \hat{\sigma}^2 = \frac{1}{n}\sum_{i=1}^{n}(x_i-\overline{x})^2,$$

相应地,最大似然估计量分别为

$$\hat{\mu} = \frac{1}{n}\sum_{i=1}^{n} X_i = \overline{X}, \quad \hat{\sigma}^2 = \frac{1}{n}\sum_{i=1}^{n}(X_i-\overline{X})^2.$$

有时利用求导数的方法无法求出似然函数的最大值点,此时就需根据似然函数的单调性寻找最大值点.

例 3.1.6 试求例 3.1.1 中参数 θ 的最大似然估计量.

解 样本 $x_1,x_2,\cdots,x_n$ 的似然函数为

$$L(x_1,x_2,\cdots,x_n;\theta) = \begin{cases} \dfrac{1}{\theta^n}, & 0 < x_1,x_2,\cdots,x_n < \theta, \\ 0, & \text{其他.} \end{cases}$$

由于似然函数 $\frac{1}{\theta^n}$ 对应 $0<x_1,x_2,\cdots,x_n\leqslant\theta$，即等价于 $\max\limits_{1\leqslant i\leqslant n}\{x_i\}\leqslant\theta$，另外 $\frac{1}{\theta^n}$ 随 θ 的增大而减小，因此未知参数 θ 应尽量地小，所以当 $\theta=\max\limits_{1\leqslant i\leqslant n}\{x_i\}$ 时似然函数 L 有最大值，故 θ 的最大似然估计量为 $\hat{\theta}=\max\limits_{1\leqslant i\leqslant n}\{X_i\}$.

最大似然估计具有优良的统计特性，不变性就是其一个简单而实用的性质.

定理 3.1.1 设 $\hat{\theta}$ 是未知参数 θ 的最大似然估计，函数 $u=g(x)$ 单调且具有单值反函数，则 $\hat{u}=g(\hat{\theta})$ 是 $u=g(\theta)$ 的最大似然估计.

根据定理 3.1.1，由例 3.1.5 中 σ^2 的最大似然估计可得 σ 的最大似然估计量为

$$\hat{\sigma}=\sqrt{\frac{1}{n}\sum_{i=1}^{n}(X_i-\overline{X})^2}.$$

3.1.3 估计量的评价标准

当一个未知参数用不同的估计方法可以构造出不同的估计量时，就需要对估计量的优良性给出评价标准. 下面介绍几种常用的评价标准.

1. 无偏估计

定义 3.1.3 设 $\hat{\theta}=\hat{\theta}(X_1,X_2,\cdots,X_n)$ 为未知参数 θ 的一个估计量，若 $\hat{\theta}$ 的数学期望存在，且对于任意 $\theta\in\Theta$，满足

$$E(\hat{\theta})=\theta, \tag{3.1.4}$$

则称 $\hat{\theta}$ 为 θ 的一个无偏估计. 记 $\hat{\theta}_n=\hat{\theta}(X_1,X_2,\cdots,X_n)$. 若满足

$$\lim_{n\to+\infty}E(\hat{\theta}_n)=\theta, \tag{3.1.5}$$

则称 $\hat{\theta}_n$ 为 θ 的渐近无偏估计.

事实上对于无偏估计，$\hat{\theta}$ 是一个随机变量，它的取值应围绕参数的真值 θ 上下波动，即多次独立地用 $\hat{\theta}$ 估计 θ，其平均值与 θ 的真值相差无几，这是无偏估计的直观意义.

例 3.1.7 设 μ,σ^2 分别为总体 X 的数学期望和方差，$X_1,X_2,\cdots,X_n$ 为总体 X 的一个样本，证明：

(1) 样本均值 $\overline{X}$ 是总体数学期望 $E(X)=\mu$ 的无偏估计，并且 $\widetilde{X}=\sum_{i=1}^{n}c_iX_i$（其中 $\sum_{i=1}^{n}c_i=1$）也是总体数学期望 μ 的无偏估计；

(2) 样本方差 $S^2=\frac{1}{n-1}\sum_{i=1}^{n}(X_i-\overline{X})^2$ 是总体方差 $D(X)=\sigma^2$ 的无偏估计；

(3) 样本二阶中心距 $B_2=\frac{1}{n}\sum_{i=1}^{n}(X_i-\overline{X})^2$ 是总体方差 $D(X)=\sigma^2$ 的渐进无偏估计.

证 (1) 因为 $E(\overline{X})=E\left(\frac{1}{n}\sum_{i=1}^{n}X_i\right)=\frac{1}{n}\sum_{i=1}^{n}E(X_i)=\frac{1}{n}n\mu=\mu$，所以 $\overline{X}$ 是总体数学期

望 μ 的无偏估计.

更一般地,对于 $\tilde{X} = \sum_{i=1}^{n} c_i X_i$ (其中 $\sum_{i=1}^{n} c_i = 1$),有

$$E(\tilde{X}) = E\left(\sum_{i=1}^{n} c_i X_i\right) = \sum_{i=1}^{n} (c_i \mu) = \mu \sum_{i=1}^{n} c_i = \mu,$$

因此 $\tilde{X} = \sum_{i=1}^{n} c_i X_i$ (其中 $\sum_{i=1}^{n} c_i = 1$) 也是总体数学期望 μ 的无偏估计.

(2) 由式(2.2.3)可知,$S^2 = \dfrac{1}{n-1} \sum_{i=1}^{n} (X_i - \overline{X})^2 = \dfrac{1}{n-1} \sum_{i=1}^{n} X_i^2 - \dfrac{n}{n-1} \overline{X}^2$,

则 $\quad E(S^2) = E\left(\dfrac{1}{n-1} \sum_{i=1}^{n} X_i^2 - \dfrac{n}{n-1} \overline{X}^2\right) = \dfrac{1}{n-1} \sum_{i=1}^{n} E(X_i^2) - \dfrac{n}{n-1} E(\overline{X}^2).$

由于 $\quad D(X_i) = E(X_i^2) - [E(X_i)]^2 = E(X_i^2) - \mu^2 = \sigma^2,\ i = 1, 2, \cdots, n,$

$$D(\overline{X}) = E(\overline{X}^2) - [E(\overline{X})]^2 = E(\overline{X}^2) - \mu^2 = \frac{\sigma^2}{n},$$

所以 $E(X_i^2) = \mu^2 + \sigma^2,\ i = 1, 2, \cdots, n, E(\overline{X}^2) = \mu^2 + \dfrac{\sigma^2}{n}$,故

$$E(S^2) = \frac{1}{n-1} n(\mu^2 + \sigma^2) - \frac{n}{n-1}\left(\mu^2 + \frac{\sigma^2}{n}\right) = \frac{n}{n-1} \sigma^2 - \frac{1}{n-1} \sigma^2 = \sigma^2,$$

即样本方差 S^2 是总体方差 σ^2 的无偏估计.

(3) 因为 $\lim\limits_{n \to +\infty} E(B_2) = \lim\limits_{n \to +\infty} E\left[\dfrac{1}{n} \sum_{i=1}^{n} (X_i - \overline{X})^2\right] = \lim\limits_{n \to +\infty} E\left(\dfrac{n-1}{n} S^2\right) = \lim\limits_{n \to +\infty} \dfrac{n-1}{n} \sigma^2 = \sigma^2$,

所以样本二阶中心距 B_2 是总体方差 σ^2 的渐近无偏估计.

2. 有效估计

事实上,若未知参数存在无偏估计,则可能会有很多个无偏估计,如例 3.1.7 中的(1). 此时可以通过比较估计值与参数真值的差异来选择较好的估计量,而度量差异的重要指标就是方差. 下面引入估计量的另一个评价标准——有效性.

定义 3.1.4 设 $\hat{\theta}_1$ 与 $\hat{\theta}_2$ 都是 θ 的无偏估计,如果

$$D(\hat{\theta}_1) < D(\hat{\theta}_2), \tag{3.1.6}$$

则称 $\hat{\theta}_1$ 较 $\hat{\theta}_2$ 有效.

例 3.1.8 设 $X_1, X_2, \cdots, X_n$ 为来自 $N(\mu, \sigma_0^2)$ 的样本,其中 μ 未知,σ_0^2 已知,记 $\hat{\mu}_k = \dfrac{1}{k} \sum_{i=1}^{k} X_i, k = 1, 2, \cdots, n$. 易见这些 $\hat{\mu}_k$ 都是 μ 的无偏估计,因为

$$E(\hat{\mu}_k) = \frac{1}{k} \sum_{i=1}^{k} E(X_i) = \frac{1}{k} \cdot k\mu = \mu.$$

下面来比较它们的方差. 由于

$$D(\hat{\mu}_k) = \frac{1}{k^2} \sum_{i=1}^{k} D(X_i) = \frac{1}{k^2} \cdot k\sigma_0^2 = \frac{1}{k} \sigma_0^2,$$

因此 k 越大,$D(\hat{\mu}_k)$ 越小,即在这 n 个无偏估计中,$\hat{\mu}_n = \overline{X}$ 作为 μ 的估计最有效. 事实上,当

$k<n$ 时，$\hat{\mu}_k$ 丢弃了一部分样本所提供的信息.

若点估计 $\hat{\theta}_1$ 比 $\hat{\theta}_2$ 更有效，则说明 $\hat{\theta}_1$ 的观察值比 $\hat{\theta}_2$ 在待估计参数 θ 的附近更密集，以 $\hat{\theta}_1$ 为 θ 的估计值比以 $\hat{\theta}_2$ 为 θ 的估计值精确和可靠，所以无偏估计以方差小者为好. 若在 θ 的一切无偏估计量中，$\hat{\theta}_0$ 的方差最小，则称 $\hat{\theta}_0$ 为 θ 的最小方差无偏估计.

可以证明，估计量 $\widetilde{X}=\sum\limits_{i=1}^{n}c_iX_i$（其中 $\sum\limits_{i=1}^{n}c_i=1$）作为总体数学期望 μ 的无偏估计，当 $c_i=\dfrac{1}{n}(i=1,2,\cdots,n)$ 时方差最小，即 $D(\overline{X})\leqslant D(\widetilde{X})$.

3. 一致估计

对估计量来说，除了要求它无偏、方差较小外，还要求当样本容量 n 增大时，它能以大概率接近待估参数的真值.

定义 3.1.5 设 $\hat{\theta}_n=\hat{\theta}(X_1,X_2,\cdots,X_n)$ 为总体未知参数 θ 的估计量，若对任意 $\varepsilon>0$，有

$$\lim_{n\to+\infty}P(|\hat{\theta}_n-\theta|<\varepsilon)=1, \tag{3.1.7}$$

则称 $\hat{\theta}_n$ 为 θ 的一致估计.

一致估计又称相合估计，其直观意义是当样本容量充分大时，估计值很接近未知参数的真值. 一致估计从理论上保证了样本容量越大，估计的误差越小. 在实际应用中，常采用增大样本容量的方法提高估计的精度.

判断估计量 $\hat{\theta}_n$ 是否满足一致性，常借助切比雪夫不等式，设 $E(\hat{\theta}_n)=\theta$，有 $P(|\hat{\theta}_n-\theta|>\varepsilon)\leqslant\dfrac{D(\hat{\theta}_n)}{\varepsilon^2}$. 显然，若

$$\lim_{n\to+\infty}D(\hat{\theta}_n)=0, \tag{3.1.8}$$

则由定义 3.1.5 可知，$\hat{\theta}_n$ 为 θ 的一致估计.

例 3.1.9 设总体 X 的均值为 μ，$X_1,X_2,\cdots,X_n$ 是来自总体 X 的一个样本，则 $\overline{X}$ 为 μ 的一致估计.

事实上，前面已证明过 $E(\overline{X})=\mu$，而 $D(\overline{X})=\dfrac{\sigma^2}{n}\to0$，$n\to+\infty$，满足式(3.1.8)，因此 $\overline{X}$ 为 μ 的一致估计.

例 3.1.10 设总体 $X\sim N(\mu,\sigma^2)$，$X_1,X_2,\cdots,X_n$ 是来自总体 X 的一个样本，则样本方差 S^2 为 σ^2 的一致估计.

已知 $E(S^2)=\sigma^2$，$\dfrac{(n-1)S^2}{\sigma^2}\sim\chi^2(n-1)$，由 χ^2 分布的性质可知 $D\left[\dfrac{(n-1)S^2}{\sigma^2}\right]=2(n-1)$，所以 $D(S^2)=\dfrac{2\sigma^4}{n-1}\to0$，$n\to+\infty$，满足式(3.1.8)，故 S^2 为 σ^2 的一致估计.

§3.2　区间估计

3.2.1　区间估计的基本概念

参数的点估计可以回答未知参数是什么的问题,但无法解决估计参数的精确度和可靠度问题.本节讨论,在给定的可靠度下,估计包含未知参数 θ 真值的一个范围,这个范围通常以区间的形式给出,称为区间估计.

定义 3.2.1　设 θ 是总体 X 分布的一个未知参数,$X_1,X_2,\cdots,X_n$ 为来自 X 的样本,如果统计量 $\hat{\theta}_1(X_1,X_2,\cdots,X_n)$ 和 $\hat{\theta}_2(X_1,X_2,\cdots,X_n)$ 对于给定值 $\alpha(0<\alpha<1)$,满足

$$P\{\hat{\theta}_1(X_1,X_2,\cdots,X_n)\leqslant\theta\leqslant\hat{\theta}_2(X_1,X_2,\cdots,X_n)\}=1-\alpha, \qquad (3.2.1)$$

那么称区间 $[\hat{\theta}_1(X_1,X_2,\cdots,X_n),\hat{\theta}_2(X_1,X_2,\cdots,X_n)]$ 为 θ 的置信度为 $1-\alpha$ 的置信区间,$\hat{\theta}_1(X_1,X_2,\cdots,X_n)$ 和 $\hat{\theta}_2(X_1,X_2,\cdots,X_n)$ 分别为置信下限和置信上限,$1-\alpha$ 为置信水平,也称置信度、置信概率或可靠度.若给定样本 $X_1,X_2,\cdots,X_n$ 的一组观察值 $x_1,x_2,\cdots,x_n$,则区间 $[\hat{\theta}_1(x_1,x_2,\cdots,x_n),\hat{\theta}_2(x_1,x_2,\cdots,x_n)]$ 为具体的实数区间.

置信区间 $[\hat{\theta}_1(x_1,x_2,\cdots,x_n),\hat{\theta}_2(x_1,x_2,\cdots,x_n)]$ 的意义在于:区间 $[\hat{\theta}_1,\hat{\theta}_2]$ 的端点是样本的函数,是随机变量,而未知参数 θ 是常数,区间 $[\hat{\theta}_1,\hat{\theta}_2]$ 包含 θ 的置信度是 $1-\alpha$,它反映了估计的可靠度,而区间的长度 $\hat{\theta}_2-\hat{\theta}_1$ 反映了估计的精确度.对于给定的置信度 $1-\alpha$,区间 $[\hat{\theta}_1,\hat{\theta}_2]$ 的取法不唯一,在保证可靠度的前提下,尽量选择长度最短的区间.区间 $[\hat{\theta}_1,\hat{\theta}_2]$ 也称为参数 θ 的双侧置信区间.

本节主要讨论正态总体参数的双侧置信区间问题,在求各参数的置信区间的过程中,遵循"等尾概率"原则,即选取尾部概率相等的分位点来确定置信区间.可以证明,对于关于原点对称的分布来说,这样确定的置信区间的长度是最短的.对于其他分布(如 χ^2 分布和 F 分布),求最短区间并非易事,方便起见,也采用该原则确定置信区间.

3.2.2　单个正态总体均值与方差的置信区间

1. 正态总体均值的置信区间

设总体 $X\sim N(\mu,\sigma_0^2)$,$X_1,X_2,\cdots,X_n$ 为来自 X 的一个样本,下面分别针对总体方差 σ^2 已知和未知的两种情形,求 μ 的置信度为 $1-\alpha$ 的置信区间.

(1) 总体方差 σ^2 已知.

设 $X_1,X_2,\cdots,X_n$ 为来自 X 的一个样本,由点估计可知 $\overline{X}$ 为 μ 的无偏估计,由推论 2.3.1 知

$$U=\frac{\overline{X}-\mu}{\sigma/\sqrt{n}}\sim N(0,1).$$

当给定置信度 $1-\alpha$ 时,可通过附表 3 求出 α 的双侧分位点 $u_{\frac{\alpha}{2}}$(见图 3.2.1),使得

$$P\left(\frac{|\overline{X}-\mu|}{\sigma/\sqrt{n}}>u_{\alpha/2}\right)=\alpha,$$

即

$$P\left(\frac{|\overline{X}-\mu|}{\sigma/\sqrt{n}}\leqslant u_{\alpha/2}\right)=1-\alpha,$$

解不等式有

$$P\left(\overline{X}-u_{\alpha/2}\frac{\sigma}{\sqrt{n}}\leqslant\mu\leqslant\overline{X}+u_{\alpha/2}\frac{\sigma}{\sqrt{n}}\right)=1-\alpha.$$

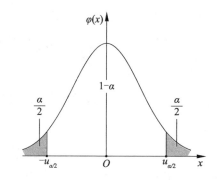

图 3.2.1 标准正态分布双侧分位点示意图

因此当方差 σ^2 已知时,正态总体的均值 μ 的置信度为 $1-\alpha$ 的置信区间为

$$\left[\overline{X}-u_{\alpha/2}\frac{\sigma}{\sqrt{n}},\overline{X}+u_{\alpha/2}\frac{\sigma}{\sqrt{n}}\right].\tag{3.2.2}$$

(2) 总体方差 σ^2 未知.

当 σ^2 未知时,考虑用样本方差 S^2 代替总体方差 σ^2. 由定理 2.3.4 可知

$$\frac{\overline{X}-\mu}{S/\sqrt{n}}\sim t(n-1).$$

对于给定的 α,有

$$P\left(-t_{\alpha/2}(n-1)\leqslant\frac{\overline{X}-\mu}{S/\sqrt{n}}\leqslant t_{\alpha/2}(n-1)\right)=1-\alpha,$$

即

$$P\left(\overline{X}-t_{\alpha/2}(n-1)\frac{S}{\sqrt{n}}\leqslant\mu\leqslant\overline{X}+t_{\alpha/2}(n-1)\frac{S}{\sqrt{n}}\right)=1-\alpha.$$

故 μ 的置信度为 $1-\alpha$ 的置信区间为

$$\left[\overline{X}-t_{\alpha/2}(n-1)\frac{S}{\sqrt{n}},\overline{X}+t_{\alpha/2}(n-1)\frac{S}{\sqrt{n}}\right].\tag{3.2.3}$$

例 3.2.1 环保部门对河道污染物进行检测,现在某河道随机抽取 9 份水样,测得氨氮含量(单位:mg/L)如下:

$$1.67, 1.13, 2.91, 1.08, 0.85, 1.84, 3.48, 2.16, 1.83.$$

假设氨氮含量 X 服从正态分布 $N(\mu,\sigma^2)$,试求:

(1) 参数 μ,σ^2 的极大似然估计;

(2) 参数 μ 的置信度为 0.95 的置信区间.

解 (1) 由例 3.1.5 可知,参数 μ, σ^2 的极大似然估计分别为

$$\hat{\mu} = \frac{1}{n}\sum_{i=1}^{n} x_i = \bar{x}, \quad \hat{\sigma}^2 = \frac{1}{n}\sum_{i=1}^{n}(x_i - \bar{x})^2.$$

由样本数据计算得 μ, σ^2 的极大似然估计值为 $\hat{\mu} = \bar{x} = 1.883$, $\hat{\sigma}^2 = 0.6679$.

(2) 根据样本数据计算知 $\bar{x} = 1.8833$, $s = 0.8668$, 对于 $1-\alpha = 0.95$, $\alpha = 0.05$, $n-1 = 9-1 = 8$, 查附表 5 得 $t_{0.025}(8) = 2.306$, 故由式(3.2.3)可得 μ 的置信区间为

$$\left[\bar{x} - t_{0.025}(8)\frac{s}{\sqrt{9}}, \bar{x} + t_{0.025}(8)\frac{s}{\sqrt{9}}\right]$$

$$= \left[1.8833 - 2.306 \times \frac{0.8668}{\sqrt{9}}, 1.8833 + 2.306 \times \frac{0.8668}{\sqrt{9}}\right]$$

$$= [1.2170, 2.5496].$$

计算结果表明该河道中氨氮含量在 $1.2170 \sim 2.5496$ mg/L 之间,估计的可信程度为 0.95,其绝对误差不超过 $2.306 \times \frac{0.8668}{\sqrt{9}} = 0.6663$ mg/L.

2. 正态总体方差的置信区间

(1) 总体均值 μ 已知.

由定理 2.3.2 可知, $\sum_{i=1}^{n}\frac{(X_i - \mu)^2}{\sigma^2} = \frac{1}{\sigma^2}\sum_{i=1}^{n}(X_i - \mu)^2 \sim \chi^2(n)$. 对于给定的 α, 有

$$P\left(\chi_{1-\alpha/2}^2(n) \leqslant \frac{1}{\sigma^2}\sum_{i=1}^{n}(X_i - \mu)^2 \leqslant \chi_{\alpha/2}^2(n)\right) = 1-\alpha,$$

即

$$P\left(\frac{\sum_{i=1}^{n}(X_i - \mu)^2}{\chi_{\alpha/2}^2(n)} \leqslant \sigma^2 \leqslant \frac{\sum_{i=1}^{n}(X_i - \mu)^2}{\chi_{1-\alpha/2}^2(n)}\right) = 1-\alpha.$$

故在总体均值 μ 已知的假设下,总体方差 σ^2 的置信度为 $1-\alpha$ 的置信区间为

$$\left[\frac{\sum_{i=1}^{n}(X_i - \mu)^2}{\chi_{\alpha/2}^2(n)}, \frac{\sum_{i=1}^{n}(X_i - \mu)^2}{\chi_{1-\alpha/2}^2(n)}\right]. \tag{3.2.4}$$

(2) 总体均值 μ 未知.

由定理 2.3.3 可知, $\frac{(n-1)S^2}{\sigma^2} \sim \chi^2(n-1)$. 对于给定的 α, 有

$$P\left(\chi_{1-\alpha/2}^2(n-1) \leqslant \frac{(n-1)S^2}{\sigma^2} \leqslant \chi_{\alpha/2}^2(n-1)\right) = 1-\alpha,$$

即

$$P\left(\frac{(n-1)S^2}{\chi_{\alpha/2}^2(n-1)} \leqslant \sigma^2 \leqslant \frac{(n-1)S^2}{\chi_{1-\alpha/2}^2(n-1)}\right) = 1-\alpha.$$

故在总体均值 μ 未知的假设下,总体方差 σ^2 的置信度为 $1-\alpha$ 的置信区间为

$$\left[\frac{(n-1)S^2}{\chi_{\alpha/2}^2(n-1)}, \frac{(n-1)S^2}{\chi_{1-\alpha/2}^2(n-1)}\right]. \tag{3.2.5}$$

类似地,得到标准差 σ 的置信度为 $1-\alpha$ 的置信区间为

$$\left[\sqrt{\frac{(n-1)S^2}{\chi^2_{\alpha/2}(n-1)}}, \sqrt{\frac{(n-1)S^2}{\chi^2_{1-\alpha/2}(n-1)}}\right]. \tag{3.2.6}$$

例 3.2.2 求例 3.2.1 中总体标准差 σ 的置信度为 0.95 的置信区间.

解 由例 3.2.1 已知 $\overline{x}=1.8833, s^2=0.7513$, 对于 $\alpha=0.05, n-1=8$, 查附表 4 得 $\chi^2_{0.975}(8)=2.180, \chi^2_{0.025}(8)=17.535$.

由式(3.2.6)可得 σ 的置信区间为

$$\left[\sqrt{\frac{(n-1)S^2}{\chi^2_{\alpha/2}(n-1)}}, \sqrt{\frac{(n-1)S^2}{\chi^2_{1-\alpha/2}(n-1)}}\right]$$

$$= \left[\sqrt{\frac{8 \times 0.7513}{17.535}}, \sqrt{\frac{8 \times 0.7513}{2.18}}\right]$$

$$= [0.5855, 1.6604].$$

3.2.3 两个正态总体均值差与方差比的置信区间

在生产和科研实践中,有时需要了解两个正态总体的平均数差异大小或两个正态总体在同一指标上的稳定性,如一定范围内男生与女生的智商平均数差异大小,两个工厂所生产的统一规格灯泡的寿命的稳定性,等等.

1. 两个正态总体均值差的置信区间

设总体 $X \sim N(\mu_1, \sigma_1^2), Y \sim N(\mu_2, \sigma_2^2), X_1, X_2, \cdots, X_{n_1}$ 和 $Y_1, Y_2, \cdots, Y_{n_2}$ 是分别来自总体 X, Y 的样本,两组样本相互独立.

(1) σ_1^2, σ_2^2 已知.

由定理 2.3.5 可知,

$$U = \frac{(\overline{X}-\overline{Y})-(\mu_1-\mu_2)}{\sqrt{\frac{\sigma_1^2}{n_1}+\frac{\sigma_2^2}{n_2}}} \sim N(0,1).$$

对于给定的 α, 有

$$P\left(-u_{\alpha/2} \leqslant \frac{(\overline{X}-\overline{Y})-(\mu_1-\mu_2)}{\sqrt{\frac{\sigma_1^2}{n_1}+\frac{\sigma_2^2}{n_2}}} \leqslant u_{\alpha/2}\right) = 1-\alpha,$$

即 $P\left((\overline{X}-\overline{Y})-u_{\alpha/2}\sqrt{\frac{\sigma_1^2}{n_1}+\frac{\sigma_2^2}{n_2}} \leqslant \mu_1-\mu_2 \leqslant (\overline{X}-\overline{Y})+u_{\alpha/2}\sqrt{\frac{\sigma_1^2}{n_1}+\frac{\sigma_2^2}{n_2}}\right) = 1-\alpha.$

故两个正态总体的均值差 $\mu_1-\mu_2$ 的置信度为 $1-\alpha$ 的置信区间为

$$\left[\overline{X}-\overline{Y}-u_{\alpha/2}\sqrt{\frac{\sigma_1^2}{n_1}+\frac{\sigma_2^2}{n_2}}, \overline{X}-\overline{Y}+u_{\alpha/2}\sqrt{\frac{\sigma_1^2}{n_1}+\frac{\sigma_2^2}{n_2}}\right]. \tag{3.2.7}$$

(2) σ_1^2, σ_2^2 未知,但 $\sigma_1^2=\sigma_2^2$.

由定理 2.3.6 可知,

$$T = \frac{(\overline{X}-\overline{Y})-(\mu_1-\mu_2)}{S_w\sqrt{\frac{1}{n_1}+\frac{1}{n_2}}} \sim t(n_1+n_2-2),$$

其中
$$S_w = \sqrt{\frac{(n_1-1)S_1^2+(n_2-1)S_2^2}{n_1+n_2-2}}.$$

对于给定的 α, 有
$$P\left(-t_{\alpha/2}(n_1+n_2-2) \leqslant \frac{(\overline{X}-\overline{Y})-(\mu_1-\mu_2)}{S_w\sqrt{\frac{1}{n_1}+\frac{1}{n_2}}} \leqslant t_{\alpha/2}(n_1+n_2-2)\right) = 1-\alpha,$$

故两个正态总体的均值差 $\mu_1-\mu_2$ 的置信度为 $1-\alpha$ 的置信区间为
$$\left[\overline{X}-\overline{Y}-t_{\alpha/2}(n_1+n_2-2)S_w\sqrt{\frac{1}{n_1}+\frac{1}{n_2}},\ \overline{X}-\overline{Y}+t_{\alpha/2}(n_1+n_2-2)S_w\sqrt{\frac{1}{n_1}+\frac{1}{n_2}}\right].$$
$$(3.2.8)$$

2. 两个正态总体方差比的置信区间

由定理 2.3.8 可知,
$$F = \frac{S_1^2/\sigma_1^2}{S_2^2/\sigma_2^2} \sim F(n_1-1, n_2-1).$$

对于给定的 α, 有
$$P\left(F_{1-\alpha/2}(n_1-1, n_2-1) \leqslant \frac{S_1^2/\sigma_1^2}{S_2^2/\sigma_2^2} \leqslant F_{\alpha/2}(n_1-1, n_2-1)\right) = 1-\alpha,$$

即
$$P\left(\frac{S_1^2/S_2^2}{F_{\alpha/2}(n_1-1, n_2-1)} \leqslant \frac{\sigma_1^2}{\sigma_2^2} \leqslant \frac{S_1^2/S_2^2}{F_{1-\alpha/2}(n_1-1, n_2-1)}\right) = 1-\alpha.$$

故两个正态总体的方差比 σ_1^2/σ_2^2 的置信度为 $1-\alpha$ 的置信区间为
$$\left[\frac{S_1^2/S_2^2}{F_{\alpha/2}(n_1-1, n_2-1)},\ \frac{S_1^2/S_2^2}{F_{1-\alpha/2}(n_1-1, n_2-1)}\right].$$
$$(3.2.9)$$

例 3.2.3　某环保公司利用新旧两种方法合成新型纳米吸附剂, 通过考察对染料红的吸附率模拟吸附效果, 对浓度为 10 mg/L 的染料红, 分别使用两种方法独立进行 9 次试验, 吸附效果(吸附百分率, %)测定数据如表 3.2.1 所示.

表 3.2.1　吸附效果测定数据 单位: %

新方法 X	90	86	85	84	85	87	91	88	86
旧方法 Y	83	81	82	88	86	78	79	89	80

假设新、旧两种方法的吸附效果 $X \sim N(\mu_1, \sigma_1^2)$, $Y \sim N(\mu_2, \sigma_2^2)$, 试求:

(1) 新、旧方法吸附效果的均值差 $\mu_1-\mu_2$ 的置信度为 95% 的置信区间(假设 $\sigma_1^2=\sigma_2^2$);

(2) 新、旧方法吸附效果的方差比 σ_1^2/σ_2^2 的置信度为 95% 的置信区间.

解　(1) 由已给的样本数据计算可知
$$n_1=9, \overline{x}=86.89, s_1^2=5.61; n_2=9, \overline{y}=82.89, s_2^2=15.61.$$
由于 $\sigma_1^2=\sigma_2^2$, 合并样本标准差为

$$S_w = \sqrt{\frac{(n_1-1)s_1^2 + (n_2-1)s_2^2}{n_1+n_2-2}} = \sqrt{\frac{8\times5.61 + 8\times15.61}{9+9-2}} = 3.2573.$$

由于 $1-\alpha = 0.95, \alpha = 0.05, n_1 + n_2 - 2 = 16$，查附表 5 得 $t_{0.025}(16) = 2.120$，故由式(3.2.8)可得 $\mu_1 - \mu_2$ 的置信度为 0.95 的置信区间为

$$\left[\overline{X} - \overline{Y} - t_{\alpha/2}(n_1+n_2-2)S_w\sqrt{\frac{1}{n_1}+\frac{1}{n_2}}, \overline{X} - \overline{Y} + t_{\alpha/2}(n_1+n_2-2)S_w\sqrt{\frac{1}{n_1}+\frac{1}{n_2}} \right]$$

$$= [0.7447, 7.2553].$$

(2) 由于 $1-\alpha = 0.95$，即 $\alpha = 0.05$，查附表 6 得 $F_{\alpha/2}(n_1-1, n_2-1) = F_{0.025}(8,8) = 4.43$，所以有 $F_{1-\alpha/2}(n_1-1, n_2-1) = F_{0.975}(8,8) = \dfrac{1}{F_{0.025}(8,8)} = \dfrac{1}{4.43}$. 故由式(3.2.9)可得 σ_1^2/σ_2^2 的置信度为 0.95 的置信区间为

$$\left[\frac{S_1^2/S_2^2}{F_{\alpha/2}(n_1-1, n_2-1)}, \frac{S_1^2/S_2^2}{F_{1-\alpha/2}(n_1-1, n_2-1)} \right]$$

$$= \left[\frac{1}{4.43} \times \frac{5.61}{15.61}, 4.43 \times \frac{5.61}{15.61} \right]$$

$$= [0.0811, 1.5921].$$

§3.3　非正态总体均值的置信区间

在许多实际问题中，总体不一定服从正态分布或分布未知，此时要讨论总体分布中未知参数的区间估计就比较困难. 当样本容量 n 很大时，可以利用中心极限定理来解决此类问题.

3.3.1　单个非正态总体均值的置信区间

(1) 总体方差 σ^2 已知.

设总体 X 的均值与方差分别为 μ，σ^2，$X_1, X_2, \cdots, X_n$ 是来自总体 X 的样本. 由中心极限定理可知，无论总体服从什么分布，当 n 充分大（一般要求 $n \geqslant 50$）时，近似有

$$\overline{X} \sim N\left(\mu, \frac{\sigma^2}{n}\right),$$

故 μ 的置信度为 $1-\alpha$ 的置信区间近似为

$$\left[\overline{X} - u_{\alpha/2}\frac{\sigma}{\sqrt{n}}, \overline{X} + u_{\alpha/2}\frac{\sigma}{\sqrt{n}} \right]. \tag{3.3.1}$$

(2) 总体方差 σ^2 未知.

在实际应用中，σ^2 一般未知，由于 S^2 是 σ^2 的一致无偏估计，所以在 n 充分大时，可用 S^2 近似代替 σ^2，故得到 μ 的置信度为 $1-\alpha$ 的置信区间近似为

$$\left[\overline{X} - u_{\alpha/2}\frac{S}{\sqrt{n}}, \overline{X} + u_{\alpha/2}\frac{S}{\sqrt{n}} \right]. \tag{3.3.2}$$

（3）p 的置信区间.

设总体 X 服从两点分布 $B(1,p)$，分布列为

$$P(X=x)=p^x(1-p)^{1-x}, x=0,1,$$

其中 p 为未知参数.由点估计可知，参数 p 的最大似然估计是 $\overline{X}$，$\sqrt{p(1-p)}$ 的最大似然估计是 $\sqrt{\overline{X}(1-\overline{X})}$.由中心极限定理可知，对充分大的 n，有

$$U=\frac{\overline{X}-p}{\sqrt{\overline{X}(1-\overline{X})}/\sqrt{n}}\overset{\text{近似}}{\sim}N(0,1),$$

即

$$P\left(\frac{|\overline{X}-p|}{\sqrt{\overline{X}(1-\overline{X})/n}}\leqslant u_{\alpha/2}\right)=1-\alpha,$$

则参数 p 的置信度为 $1-\alpha$ 的置信区间近似为

$$\left[\overline{X}-u_{\alpha/2}\sqrt{\frac{\overline{X}(1-\overline{X})}{n}}, \overline{X}+u_{\alpha/2}\sqrt{\frac{\overline{X}(1-\overline{X})}{n}}\right]. \tag{3.3.3}$$

例 3.3.1　从一批产品中抽取 200 个样品，发现其中有 9 个次品，求这批产品的次品率 p 的置信度为 0.90 的置信区间.

解　设随机变量

$$X=\begin{cases}0, & \text{取得正品,}\\1, & \text{取得次品,}\end{cases}$$

则 X 服从 $0-1$ 分布，分布列为

$$P(X=x)=p^x(1-p)^{1-x}, x=0,1,$$

其中 p 为未知参数，是这批产品的次品率.

根据题意有 $n=200, \overline{x}=\frac{1}{200}\sum_{i=1}^{200}x_i=\frac{9}{200}=0.045.$ 由于 $1-\alpha=0.90$ ，所以 $\alpha=0.10$，查附表 3 得 $u_{\alpha/2}=1.645.$ 于是利用式（3.3.3）计算得次品率 p 的置信度为 90% 的近似置信区间为

$$\left[0.045-1.645\sqrt{\frac{0.045\times0.955}{200}}, 0.045+1.645\sqrt{\frac{0.045\times0.955}{200}}\right]=[0.0209,0.0691].$$

3.3.2　两个非正态总体均值差的置信区间

设 X,Y 分别代表两个非正态总体，其中 $E(X)=\mu_1, E(Y)=\mu_2, D(X)=\sigma_1^2, D(Y)=\sigma_2^2.$

（1）总体方差 σ_1^2, σ_2^2 已知.

用 n_i, S_i^2 分别表示来自第 $i(i=1,2)$ 个总体的样本容量和样本方差，$\overline{X}, \overline{Y}$ 分别表示两个样本的样本均值，假设两个样本独立，由抽样分布定理和正态分布的性质可知，当 n_1, n_2 充分大时，近似有

$$\overline{X}-\overline{Y}\sim N\left(\mu_1-\mu_2, \frac{\sigma_1^2}{n_1}+\frac{\sigma_2^2}{n_2}\right).$$

因此对于给定的 α ,得 $\mu_1 - \mu_2$ 的置信度为 $1-\alpha$ 的置信区间近似为

$$\left[\overline{X} - \overline{Y} - u_{\alpha/2} \sqrt{\frac{\sigma_1^2}{n_1} + \frac{\sigma_2^2}{n_2}} , \overline{X} - \overline{Y} + u_{\alpha/2} \sqrt{\frac{\sigma_1^2}{n_1} + \frac{\sigma_2^2}{n_2}} \right]. \tag{3.3.4}$$

（2）总体方差 σ_1^2, σ_2^2 未知.

在实际应用中，σ_1^2, σ_2^2 一般未知，由于 S_1^2, S_2^2 分别是 σ_1^2, σ_2^2 的一致无偏估计，所以在 n_1, n_2 充分大时，可用 S_1^2, S_2^2 近似代替 σ_1^2, σ_2^2，得到 $\mu_1 - \mu_2$ 的置信度为 $1-\alpha$ 的置信区间近似为

$$\left[\overline{X} - \overline{Y} - u_{\alpha/2} \sqrt{\frac{S_1^2}{n_1} + \frac{S_2^2}{n_2}} , \overline{X} - \overline{Y} + u_{\alpha/2} \sqrt{\frac{S_1^2}{n_1} + \frac{S_2^2}{n_2}} \right]. \tag{3.3.5}$$

§3.4　单侧置信限

在某些实际问题中，有时人们只关注未知参数的置信下限或置信上限，如对设备、元件的平均寿命估计问题，通常只关注其置信下限；而对一批产品的次品率估计问题，通常只关注其置信上限. 这就是单侧置信限问题.

定义 3.4.1　设 θ 是总体 X 的一个未知参数，对于给定值 $\alpha(0<\alpha<1)$，如果统计量 $\hat{\theta}_1(X_1, X_2, \cdots, X_n)$ 满足

$$P(\theta \geqslant \hat{\theta}_1) = 1-\alpha,$$

那么称 $\hat{\theta}_1$ 为参数 θ 的置信度为 $1-\alpha$ 的单侧置信下限；类似地，如果统计量 $\hat{\theta}_u(X_1, X_2, \cdots, X_n)$ 满足

$$P(\theta \leqslant \hat{\theta}_u) = 1-\alpha,$$

那么称 $\hat{\theta}_u$ 为参数 θ 的置信度为 $1-\alpha$ 的单侧置信上限.

3.4.1　正态总体均值的单侧置信限

设 $X_1, X_2, \cdots, X_n$ 为来自总体 $N(\mu, \sigma^2)$ 的样本，$\overline{X}, S^2$ 分别为样本均值和样本方差. 根据前面的讨论，只需在给定置信度 $1-\alpha$ 后，考虑单侧分位点即可. 例如，当总体方差 σ^2 未知时，参数 μ 的置信度为 $1-\alpha$ 的单侧置信下限为

$$\hat{\mu}_1 = \overline{X} - t_{\alpha}(n-1) \frac{S}{\sqrt{n}}. \tag{3.4.1}$$

参数 μ 的置信度为 $1-\alpha$ 的单侧置信上限为

$$\hat{\mu}_u = \overline{X} + t_{\alpha}(n-1) \frac{S}{\sqrt{n}}. \tag{3.4.2}$$

3.4.2　正态总体方差的单侧置信限

同上推导，当正态总体的均值 μ 未知时，可得总体方差 σ^2 的置信度为 $1-\alpha$ 的单侧置信下限为

$$\hat{\sigma}_1^2 = \frac{(n-1)S^2}{\chi_\alpha^2(n-1)}. \tag{3.4.3}$$

总体方差 σ^2 的置信度为 $1-\alpha$ 的单侧置信上限为

$$\hat{\sigma}_u^2 = \frac{(n-1)S^2}{\chi_{1-\alpha}^2(n-1)}. \tag{3.4.4}$$

§3.5　应用案例

例 3.5.1　某石材加工厂生产花岗岩大理石产品,最后一道工序是研磨抛光,被加工石材的表面光洁度最高可达 100 度.现从一批产品中抽查 35 件,测得表面光洁度如下:

92,95,86,97,92,96,94,93,92,96,94,93,87,94,90,91,92,93,

84,96,95,91,93,92,94,93,96,95,92,94,93,92,85,94,95.

(1) 假设表面光洁度服从正态分布 $N(\mu,\sigma^2)$,试求这批产品的表面光洁度的平均值 μ 与标准差 σ 的最大似然估计;

(2) 求这批产品的表面光洁度的平均值 μ 的置信区间$(1-\alpha=0.95)$;

(3) 若认定表面光洁度低于 90 度的产品为不合格产品,试估计该批产品的不合格率 p,并求出 p 的置信度为 95% 的置信区间.

解　(1) 由例 3.1.5 条件可知正态总体的平均值 μ 的最大似然估计为 $\hat{\mu}=\overline{X}=\frac{1}{n}\sum_{i=1}^n X_i$,标准差 σ 的最大似然估计为 $\hat{\sigma}=\sqrt{B_2}=\sqrt{\frac{1}{n}\sum_{i=1}^n(X_i-\overline{X})^2}$,因此由样本数据计算得到平均值 μ 与标准差 σ 的点估计值分别为 $\hat{\mu}=92.6,\hat{\sigma}=3.035$.

(2) 由 $1-\alpha=0.95$,查表有 $t_{0.025}(34)=2.032$,由式(3.2.3)得正态总体参数 μ 的置信区间为

$$\left[\overline{X}-t_{\alpha/2}(n-1)\frac{S}{\sqrt{n}},\overline{X}+t_{\alpha/2}(n-1)\frac{S}{\sqrt{n}}\right]$$
$$=\left[\overline{X}-t_{\alpha/2}(n-1)\frac{\hat{\sigma}}{\sqrt{n-1}},\overline{X}+t_{\alpha/2}(n-1)\frac{\hat{\sigma}}{\sqrt{n-1}}\right]$$
$$=\left[92.6-2.032\times\frac{3.035}{\sqrt{34}},92.6+2.032\times\frac{3.035}{\sqrt{34}}\right]$$
$$=[91.54,93.66].$$

(3) 令 $Y=\begin{cases}0, & \text{表面光洁度}\geq 90,\\ 1, & \text{表面光洁度}<90,\end{cases}$ 则 $Y\sim B(1,p)$,p 为不合格率,由例 3.1.3 可知 p 的最大似然估计为 $\hat{p}=\overline{Y}.$

根据 Y 的定义把样本数据按照表面光洁度是否小于 90 度重新赋值如下:

0,0,1,0,0,0,0,0,0,0,0,0,1,0,0,0,0,0,

1,0,0,0,0,0,0,0,0,0,0,0,0,0,1,0,0.

该样本有 4 个产品的表面光洁度小于 90 度,所以该批产品的不合格品率 p 的最大似

然估计值为

$$\hat{p} = \overline{Y} = \frac{4}{35} = 0.1143.$$

由于 $n = 35$，可以视为大样本，$1 - \alpha = 0.95$，$u_{0.025} = 1.96$，由式（3.3.3）得不合格品率 p 的置信度为 95% 的近似置信区间为

$$\left[0.1143 - 1.96\sqrt{\frac{0.1143 \times 0.8857}{35}}, 0.1143 + 1.96\sqrt{\frac{0.1143 \times 0.8857}{35}} \right] = [0.0089, 0.2197].$$

习题 3

1. 设 $X_1, X_2, \cdots, X_n$ 为来自总体 X 的样本，若 X 的分布如下，试求分布中未知参数的矩估计和最大似然估计.

(1) X 的密度函数为 $f(x) = \begin{cases} \sqrt{\theta} x^{\sqrt{\theta}-1}, & 0 < x < 1, \\ 0, & \text{其他}, \end{cases}$ $\theta > 0$ 且未知；

(2) X 的分布列为 $P(X = x) = C_m^x p^x (1-p)^{m-x}$，$x = 0, 1, \cdots, m$（其中 m 为已知正整数）.

2. 设总体 X 的均值和方差分别为 μ 与 σ^2，$X_1, X_2, \cdots, X_n$ 是来自总体的一个样本. 试确定常数 C，使得 $C\sum_{i=1}^{n-1}(X_{i+1} - X_i)^2$ 为 σ^2 的无偏估计量.

3. 设有总体 X，其均值和方差分别为 μ 与 σ^2，X_1, X_2, X_3 是 X 的一个样本，已知：

(1) $\hat{\mu}_1 = \frac{2}{5}X_1 + \frac{1}{5}X_2 + \frac{2}{5}X_3$；

(2) $\hat{\mu}_1 = \frac{1}{6}X_1 + \frac{1}{3}X_2 + \frac{1}{2}X_3$；

(3) $\hat{\mu}_1 = \frac{2}{3}X_1 + \frac{1}{4}X_2 + \frac{1}{12}X_3$.

试验证统计量(1)、(2)、(3)均为 μ 的无偏估计量，并比较其有效性.

4. 从一批零件中随机抽取 16 个，测得其长度（单位：cm）如下：

$$2.14, 2.10, 2.13, 2.15, 2.10, 2.12, 2.13, 2.13,$$
$$2.15, 2.11, 2.14, 2.10, 2.13, 2.11, 2.14, 2.12.$$

设该批零件的长度服从 $N(\mu, \sigma^2)$，分别求在下述两种情形下总体均值 μ 的置信度为 90% 的置信区间：

(1) 已知 $\sigma^2 = 0.01^2$；

(2) σ^2 未知.

5. 若正态总体的方差 σ^2 未知，问：需抽取容量 n 为多大的样本，方能使总体均值 μ 的置信度为 $1 - \alpha$ 的置信区间的长度不大于 L？

6. 在某市调查 14 个城镇居民户，得购买食用植物油数量的样本均值和样本标准差分

别为 $\overline{x}=8.7$ kg，$s=1.67$ kg，假设户均食用植物油量 X（单位：kg）服从正态分布 $N(\mu,\sigma^2)$，试求：

(1) 置信度为 0.95 的总体均值 μ 的置信区间；

(2) 置信度为 0.90 的总体方差 σ^2 的置信区间.

7. 有两批导线，从第一批导线中抽取 4 根，从第二批导线中抽取 5 根，测得它们的电阻（单位：Ω）如下：

第一批导线：0.143，0.142，0.143，0.138.

第二批导线：0.140，0.142，0.136，0.140，0.138.

设两批导线的电阻分别服从正态分布 $N(\mu_1,\sigma_1^2)$，$N(\mu_2,\sigma_2^2)$，求：

(1) 两批导线电阻的均值差 $\mu_1-\mu_2$ 的置信度为 0.90 的置信区间（假设 $\sigma_1^2=\sigma_2^2$）；

(2) 两批导线电阻的方差比 σ_1^2/σ_2^2 的置信度为 0.95 的置信区间.

8. 从一批电子元件中抽取 100 个样品，测得它们的使用寿命的均值 $\overline{x}=2500$ h，设电子元件的使用寿命服从指数分布 $E(\lambda)$，求参数 λ 的置信度为 0.90 的置信区间.

9. 胶合板厂对生产的胶合板进行抗压测试，抽取了 15 个试件，测得的数据如下（单位：kg/cm^2）：

$$422.2，417.2，425.6，420.3，425.8，428.1，418.7，428.2，$$
$$438.3，434.0，412.3，431.5，413.5，441.3，423.0.$$

由长期的经验可知抗压强度服从正态分布 $N(\mu,\sigma^2)$，试求：

(1) μ 的置信度为 0.95 的单侧置信下限；

(2) σ 的置信度为 0.95 的单侧置信上限.

第4章 假设检验

假设检验是统计推断的重要内容,它利用样本的信息判断对总体的某个假设是否成立.假设检验可分为参数检验和非参数检验,对总体分布中的参数的假设检验称为参数检验,而对总体分布类型和总体某种性质的假设检验则属于非参数检验.

§4.1 假设检验的基本原理与概念

4.1.1 统计假设

在许多实际问题中,往往需要根据样本的信息,对某种假定以一定的依据做出是否正确的判断.

例 4.1.1 某制糖厂的袋装生产线包装白砂糖,包装规格是每袋 500 g,标准差为 3 g.现在对产品进行抽查,设袋装白砂糖的质量 X(单位:g)服从正态分布 $N(\mu,\sigma^2)$,且已知总体标准差 $\sigma=3$ g.从包装好的白砂糖中抽取 9 袋,测得其质量(单位:g)如下:

$$499,501,495,497,508,497,496,502,490.$$

问这批白砂糖的平均质量是否符合规格要求?

分析 根据题意,总体 $X \sim N(\mu,\sigma^2)$,且 $\sigma=3$ g,根据所抽取的样本判断这批白砂糖的质量是否符合规格要求,即判断"袋装白砂糖的平均质量为 500 g"是否成立,也就是检验假设

$$H_0:\mu=\mu_0=500$$

是否成立.

将这样的假设称为原假设或零假设,常用符号 H_0 表示.如果抽取的样本结果不能支持 H_0 成立,就要接受另一个假设:

$$H_1:\mu \neq \mu_0=500,$$

称假设 H_1 为备择假设.假设检验的目的就是要在原假设 H_0 与备择假设 H_1 之间选择其一.若认为原假设 H_0 是正确的,则接受 H_0;若认为原假设 H_0 是不正确的,则拒绝 H_0 而接受备择假设 H_1.

对于不同问题的要求,统计假设的形式可能不同,设总体 $X \sim F(x,\theta)$,对总体参数 θ 的假设检验有三种情形:

(1) $H_0:\theta=\theta_0$,$H_1:\theta \neq \theta_0$;

(2) $H_0:\theta \geqslant \theta_0$,$H_1:\theta < \theta_0$;

(3) $H_0:\theta \leqslant \theta_0$,$H_1:\theta > \theta_0$.

其中(1)为双侧检验,(2)、(3)均为单侧检验.检验形式不同,拒绝区域的位置有所不同,确定待检验问题的统计假设是哪种形式,是假设检验过程的首要问题.

4.1.2 假设检验的基本原理

在实际问题中,通常认为发生概率很小的事件在一次观测或试验中几乎是不会发生的,称为"小概率原理".假设检验推断的基本依据就是以"小概率原理"作为拒绝 H_0 的判断标准.

具体推断过程:首先假定原假设 H_0 是正确的,在此假设下,构造一个概率不超过 $\alpha(0<\alpha<1)$ 的小概率事件 A.如果经过一次试验,事件 A 竟然发生了,那么就会怀疑原假设 H_0 的正确性,因而拒绝(否定)H_0,接受备择假设 H_1;如果事件 A 没有发生,那么表明原假设 H_0 与试验结果不矛盾,不能拒绝 H_0,即接受(保留)H_0.

这里给定的小概率 α 称为显著性水平,对于不同的实际问题,显著性水平 α 可以取不一样的值,常用的显著性水平有 $\alpha=0.01,0.05,0.10$ 等.许多统计软件默认的显著性水平为 $\alpha=0.05$.

例 4.1.2 取 $\alpha=0.05$,检验例 4.1.1 所提出的假设:
$$H_0:\mu=\mu_0=500,H_1:\mu\neq\mu_0=500.$$

解 因为 $X\sim N(\mu,\sigma^2)$,且 $\sigma=3$ g,所以在原假设 H_0 成立的前提下,有统计量
$$U=\frac{\overline{X}-\mu_0}{\sigma/\sqrt{n}}=\frac{\overline{X}-500}{3/\sqrt{9}}\sim N(0,1),$$

称为检验统计量.如果原假设 H_0 为真,那么 $\overline{X}$ 的值应该非常接近 500 g,也就是说统计量 $U=\dfrac{\overline{X}-500}{3/\sqrt{9}}$ 的绝对值接近 0.但如果统计量的绝对值比较大,就有理由怀疑原假设不真.因此,需要确定一个临界值来判断统计量的绝对值是否大到要怀疑原假设不真的程度.

原假设和备择假设表明这是一个双侧检验,对于给定的 α,确定双侧分位点 $u_{\alpha/2}$,使得 $|U|>u_{\alpha/2}$ 是一个小概率事件.当 $\alpha=0.05$ 时,查正态分布表可知 $u_{0.025}=1.96$,根据抽样的结果,U 统计量的观测值
$$u=\frac{\overline{x}-500}{3/\sqrt{9}}=\frac{498.33-500}{3/\sqrt{9}}=-1.67,$$

因为 $|u|=1.67<u_{0.025}=1.96$,所以小概率事件没有发生,不能拒绝原假设 H_0.因此,认为这批白砂糖的平均质量符合规格要求.

在例 4.1.2 中,$|u|>u_{0.025}$ 是拒绝 H_0 的范围,为拒绝域,而 $|u|<u_{0.025}$ 为接受域.

4.1.3 假设检验的两类错误

由于假设检验是以样本提供的信息进行的,因此检验的结果与真实情况可能吻合也可能不吻合,检验结果可能出现错误.假设检验可能犯的错误有两类:

(1)原假设 H_0 正确,但被拒绝了.此为第一类错误,或"弃真"错误.由于仅当小概率事件 A 发生时才拒绝 H_0,所以犯第一类错误的概率就是条件概率 $P(A|H_0$ 为真$)\leq\alpha$.

(2)原假设 H_0 不正确,但被接受了.此为第二类错误,或"纳伪"错误.犯第二类错误的

概率通常记为 β.

理论上往往希望犯这两类错误的概率越小越好,但在样本容量 n 一定的情况下,α 与 β 中的一个变小必然会导致另一个变大.一般是取定显著性水平 α 进行检验,因此也称这样的检验为显著性检验.

4.1.4 假设检验的一般步骤

假设检验可以按以下步骤进行:

(1) 提出统计假设,即原假设 H_0 和备择假设 H_1;

(2) 在 H_0 成立的条件下确定检验统计量及其概率分布;

(3) 根据给定的显著性水平 α 和检验统计量的分布确定 H_0 的拒绝域;

(4) 根据样本数据和拒绝域做出拒绝或接受 H_0 的判断.

§4.2 正态总体参数的假设检验

4.2.1 单个正态总体参数的假设检验

设总体 $X \sim N(\mu, \sigma^2)$,抽取容量为 n 的样本 $X_1, X_2, \cdots, X_n$,检验关于未知参数 μ 或 σ^2 的某些假设.

1.单个正态总体均值的假设检验

(1) 已知 $\sigma^2 = \sigma_0^2$,选取检验统计量

$$U = \frac{\overline{X} - \mu}{\sigma_0 / \sqrt{n}}. \tag{4.2.1}$$

① 若检验的假设为 $H_0: \mu = \mu_0, H_1: \mu \neq \mu_0$.

设 H_0 成立,则

$$U = \frac{\overline{X} - \mu_0}{\sigma_0 / \sqrt{n}} \sim N(0, 1).$$

对于给定的显著性水平 α,可查附表 3 得 $u_{\alpha/2}$,使得

$$P(|U| \geqslant u_{\alpha/2}) = \alpha, \tag{4.2.2}$$

拒绝域为 $|u| \geqslant u_{\alpha/2}$ 或 $(-\infty, -u_{\frac{\alpha}{2}}) \bigcup (u_{\frac{\alpha}{2}}, +\infty)$,先根据具体的样本资料,计算出统计量 U 的值 u,再根据 u 值是否落入拒绝域进行判断.

由于该检验的拒绝域在分布的两侧(见图 4.2.1),因此称为双侧检验.又由于所确定的检验统计量 U 服从标准正态分布,且样本多为小样本情形,所以又称为小样本 U 检验.

② 若检验的假设为 $H_0: \mu \geqslant \mu_0, H_1: \mu < \mu_0$.

设 H_0 成立,则由定理 2.3.4 可知统计量

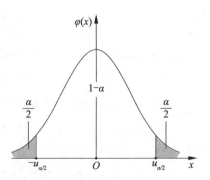

图 4.2.1 U 检验双侧拒绝域

$$T = \frac{\overline{X} - \mu}{S/\sqrt{n}} \sim t(n-1), \tag{4.2.3}$$

对于给定的显著性水平 α, 有

$$P\left(\frac{\overline{X} - \mu}{\sigma_0/\sqrt{n}} \leqslant -u_\alpha\right) = \alpha.$$

当 H_0 成立时,

$$\left\{\frac{\overline{X} - \mu_0}{\sigma_0/\sqrt{n}} \leqslant -u_\alpha\right\} \subset \left\{\frac{\overline{X} - \mu}{\sigma_0/\sqrt{n}} \leqslant -u_\alpha\right\},$$

因而有

$$P\left(\frac{\overline{X} - \mu_0}{\sigma_0/\sqrt{n}} \leqslant -u_\alpha\right) \leqslant P\left(\frac{\overline{X} - \mu}{\sigma_0/\sqrt{n}} \leqslant -u_\alpha\right) = \alpha,$$

从而事件 $\left\{\dfrac{\overline{X} - \mu_0}{\sigma_0/\sqrt{n}} \leqslant -u_\alpha\right\}$ 是概率比 α 更小的小概率事件, 拒绝域选在密度曲线的左侧 $(-\infty, -u_\alpha]$.

根据样本资料计算得到 U 的值 $u = \dfrac{\overline{x} - \mu_0}{\sigma_0/\sqrt{n}}$. 当 $u \leqslant -u_\alpha$ 时, 拒绝 H_0, 接受 H_1, 如图 4.2.2 所示. 当 $u > -u_\alpha$ 时, 接受 H_0. 由于拒绝域在左侧, 所以上述检验称为左侧 U 检验.

③ 若检验的假设为 $H_0: \mu \leqslant \mu_0$, $H_1: \mu > \mu_0$.

同理, 对于给定的显著性水平 α, 该检验的拒绝域在密度曲线的右侧 $[u_\alpha, +\infty)$, 当 $u = \dfrac{\overline{x} - \mu_0}{\sigma_0/\sqrt{n}} \geqslant u_\alpha$ 时, 拒绝 H_0, 接受 H_1, 如图 4.2.3 所示. 而当 $u = \dfrac{\overline{x} - \mu_0}{\sigma_0/\sqrt{n}} < u_\alpha$ 时, 接受 H_0. 上述检验称为右侧 U 检验.

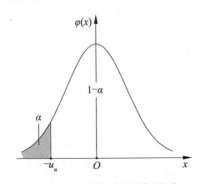

图 4.2.2　U 检验左侧拒绝域

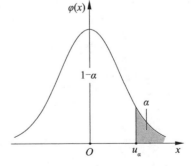

图 4.2.3　U 检验右侧拒绝域

(2) σ^2 未知时, 选取检验统计量

$$T = \frac{\overline{X} - \mu}{S/\sqrt{n}}. \tag{4.2.4}$$

① 若检验的假设为 $H_0: \mu = \mu_0$, $H_1: \mu \neq \mu_0$.

设 H_0 成立, 则

$$T = \frac{\overline{X} - \mu_0}{S/\sqrt{n}} \sim t(n-1).$$

对于给定的显著性水平 α,可查附表 5 得 $t_{\alpha/2}(n-1)$,使得

$$P(|T| \geqslant t_{\alpha/2}(n-1)) = \alpha. \tag{4.2.5}$$

根据样本值计算出统计量 T 的值 t,当 $|t| \geqslant t_{\alpha/2}(n-1)$ 时,拒绝假设 H_0 而接受 H_1.当 $|t| \geqslant t_{\alpha/2}(n-1)$ 时,接受 H_0.拒绝域如图 4.2.4 所示,该检验称为双侧 t 检验.

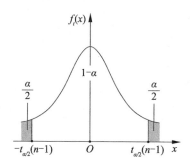

图 4.2.4 双侧 t 检验的拒绝域

② 若检验的假设为 $H_0: \mu \geqslant \mu_0, H_1: \mu < \mu_0$.

对于给定的显著性水平 α,当 $t = \dfrac{\overline{x} - \mu_0}{s/\sqrt{n}} \leqslant -t_\alpha(n-1)$ 时,拒绝 H_0 而接受 H_1,否则接受 H_0.拒绝域如图 4.2.5 所示,该检验称为左侧 t 检验.

③ 若检验的假设为 $H_0: \mu \leqslant \mu_0, H_1: \mu > \mu_0$.

对于给定的显著性水平 α,当 $t = \dfrac{\overline{x} - \mu_0}{s/\sqrt{n}} \geqslant t_\alpha(n-1)$ 时,拒绝 H_0 而接受 H_1,否则接受 H_0.拒绝域如图 4.2.6 所示,该检验称为右侧 t 检验.

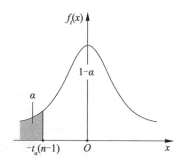
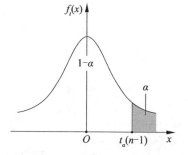

图 4.2.5 左侧 t 检验的拒绝域　　　　**图 4.2.6 右侧 t 检验的拒绝域**

例 4.2.1 要求一种元件的寿命不少于 1000 h,今从一批这种元件中随机抽取 25 件,测得其寿命的平均值为 950 h,样本标准差 $\sigma = 90$ h.试在显著性水平 $\alpha = 0.05$ 下确定这批元件的平均寿命是否符合要求.

解 对本问题采用左侧 t 检验,提出假设

$$H_0: \mu \geqslant 1000, H_1: \mu < 1000.$$

选取检验统计量

$$T = \frac{\overline{X} - \mu}{S / \sqrt{n}} \sim t(n-1),$$

由显著性水平 $\alpha = 0.05$ 有 $t_{0.05}(24) = 1.711$，拒绝域为 $t = \dfrac{\overline{x} - 1000}{\dfrac{s}{\sqrt{n}}} \leqslant -t_{\alpha}(n-1)$，即 $(-\infty,$

$-1.711]$，由样本信息计算可知，

$$t = \frac{950 - 1000}{\dfrac{90}{\sqrt{25}}} = -2.78 < -t_{0.05}(24) = -1.711.$$

因统计量的值落在拒绝域内，故在显著性水平 $\alpha = 0.05$ 下，拒绝 H_0，即认为这批元件的寿命显著少于 1000 h，没有达到规格要求，说明产品不合格.

2. 单个正态总体方差的假设检验

下面仅对 μ 未知的情形进行讨论.

选取检验统计量

$$\chi^2 = \frac{(n-1)S^2}{\sigma^2}. \tag{4.2.6}$$

① 检验 $H_0 : \sigma^2 = \sigma_0^2$，$H_1 : \sigma^2 \neq \sigma_0^2$.

设 H_0 成立，则

$$\chi^2 = \frac{(n-1)S^2}{\sigma_0^2} \sim \chi^2(n-1).$$

对给定的显著性水平 α 和自由度 $n-1$，查附表 4 得到 $\chi_{\alpha/2}^2(n-1)$ 和 $\chi_{1-\alpha/2}^2(n-1)$，当 $\chi^2 \leqslant \chi_{1-\alpha/2}^2(n-1)$ 或 $\chi^2 \geqslant \chi_{\alpha/2}^2(n-1)$ 时，拒绝 H_0 而接受 H_1，否则接受 H_0. 该检验为双侧 χ^2 检验，拒绝域如图 4.2.7 所示.

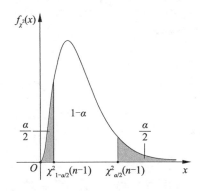

图 4.2.7　双侧 χ^2 检验的拒绝域

② 检验 $H_0 : \sigma^2 \geqslant \sigma_0^2$，$H_1 : \sigma^2 < \sigma_0^2$.

对给定的显著性水平 α 和自由度 $n-1$，查附表 4 得到 $\chi_{\alpha/2}^2(n-1)$，当 $\chi^2 \leqslant \chi_{1-\alpha/2}^2(n-1)$ 时，拒绝 H_0 而接受 H_1，否则接受 H_0.

③ 检验 $H_0 : \sigma^2 \leqslant \sigma_0^2$，$H_1 : \sigma^2 > \sigma_0^2$.

对给定的小概率 α 和自由度 $n-1$,查附表 4 得到 $\chi_\alpha^2(n-1)$,当 $\chi^2 \geqslant \chi_\alpha^2(n-1)$ 时,拒绝 H_0 而接受 H_1,否则接受 H_0.

例 4.2.2 某种导线,要求其电阻的标准差不超过 0.005 Ω. 今在生产的一批导线中取 9 根样品,测得 $s=0.007$ Ω. 设总体服从正态分布,则在显著性水平 $\alpha=0.05$ 下,能否认为这批导线的标准差显著偏大?

解 $H_0:\sigma^2 \leqslant 0.005^2$;$H_1:\sigma^2 > 0.005^2$.

选取检验统计量为 $\chi^2 = \dfrac{(n-1)S^2}{\sigma^2} \sim \chi^2(n-1)$,由备择假设可知这是右侧检验,拒绝域为

$$\chi^2 = \frac{(n-1)S^2}{\sigma^2} \geqslant \chi_\alpha^2(n-1).$$

已知 $n=9,\alpha=0.05,s=0.007$,计算得

$$\chi^2 = \frac{(n-1)s^2}{\sigma^2} = \frac{8 \times 0.007^2}{0.005^2} = 15.68.$$

由于 $\alpha=0.05$,查表知 $\chi_{0.05}^2(8)=15.507$,$\chi^2 > \chi_{0.05}^2(8)$. 故在显著性水平 $\alpha=0.05$ 下拒绝 H_0 而接受 H_1,认为这批导线的标准差显著偏大.

4.2.2 两个正态总体参数的假设检验

设样本 $X_1,X_2,\cdots,X_{n_1}$ 来自总体 $X \sim N(\mu_1,\sigma_1^2)$,样本 $Y_1,Y_2,\cdots,Y_{n_2}$ 来自总体 $Y \sim N(\mu_2,\sigma_2^2)$,并且样本 $X_1,X_2,\cdots,X_{n_1}$ 与样本 $Y_1,Y_2,\cdots,Y_{n_2}$ 相互独立. 记这两组样本的样本均值与样本方差分别是

$$\overline{X} = \frac{1}{n_1}\sum_{i=1}^{n_1} X_i, \ S_1^2 = \frac{1}{n_1-1}\sum_{i=1}^{n_1}(X_i-\overline{X})^2,$$

$$\overline{Y} = \frac{1}{n_2}\sum_{j=1}^{n_2} Y_j, \ S_2^2 = \frac{1}{n_2-1}\sum_{j=1}^{n_2}(Y_j-\overline{Y})^2.$$

1. 两个正态总体均值的假设检验

(1) σ_1^2,σ_2^2 已知.

检验统计量

$$U = \frac{\overline{X}-\overline{Y}}{\sqrt{\dfrac{\sigma_1^2}{n_1}+\dfrac{\sigma_2^2}{n_2}}} \sim N(0,1). \tag{4.2.7}$$

① 检验假设 $H_0:\mu_1=\mu_2$,$H_1:\mu_1 \neq \mu_2$.

对给定的显著性水平 α,可查附表 3 得 $u_{\alpha/2}$,计算得到统计量 U 的值 u,当 $|u| \geqslant u_{\alpha/2}$ 时,拒绝 H_0,接受 H_1.

② 检验假设 $H_0:\mu_1 \geqslant \mu_2$,$H_1:\mu_1 < \mu_2$.

对给定的显著性水平 α,可查附表 3 得 u_α,计算得到统计量 U 的值 u,当 $u \leqslant -u_\alpha$ 时,拒绝 H_0,接受 H_1,否则接受 H_0.

③ 检验假设 $H_0:\mu_1 \leqslant \mu_2$,$H_1:\mu_1 > \mu_2$.

对给定的显著性水平 α，可查附表 3 得 u_α，计算得到统计量 U 的值 u，当 $u \geq u_\alpha$ 时，拒绝 H_0 接受 H_1，否则接受 H_0.

(2) σ_1^2,σ_2^2 未知，假定 $\sigma_1^2=\sigma_2^2$.

检验统计量

$$T=\frac{\overline{X}-\overline{Y}}{\sqrt{\dfrac{(n_1-1)S_1^2+(n_2-1)S_2^2}{n_1+n_2-2}}\sqrt{\dfrac{1}{n_1}+\dfrac{1}{n_2}}}\sim t(n_1+n_2-2). \tag{4.2.8}$$

① 检验假设 $H_0:\mu_1=\mu_2$，$H_1:\mu_1\neq\mu_2$.

对给定的显著性水平 α，可查附表 5 得 $t_{\alpha/2}(n_1+n_2-2)$，计算得到统计量 T 的值 t，当 $|t|\geq t_{\alpha/2}(n_1+n_2-2)$ 时，拒绝 H_0 而接受 H_1，否则接受 H_0.

② 检验假设 $H_0:\mu_1\geq\mu_2$，$H_1:\mu_1<\mu_2$.

对给定的显著性水平 α，可查附表 5 得 $t_\alpha(n_1+n_2-2)$，计算得到统计量 T 的值 t，当 $t\leq-t_\alpha(n_1+n_2-2)$ 时，拒绝 H_0 而接受 H_1，否则接受 H_0.

③ 检验假设 $H_0:\mu_1\leq\mu_2$，$H_1:\mu_1>\mu_2$.

对给定的显著性水平 α，可查附表 5 得 $t_\alpha(n_1+n_2-2)$，计算得到统计量 T 的值 t，当 $t\geq t_\alpha(n_1+n_2-2)$ 时，拒绝 H_0 而接受 H_1，否则接受 H_0.

例 4.2.3 某灯泡厂在采用一项新工艺的前后，分别抽取 10 个灯泡进行寿命试验. 计算得到：采用新工艺前灯泡寿命的样本均值为 2460 h，样本标准差为 56 h；采用新工艺后灯泡寿命的样本均值为 2550 h，样本标准差为 48 h. 设灯泡的寿命服从正态分布，并假定灯泡寿命的方差相等，是否可以认为采用新工艺后灯泡的平均寿命有显著提高？（$\alpha=0.01$）

解 设采用新工艺前灯泡的寿命 $X\sim N(\mu_1,\sigma_1^2)$，采用新工艺后灯泡的寿命 $Y\sim N(\mu_2,\sigma_2^2)$. 因为 σ_1^2,σ_2^2 未知，且 $\sigma_1^2=\sigma_2^2$，由样本信息知 $\bar{x}<\bar{y}$，故提出假设

$$H_0:\mu_1\geq\mu_2,\quad H_1:\mu_1<\mu_2.$$

已知 $n_1=n_2=10,\bar{x}=2460,\bar{y}=2550,s_1=56,s_2=48$，计算得到

$$s_w=\sqrt{\frac{(n_1-1)s_1^2+(n_2-1)s_2^2}{n_1+n_2-2}}=\sqrt{\frac{9\times56^2+9\times48^2}{18}}=52.15.$$

由式 (4.2.7) 得到统计量 T 的观测值

$$t=\frac{\bar{x}-\bar{y}}{s_w\sqrt{\dfrac{1}{n_1}+\dfrac{1}{n_2}}}=\frac{2460-2550}{52.15\sqrt{\dfrac{1}{10}+\dfrac{1}{10}}}=-3.859.$$

查附表 5 得 $t_\alpha(n_1+n_2-2)=t_{0.01}(18)=2.552$. 因为 $t\leq-t_{0.01}(18)$，所以拒绝原假设 H_0 而接受备择假设 H_1，即认为采用新工艺后灯泡的平均寿命有显著提高.

2. 两个正态总体方差的假设检验

假定 μ_1,μ_2 未知，检验统计量

$$F=\frac{S_1^2}{S_2^2}\sim F(n_1-1,n_2-1). \tag{4.2.9}$$

① 检验假设 $H_0:\sigma_1^2=\sigma_2^2$，$H_1:\sigma_1^2\neq\sigma_2^2$.

对给定的显著性水平 α 和自由度 n_1-1 和 n_2-1,当 $F \geqslant F_{\alpha/2}(n_1-1,n_2-1)$或 $F \leqslant F_{1-\alpha/2}(n_1-1,n_2-1)$时,拒绝 H_0,接受 H_1,如图 4.2.8 所示.上述检验中所构造的统计量服从 F 分布,故又称为 F 检验.

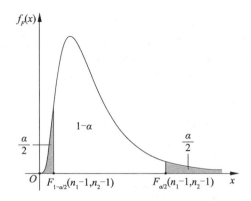

图 4.2.8 双侧 F 检验的拒绝域

由于第一总体和第二总体可以指定,因此可以约定较大的样本方差 S_1^2 来自第一总体,较小的样本方差 S_2^2 来自第二总体,这样就总有 $F = \dfrac{S_1^2}{S_2^2} \geqslant 1$. 又因为对通常的显著性水平 α,$F_{1-\alpha/2}(n_1-1,n_2-1) = \dfrac{1}{F_{\alpha/2}(n_2-1,n_1-1)} < 1$,所以在上述约定条件下,只要比较由样本观察值计算得到的 F 值和 $F_{\alpha/2}(n_1-1,n_2-1)$ 临界值就可以了,这样就可以避免左侧临界点 $F_{1-\alpha/2}(n_1-1,n_2-1)$ 的计算和判断问题.

② 检验假设 $H_0:\sigma_1^2 \geqslant \sigma_2^2$,$H_1:\sigma_1^2 < \sigma_2^2$.

对给定的显著性水平 α 和自由度 n_1-1,n_2-1,当 $F \leqslant F_{1-\alpha}(n_1-1,n_2-1)$时,拒绝 H_0 而接受 H_1,否则接受 H_0.

③ 检验假设 $H_0:\sigma_1^2 \leqslant \sigma_2^2$,$H_1:\sigma_1^2 > \sigma_2^2$.

对给定的显著性水平 α 和自由度 n_1-1,n_2-1,当 $F \geqslant F_{\alpha}(n_1-1,n_2-1)$时,拒绝 H_0 而接受 H_1,否则接受 H_0.

例 4.2.4 例 4.2.3 中,在新工艺前抽取的 10 个灯泡寿命的样本标准差为 56 h;新工艺后抽取的 10 个灯泡寿命的样本标准差为 48 h.检验假设 $H_0:\sigma_1^2 = \sigma_2^2$.($\alpha=0.05$)

解 检验假设 $H_0:\sigma_1^2 = \sigma_2^2$,$H_1:\sigma_1^2 \neq \sigma_2^2$,选取检验统计量为

$$F = \frac{S_1^2}{S_2^2} \sim F(n_1-1,n_2-1).$$

由题意可知,两样本标准差分别为 $s_1=56,s_2=48$,代入统计量计算得到

$$F = \frac{s_1^2}{s_2^2} = \frac{56^2}{48^2} = 1.36.$$

根据 $\alpha=0.05$ 和自由度 $n_1-1=9,n_2-1=9$,查附表 6 得到

$$F_{\alpha/2}(n_1-1,n_2-1) = F_{0.025}(9,9) = 4.03.$$

由于 $F=1.36 < 4.03 = F_{0.025}(9,9)$,故接受 H_0,即认为新旧工艺的灯泡寿命的方差无

显著差异.

§4.3　非正态总体参数的假设检验

对于非正态总体参数的假设检验,由于检验统计量的构造比较复杂,因此仅讨论大样本情形.由中心极限定理可知,当样本容量足够大时,由样本所构造的统计量的极限分布服从或近似服从正态分布.利用这样的统计量对原假设进行的检验通常称为大样本 U 检验.

4.3.1　单个非正态总体均值的假设检验

设总体 X 的分布未知,在大样本条件下,由中心极限定理可知

$$U=\frac{\overline{X}-\mu}{\sigma/\sqrt{n}}\underset{n\geqslant 50}{\overset{\text{近似}}{\sim}}N(0,1). \tag{4.3.1}$$

若 σ 未知,则可用 S 近似代替,故有

$$U=\frac{\overline{X}-\mu}{S/\sqrt{n}}\underset{n\geqslant 50}{\overset{\text{近似}}{\sim}}N(0,1). \tag{4.3.2}$$

因此在大样本情况下,对非正态总体均值各种形式的假设检验参照单个正态总体均值假设检验的步骤即可.

必须指出的是,总体分布为正态分布时,$T=\dfrac{\overline{X}-\mu}{S/\sqrt{n}}\sim t(n-1)$;总体分布未知或不为正态分布且总体方差未知时,可以用大样本 U 检验,即 $U=\dfrac{\overline{X}-\mu}{S/\sqrt{n}}\underset{n\geqslant 50}{\overset{\text{近似}}{\sim}}N(0,1)$.小样本 t 检验方法基于检验统计量的精确分布,显然对于大样本也是适用的.事实上,当 n 较大时,t 分布与标准正态分布趋于一致.

例 4.3.1　某苗圃以一种新的方案培育油松苗木,一定时间后从中随机抽取 50 株苗木组成样本,得到样本均值和标准差分别为 $\overline{x}=41.2\ \text{cm}$,$s=7.8\ \text{cm}$.采用新方案前根据经验得知,相同时间内总体苗高的平均值可达 35 cm,试问采用新方案育苗后苗高是否有了显著变化?($\alpha=0.05$)

解　由于不知道总体苗高的分布类型,而且题目满足大样本条件,因此应用 U 检验.假设 H_0 为采取新方案后总体苗高平均值 $\mu=\mu_0=35\ \text{cm}$.

已知 $\overline{x}=41.2\ \text{cm}$,$s=7.8\ \text{cm}$,由式(4.3.2)计算统计量 U 的值有

$$u=\frac{\overline{x}-\mu}{s/\sqrt{n}}=\frac{41.2-35}{7.8/\sqrt{50}}=5.62.$$

根据显著性水平 $\alpha=0.05$,查附表 3 得 $u_{0.025}=1.96$,由于 $|u|\geqslant u_{0.025}$,故拒绝 H_0,说明新方案培育出的油松苗木的平均苗高与原方案同期平均苗高有显著差异.

4.3.2　两个非正态总体均值差异的假设检验

设两个总体 X,Y 的均值和方差分别为 μ_i 和 $\sigma_i^2(i=1,2)$,从中分别抽取样本 $X_1,X_2,\cdots,$ X_{n_1} 及 $Y_1,Y_2,\cdots,Y_{n_2}$.样本均值分别为 $\overline{X},\overline{Y}$,样本方差分别为 S_1^2,S_2^2.

当 n_1, n_2 均充分大时,根据中心极限定理可知 $\overline{X} \overset{近似}{\sim} N\left(\mu_1, \dfrac{\sigma_1^2}{n_1}\right)$, $\overline{Y} \overset{近似}{\sim} N\left(\mu_2, \dfrac{\sigma_2^2}{n_2}\right)$,则

$$U = \frac{\overline{X} - \overline{Y} - (\mu_1 - \mu_2)}{\sqrt{\dfrac{\sigma_1^2}{n_1} + \dfrac{\sigma_2^2}{n_2}}} \overset{近似}{\sim} N(0,1). \tag{4.3.3}$$

因此在大样本情况下,对两个非正态总体均值差异性的各种形式的假设检验参照两个正态总体均值差异性假设检验的步骤即可.

例 4.3.2 某地调查了一种危害林木的昆虫两个世代的每个卵块的卵粒数,第一代卵块调查了 128 块,经计算得 $\overline{x} = 47.3$ 粒,$s_1 = 25.5$ 粒;第二代卵块调查了 69 块,经计算得 $\overline{y} = 74.9$ 粒,$s_2 = 47.2$ 粒. 试检验第二代卵块的平均卵粒数是否多于第一代. $(\alpha = 0.05)$

解 由题意做统计假设 $H_0: \mu_1 \geqslant \mu_2$,$H_1: \mu_1 < \mu_2$.

σ_1^2, σ_2^2 未知,由式(4.3.3)代入相关数据计算得

$$u = \frac{47.3 - 74.9}{\sqrt{\dfrac{25.5^2}{128} + \dfrac{47.2^2}{69}}} = -4.52.$$

对于给定的 $\alpha = 0.05$,$u_{0.05} = 1.645$. 由于 $u < -u_{0.05}$,故拒绝 H_0,接受 H_1,说明第二代卵块的平均卵粒数显著多于第一代卵块的.

§4.4 卡方检验

卡方检验是一种用途很广的非参数检验方法,其基本思想是假设理论频数与实际频数相吻合,通过构造 χ^2 统计量进而检验原假设是否成立. 卡方检验既可以用于检验理论分布与实际分布是否一致,也可以用于两个分类变量的关联性分析.

4.4.1 总体分布的 χ^2 拟合优度检验

对总体分布的参数进行假设检验首先需要已知总体的分布,因此在进行参数假设检验之前,需要对总体的分布进行统计推断. 一般的做法:先假设总体服从某种分布,再根据样本检验假设是否成立,称为分布拟合检验. 分布拟合检验的方法有多种,本节仅讨论皮尔逊 χ^2 拟合优度检验法.

设进行 n 次独立试验(观测),得到样本观测值的频数频率分布如表 4.4.1 所示.

表 4.4.1 样本观测值的频数、频率分布

子区间	频数	频率	概率
$(a_0, a_1]$	n_1	f_1	p_1
$(a_1, a_2]$	n_2	f_2	p_2
...	...	...	...
(a_{l-1}, a_l)	n_l	f_l	p_l
总计	n	1	1

提出原假设 $H_0:F(x)=F_0(x)$. 在原假设 H_0 成立的条件下,计算 X 落在各个子区间内的概率

$$p_i=F_0(a_i)-F_0(a_{i-1}),i=1,2,\cdots,l.$$

为了检验原假设 H_0,将偏差 f_i-p_i 的加权平方和作为假设的分布函数 $F_0(x)$ 与样本分布函数 $F_n(x)$ 之间的差异度,即

$$Q=\sum_{i=1}^{l}c_i(f_i-p_i)^2,$$

其中 c_i 为各个偏差 f_i-p_i 的权.权 c_i 的引入是必要的,也是合理的,因为一般情况下各个子区间内频率 f_i 与概率 p_i 的偏差就其显著性来说,决不能等同看待.事实上,对于绝对值相同的偏差 f_i-p_i,当概率 p_i 较大时不太显著,而当 p_i 很小时就变得非常显著.所以,权 c_i 显然应与概率 p_i 成反比.

皮尔逊证明了若取 $c_i=\dfrac{n}{p_i}$,则当 $n\to+\infty$ 时,统计量 Q 的分布趋于自由度为 $k=l-m-1$ 的 χ^2 分布,其中 l 是子区间的个数,m 是分布函数 $F_0(x)$ 中需要利用样本观测值估计的未知参数的个数.因此,通常把统计量 Q 记作 χ^2,即

$$\chi^2=\sum_{i=1}^{l}\frac{n(f_i-p_i)^2}{p_i}.$$

注意到 $f_i=\dfrac{n_i}{n}$,上式可化为

$$\chi^2=\sum_{i=1}^{l}\frac{(n_i-np_i)^2}{np_i}. \tag{4.4.1}$$

对于给定的显著性水平 α,可以查表得 $\chi_\alpha^2(l-m-1)$,使得 $P\{\chi^2>\chi_\alpha^2(l-m-1)\}=\alpha$. 若统计量的观察值 $\chi^2\geqslant\chi_\alpha^2(l-m-1)$,则在显著性水平 α 下拒绝 H_0,否则接受 H_0.

利用 χ^2 拟合检验法检验关于总体分布的假设时,要求样本容量 n 及观测值落在各个子区间内的频数 n_i 都相当大,一般要求样本容量 $n\geqslant50$,而频数 $n_i\geqslant5(i=1,2,\cdots,l)$.若某些子区间内的频数 n_i 太小,则应适当地把相邻的两个或几个子区间合并起来,使得合并后得到的子区间内的频数足够大,注意此时必须相应地减少统计量 χ^2 分布的自由度.

例 4.4.1　卢瑟福在 2608 段时间(每段时间 7.5 s)内观察某一放射性物质,得到每段时间内放射粒子数记录如表 4.4.2 所示.

表 4.4.2　每段时间内的放射粒子数

放射粒子数 x_i	0	1	2	3	4	5	6	7	8	9	10	11	12
频数 n_i	57	203	383	525	532	408	273	139	45	27	10	4	2

利用 χ^2 拟合检验法检验每段时间内的放射粒子数是否服从泊松分布.($\alpha=0.05$)

解　设随机变量 X 表示每段时间内的放射粒子数,则要检验的原假设是

$$H_0:X\sim P(\lambda).$$

由例 3.1.4 可知,参数 λ 的最大似然估计值 $\hat{\lambda}=\bar{x}$. 由已给的样本观察值计算得到

$$\hat{\lambda} = \overline{x} = \frac{1}{n}\sum_{i=1}^{l} n_i x_i = \frac{10094}{2608} = 3.87.$$

现在利用 χ^2 拟合检验法检验原假设 $H_0 : X \sim P(3.87)$，其分布列为

$$P(X=x) = \frac{3.87^x}{x!} e^{-3.87}, x = 0, 1, 2, \cdots.$$

对放射粒子数计算各项并列表如表 4.4.3 所示.

表 4.4.3　对放射粒子数计算各项

x_i	n_i	p_i	np_i	$(n_i - np_i)^2/np_i$
0	57	0.021	54.8	0.088
1	203	0.081	211.2	0.318
2	383	0.156	406.8	1.392
3	525	0.201	524.2	0.001
4	532	0.195	508.6	1.077
5	408	0.151	393.8	0.0512
6	273	0.097	253.0	1.581
7	139	0.054	140.8	0.023
8	45	0.026	67.8	7.667
9	27	0.011	28.7	0.101
10 11 12	10 4 }16 2	0.007	18.3	0.283
总计	2608	1.000	2608.0	13.049

因为合并后的子区间的个数 $l=11$，需要估计的参数的个数 $m=1$，所以自由度 $k = 11-1-1=9$，查附表 4 得 $\chi^2_{0.05}(9) = 16.919$. 因为 $\chi^2 = 13.049 < \chi^2_{0.05}(9)$，所以接受原假设 H_0，即可以认为每段时间内的放射粒子数 $X \sim P(3.87)$.

例 4.4.2　测量 100 个某种机械零件的质量（单位：g），统计如表 4.4.4 所示.

表 4.4.4　零件的质量统计

零件质量子区间/g	频数	零件质量子区间/g	频数
236.5~239.5	1	251.5~254.5	22
239.5~242.5	5	254.5~257.5	11
242.5~245.5	9	257.5~260.5	6
245.5~248.5	19	260.5~263.5	1
248.5~251.5	24	263.5~266.5	2

利用 χ^2 拟合检验法检验这种机械零件的质量是否服从正态分布.($\alpha=0.05$)

解 设随机变量 X 表示这种机械零件的质量,在例 3.1.5 中已经求得参数 μ,σ^2 的最大似然估计值分别是

$$\hat{\mu}=\overline{x}=\frac{1}{n}\sum_{i=1}^{n}x_i,\quad \hat{\sigma}^2=\frac{1}{n}\sum_{i=1}^{n}(x_i-\overline{x})^2.$$

已知 $n=100$,把各个子区间的中点值取作 x_i,计算参数 μ,σ^2 的估计值分别为

$$\hat{\mu}=\overline{x}=\frac{1}{n}\sum_{i=1}^{l}n_i x_i=250.6,\quad \hat{\sigma}^2=\frac{1}{n}\sum_{i=1}^{l}n_i(x_i-\overline{x})^2=26.82,$$

由此得 $\hat{\sigma}=5.18$.

现在检验原假设 $H_0:X\sim N(250.6,5.18^2)$.

首先利用下式计算 X 落在各个子区间内的概率:

$$P(a_{i-1}<X\leqslant a_i)=\varPhi\left(\frac{a_i-250.6}{5.18}\right)-\varPhi\left(\frac{a_{i-1}-250.6}{5.18}\right)(i=1,2,\cdots,10).$$

然后计算频数 np_i 和统计量 χ^2 的各项数值,分组列表如表 4.4.5 所示.

表 4.4.5　频数和统计量的各项数值

零件质量子区间	n_i	p_i	np_i	$(n_i-np_i)^2/np_i$
$(-\infty,239.5]$ $(239.5,242.5]$	$\left.\begin{array}{c}1\\5\end{array}\right\}6$	0.0594	5.94	0.001
$(242.5,245.5]$	9	0.1041	10.41	0.191
$(245.5,248.5]$	19	0.1774	17.74	0.089
$(248.5,251.5]$	24	0.2266	22.66	0.079
$(251.5,254.5]$	22	0.2059	20.59	0.097
$(254.5,257.5]$	11	0.1348	14.48	0.456
$(257.5,260.5]$ $(260.5,263.5]$ $(263.5,+\infty)$	$\left.\begin{array}{c}6\\1\\2\end{array}\right\}9$	0.0918	9.18	0.004
总计	100	1.0000	100.00	0.917

合并频数不足 5 的区间,合并后的子区间的个数 $l=7$,需要估计的参数的个数 $m=2$,所以自由度 $k=7-2-1=4$,查附表 4 得 $\chi_\alpha^2=\chi_{0.05}^2(4)=9.488$.由式(4.4.1)计算得 $\chi^2\approx 0.917$,因为 $\chi^2<\chi_{0.05}^2(4)$,所以接受原假设 H_0,即可以认为这种机械零件的质量 X 服从正态分布 $N(250.6,5.18^2)$.

4.4.2　独立性检验

对于次数资料,有时需要判断两类因素是相互独立的还是相关的,如癌症与遗传是否有关、色盲与性别是否有关等,这种基于次数资料的因素间相关性的研究称为独立性检验,它也是一种非参数检验.

设有两个总是同时出现的分类随机变量 X,Y,变量 X 可能处于 r 种不同的状态 $A_1,$

$A_2,\cdots,A_r$,变量 Y 可能处于 c 种不同的状态 $B_1,B_2,\cdots,B_c$. 现在共进行了 n 次观测,在 n 次观测中,出现状态组合 (A_i,B_j) 的频数为 n_{ij},$i=1,2,\cdots,r$,$j=1,2,\cdots,c$,列表如表 4.4.6 所示.

表 4.4.6　$r\times c$ 列联表

	B_1	B_2	$\cdots$	B_c
A_1	n_{11}	n_{12}	$\cdots$	n_{1c}
A_2	n_{21}	n_{22}	$\cdots$	n_{2c}
$\vdots$	$\vdots$	$\vdots$	$\cdots$	$\vdots$
A_r	n_{r1}	n_{r2}	$\cdots$	n_{rc}

其中 $n_{i\cdot}=\sum\limits_{j=1}^{c}n_{ij}$,$n_{\cdot j}=\sum\limits_{i=1}^{r}n_{ij}$,$n=\sum\limits_{i=1}^{r}n_{i\cdot}=\sum\limits_{j=1}^{c}n_{\cdot j}$($i=1,2,\cdots,r$;$j=1,2,\cdots,c$),称这样的表为 $r\times c$ 列联表.

独立性检验的理论依据是两个离散型变量相互独立的充分必要条件. 检验原假设 H_0:X 与 Y 相互独立. 若 H_0 为真,即 X 与 Y 相互独立,则对于 X 与 Y 的所有状态,有 $P(X\in A_i,Y\in B_j)=P(X\in A_i)\cdot P(Y\in B_j)$. 这里

$$P(X\in A_i,Y\in B_j)\approx\frac{n_{ij}}{n},P(X\in A_i)\approx\frac{n_{i\cdot}}{n},P(Y\in B_j)\approx\frac{n_{\cdot j}}{n},$$

所以有 $\dfrac{n_{ij}}{n}\approx\dfrac{n_{i\cdot}}{n}\times\dfrac{n_{\cdot j}}{n}$,即 $n_{ij}\approx\dfrac{n_{i\cdot}\,n_{\cdot j}}{n}$.

可以证明,在 H_0 为真时,当观测次数 $n\to+\infty$ 时,有

$$\chi^2=\sum_{i=1}^{r}\sum_{j=1}^{c}\frac{\left(n_{ij}-\dfrac{n_{i\cdot}\,n_{\cdot j}}{n}\right)}{\dfrac{n_{i\cdot}\,n_{\cdot j}}{n}}\sim\chi^2((r-1)(c-1)). \tag{4.4.2}$$

反之,若 H_0 不真,X 与 Y 不独立,则 n_{ij} 与 $\dfrac{n_{i\cdot}\,n_{\cdot j}}{n}$ 的差别就会很大,因此 χ^2 的值会偏大,此时统计量 χ^2 的分布相对于 $\chi^2((r-1)(c-1))$ 来说就会有一个向右的偏移,故检验的拒绝域选在 χ^2 分布的右尾部,由此得到利用 χ^2 统计量进行独立性检验的步骤如下:

(1) 提出假设 H_0:X 与 Y 相互独立.

(2) 对于给定的显著性水平 α 及自由度 $(r-1)(c-1)$,查 χ^2 分布上侧分位数 $\chi_\alpha^2((r-1)(c-1))$,使得 $P(\chi^2>\chi_\alpha^2((r-1)(c-1)))=\alpha$;由样本计算 χ^2 的值,当 $\chi^2>\chi_\alpha^2((r-1)(c-1))$ 时拒绝 H_0,否则接受 H_0.

(3) 计算 χ^2 的值通常还可用下式(推导略):

$$\chi^2=\sum_{i=1}^{r}\sum_{j=1}^{c}\frac{\left(n_{ij}-\dfrac{n_{i\cdot}\,n_{\cdot j}}{n}\right)}{\dfrac{n_{i\cdot}\,n_{\cdot j}}{n}}=n\left(\sum_{i=1}^{r}\sum_{j=1}^{c}\frac{n_{ij}^2}{n_{i\cdot}\,n_{\cdot j}}-1\right). \tag{4.4.3}$$

例 4.4.3 某超市检验商品销售情况与陈列方式是否相关,随机抽取了 210 家门市,商品陈列方式有 A 和 B 两种,并把门市销售情况以"高""低"分为两类,记录数据如表 4.4.7 所示.

表 4.4.7 某超市门市的销售情况与商品陈列方式

销售情况	商品陈列方式		总计
	A	B	
高	22	80	102
低	48	60	108
总计	70	140	210

问:可否认为销售情况与商品陈列方式有关?($\alpha = 0.05$)

解 设 X 表示销售情况,Y 表示商品陈列方式,要检验商品的销售情况与陈列方式是否相关,即检验原假设"$H_0 : X$ 与 Y 相互独立"是否成立.

对显著性水平 $\alpha = 0.05$,自由度 $(r-1)(c-1)=1$,查 χ^2 分布的分位数表得 $\chi^2_{0.05}(1) = 3.8415$,由式(4.4.3)计算得到统计量的值:

$$\chi^2 = 210 \times \left(\frac{22^2}{102 \times 70} + \frac{80^2}{102 \times 140} + \frac{48^2}{108 \times 70} + \frac{60^2}{108 \times 140} - 1 \right) = 12.353.$$

由于 $\chi^2 = 12.353 > 3.8415$,落在拒绝域里,所以拒绝原假设 H_0,接受备择假设,即不能认为 X 与 Y 相互独立,因此认为销售情况与商品陈列方式有关.

进一步,可以利用 Excel 中的统计函数 CHISQ. DIST 求出 $P(\chi^2 \geqslant 12.353) = 0.00044$,这是一个很小的概率值,称为检验的 p 值,$p < 0.05$ 说明销售情况与商品陈列方式有非常显著的关系.

§4.5 假设检验的其他问题

4.5.1 配对样本

在正态总体的情形下,对于两个总体均值的差异性检验分独立样本和配对样本两种情况.独立样本的情况在 4.4.2 节已有介绍,本节介绍配对样本(也称成对样本或匹配样本)的情况.

独立样本提供的数据可能因样本个体在其他因素方面的"不同质"而对有关总体均值的信息产生干扰.为有效排除样本个体之间的"额外"差异带来的误差,可以考虑选用配对样本.配对样本如表 4.5.1 所示.

表 4.5.1 配对样本

序号	1	2	⋯	n
数据 X	x_1	x_2	⋯	x_n
数据 Y	y_1	y_2	⋯	y_n
差值 $D = X - Y$	d_1	d_2	⋯	d_n

设 $\overline{d}=\dfrac{1}{n}\sum\limits_{i=1}^{n}d_i,S_d^2=\dfrac{1}{n-1}\sum\limits_{i=1}^{n}(d_i-\overline{d})^2$,则检验统计量为

$$t=\frac{\overline{d}-(\mu_1-\mu_2)}{\dfrac{S_d}{\sqrt{n}}}.$$

显然配对样本的检验问题最终可转化为单样本的均值检验.大样本情况下,上述统计量近似服从标准正态分布;小样本情况则需要假定两个总体配对差构成的总体服从正态分布,这时上述检验统计量将服从自由度为 $n-1$ 的 t 分布.配对样本因为排除了数据之间可能存在的相关性而比独立样本更容易检出两组数据平均数之间的差异,从而提高了检验能力.

例 4.5.1　为比较两种谷物种子的优劣,特选取 10 块土质不同的土地,并将每块土地分为面积相同的两部分,分别种植两种种子,所有土地上的施肥与田间管理均相同.10 块土地上种植的两种种子的产量如表 4.5.2 所示.

表 4.5.2　10 块土地上种植的两种种子的产量

土地序号	1	2	3	4	5	6	7	8	9	10
种子 1 产量 X	23	35	29	42	39	29	37	34	35	28
种子 2 产量 Y	30	39	35	40	38	34	36	33	41	31
差值 $D=X-Y$	-7	-4	-6	2	1	-5	1	1	-6	-3

解　在同一块土地上种植两种种子,排除了土质、墒情、肥力、日照等多种不可控因素的影响,因此产量的差异主要反映种子的优劣.

首先将该问题视作配对样本,则检验原假设为

$$H_0:\mu=\mu_1-\mu_2=0,\ H_1:\mu=\mu_1-\mu_2\neq0.$$

由于 $\overline{d}=\dfrac{1}{n}\sum\limits_{i=1}^{n}d_i=-2.6,S_d^2=\dfrac{1}{n-1}\sum\limits_{i=1}^{n}(d_i-\overline{d})^2=12.2667$,计算检验统计量的值为

$$t=\frac{\overline{d}}{\dfrac{S_d}{\sqrt{n}}}=\frac{-2.6}{\dfrac{3.5024}{\sqrt{10}}}=-2.3475.$$

因为 $t<-t_{0.025}(9)=2.2622$,所以拒绝原假设,认为两种种子的单位产量有明显的差别.

如果把该问题视作独立样本,在方差相等的前提下,计算检验统计量结果如下:

$$t=\frac{\sqrt{n}(\overline{x}-\overline{y})}{\sqrt{s_1^2+s_2^2}}=-1.1937>-t_{0.025}(18)=-2.1009,$$

由于检验统计量的值并未落入拒绝域,所以接受原假设.

上面采用两种不同的检验方法得到了完全不同的结论,主要原因是:采用配对样本检验法时,数据的差已经消除了实验单元间的差异(如土质、光照等),只保留了种子间的

差异;而使用独立样本均值差异检验法时仍含有实验单元间的差异,这种差异被记录在样本方差中(分母).由此可见,对于此类问题的检验,采取配对样本检验法得到的结果比采用独立样本均值差异检验法得到的结果更精确.

4.5.2　方差大小对均值检验的影响

例 4.5.2　某工厂有两个车间生产同样的产品,其质量指标服从正态分布,标准规格是 $\mu_0=120$.现从两个车间各抽取 5 件产品进行检测,测得的数据如下:

第一车间:$\bar{x}=119.5,s_x=0.4$.

第二车间:$\bar{y}=114,s_y=6.105$.

在显著性水平 $\alpha=0.05$ 下,检验各车间生产的产品是否合格.

解　采用双侧检验,$t_{0.025}(4)=2.776$.

第一车间:$t=\dfrac{\bar{x}-\mu_0}{\dfrac{s_x}{\sqrt{5}}}=-2.795$,由于小于左侧的临界值 -2.776,故应拒绝原假设,认

为第一车间生产的产品不合格.

第二车间:$t=\dfrac{\bar{y}-\mu_0}{\dfrac{s_y}{\sqrt{5}}}=-2.198$,由于没有落在左侧拒绝域内,故应保留原假设,即认为

第二车间生产的产品合格.

这个结论对于第一车间来说显然不公平.第一车间的样品均值非常接近标准规格 120,数据也稳定(方差相对较小),但检验的结果却是不合格;而第二车间的样品均值对比规格标准相去甚远,数据也不稳定,但却被认为是合格的.这说明在某些情况下单一使用均值检验得到的检验结果未必就是合理的.本问题的原因在于第一车间产品的方差小,所以导致检验统计量的值容易落入拒绝域内.在这种情况下,可以结合第二类错误综合考虑,同时对产品稳定性(方差)也进行检验.

4.5.3　检验的 p 值

不同显著性水平的选择直接关系到检验的结论.目前在统计分析中最常用的显著性水平是 $\alpha=0.05$,若在 0.05 的水平上拒绝了原假设,则称检验结果是显著的.但仅利用显著性水平 α 来决定是否对原假设进行否定,而不考虑统计量的值在拒绝域的位置,显然不够精准.为此引入检验的 p 值的概念.

定义 4.5.1　在一个假设检验问题中,利用样本观测值能够做出的拒绝原假设 H_0 的最小显著性水平称为检验的 p 值,也称为在 H_0 条件下观察到的样本的显著性水平.

检验的 p 值提供了比显著性水平更多的信息,如例 4.5.3 所示.在常见的统计软件中,通常都输出检验的 p 值,并根据 p 值的大小得出检验结论.

例 4.5.3　一支香烟中的尼古丁含量服从正态分布 $N(\mu,1)$,质量标准规定 μ 不能超过 1.5 mg.现从某厂生产的香烟中随机抽取 20 支进行检测,得尼古丁的平均含量为 $\bar{x}=1.97$ mg,设方差不变,试问该厂生产的香烟的尼古丁含量是否符合质量标准?

解 采用右侧检验,检验假设 $H_0: \mu \leqslant 1.5, H_1: \mu > 1.5$.

计算可得

$$u = \frac{\overline{X} - \mu_0}{\sigma/\sqrt{n}} = 2.10.$$

方法一: 利用拒绝域判断. 因为 $u = 2.10 > u_{0.05} = 1.645$,故拒绝 H_0,即在 0.05 的显著性水平上认为尼古丁的含量高于标准规定.

方法二: 利用检验的 p 值判断. 查附表 2,有

$$P(u \geqslant 2.10) = 1 - \Phi(2.10) = 1 - 0.9821 = 0.0179,$$

由于 $0.0179 < 0.05$,故可以认为该厂生产的香烟中尼古丁的含量显著超过标准的规定. 该右侧检验的 p 值如图 4.5.1 所示.

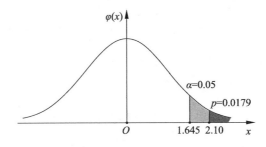

图 4.5.1 检验的 p 值示意图

双侧检验和左侧检验的 p 值含义相似,不再赘述.

§4.6 应用案例

例 4.6.1 环保公司利用新旧两种方法合成新型纳米吸附剂,通过考察对染料红的吸附率模拟吸附效果,对于浓度为 10 mg/L 的染料红,两种方法的吸附效果(吸附百分率,%)检测数据如表 4.6.1 所示.

表 4.6.1 两种方法的吸附效果检测数据   单位:%

新方法 X	90	86	85	84	85	87	91	88	86
旧方法 Y	83	81	82	88	86	78	79	89	80

若新方法和旧方法的检测数据服从正态分布 $N(\mu_1, \sigma_1^2)$ 和 $N(\mu_2, \sigma_2^2)$,试问:

(1) 能否认为新方法的吸附效果显著优于旧方法?($\alpha = 0.05$)

(2) 如果新方法显著优于旧方法,那么新方法的吸附效果比旧方法提高了多少?($1 - \alpha = 0.95$)

解 由问题中的抽样数据计算得到

$$n_1 = n_2 = 9, \overline{x}_1 = 86.8889, \overline{y}_2 = 82.8889, s_1 = 2.3688, s_2 = 3.9511.$$

(1) 检验新旧方法的吸附效果是否有差异之前,需要先检验两种方法的方差是否相等.

检验假设为 $H_0 : \sigma_1^2 = \sigma_2^2, H_1 : \sigma_1^2 \neq \sigma_2^2$.

由于 $F = \dfrac{s_2^2}{s_1^2} = \left(\dfrac{3.9511}{2.3688}\right)^2 = 2.7821 < F_{0.025}(8,8) = 4.43$，因此接受原假设 H_0，认为新方法与旧方法的方差相等.

再采用右侧检验法检验新方法的吸附效果是否显著优于旧方法，检验假设为 $H_0 : \mu_1 \leqslant \mu_2, H_1 : \mu_1 > \mu_2$.

选用检验统计量

$$T = \frac{(\overline{X} - \overline{Y})}{\sqrt{\dfrac{(n_1-1)S_1^2 + (n_2-1)S_2^2}{n_1+n_2-2}}\sqrt{\dfrac{1}{n_1} + \dfrac{1}{n_2}}} \sim t(n_1+n_2-2).$$

代入样本数据计算，有

$$t = \frac{(86.8889 - 82.8889)}{\sqrt{\dfrac{8 \times 2.3688^2 + 8 \times 3.9511^2}{16}}\sqrt{\dfrac{1}{9} + \dfrac{1}{9}}} = 2.6049.$$

查附表 5 得 $t_{0.05}(16) = 1.746$，因为 $t = 2.6049 > 1.746 = t_{0.05}(16)$，所以拒绝原假设 H_0，接受 H_1，认为新方法的吸附效果显著优于旧方法.

（2）确定新方法的吸附效果比旧方法提高了多少，即在置信度 $1-\alpha$ 下求均值差 $\mu_1 - \mu_2$ 的双侧置信区间. 选样本函数

$$T = \frac{(\overline{X} - \overline{Y}) - (\mu_1 - \mu_2)}{\sqrt{\dfrac{(n_1-1)S_1^2 + (n_2-1)S_2^2}{n_1+n_2-2}}\sqrt{\dfrac{1}{n_1} + \dfrac{1}{n_2}}} \sim t(n_1+n_2-2).$$

当置信度 $1-\alpha = 0.95$ 时，查附表 5 得 $t_{0.025}(16) = 2.12$，由置信区间公式计算得到 $\mu_1 - \mu_2$ 的置信度为 95% 的双侧置信区间为 (0.7447, 7.2553).

该结果说明新方法的吸附效果与旧方法的吸附效果之差在 95% 置信水平上介于 0.7447 与 7.2553 之间. 或者也可以求单侧置信区间：由置信度 $1-\alpha = 0.95$，查单侧分位数 $t_{0.05}(16) = 1.746$，代入样本数据，计算得 $\mu_1 - \mu_2$ 的置信度为 95% 的单侧置信区间是 $(1.3586, +\infty)$，说明在 95% 置信水平上新方法比旧方法的吸附百分率至少提高了 1.3586%.

例 4.6.2 为研究气管炎与吸烟的关系，对 339 名 50 岁以上的对象进行调查，得到数据资料如表 4.6.2 所示.

表 4.6.2 吸烟状况与患病情况的调查数据资料

患病情况	吸烟状况			
	B_1（不吸烟）	B_2（每日 20 支以下）	B_3（每日 20 支以上）	总计
A_1（有气管炎）	13	20	23	56
A_2（无气管炎）	121	89	73	283
总和	134	109	96	339

根据资料检验患气管炎是否与吸烟有关.($\alpha=0.1$)

解 设 X 表示是否患有气管炎,Y 表示吸烟状况,问题要检验患气管炎是否与吸烟有关,即检验原假设"$H_0:X$ 与 Y 相互独立"是否成立.

对显著性水平 $\alpha=0.1$,自由度为 $(r-1)(c-1)=2$,查附表 4 得 $\chi^2_{0.1}(2)=4.6052$,由式(4.4.3)计算得到统计量的值:

$$\chi^2=n\left(\sum_{i=1}^{r}\sum_{j=1}^{c}\frac{n_{ij}^2}{n_{i.}\,n_{.j}}-1\right)$$

$$=339\times\left(\frac{13^2}{56\times134}+\frac{20^2}{56\times109}+\frac{23^2}{56\times96}+\frac{121^2}{283\times134}+\frac{89^2}{283\times109}+\frac{73^2}{283\times96}-1\right)$$

$$=8.634.$$

由于 $\chi^2=8.634>\chi^2_{0.1}(2)=4.6052$,落在拒绝域,因此在 0.1 的显著性水平上拒绝原假设 H_0,接受备择假设,即不能认为 X 与 Y 相互独立,而认为患气管炎与吸烟有关.

在得到结论"患气管炎与吸烟有关"的基础上,进一步研究 B_1 与 B_2、B_1 与 B_3 对是否患有气管炎的影响.

检验 B_1 与 B_2 对是否患有气管炎的影响:

$$\chi^2=243\times\left(\frac{13^2}{33\times134}+\frac{20^2}{33\times109}+\frac{121^2}{210\times134}+\frac{89^2}{210\times109}-1\right)=3.83.$$

由于 $\chi^2=3.83>2.7055=\chi^2_{0.1}(1)$,落入拒绝域,因此拒绝假设 H_0,即认为患气管炎与每日吸烟 20 支以下有关.

检验 B_1 与 B_3 对是否患有气管炎的影响:

$$\chi^2=230\times\left(\frac{13^2}{36\times134}+\frac{23^2}{36\times96}+\frac{121^2}{194\times134}+\frac{73^2}{194\times96}-1\right)=8.611.$$

由于 $\chi^2=8.611>2.7055=\chi^2_{0.1}(1)$,落入拒绝域,认为患气管炎与每日吸烟 20 支以上有关.

习题 4

1.根据某地环境保护法规定,倒入河流的废水中一种有毒化学物质的平均含量不得超过 3 ppm.已知废水中该有毒化学物质的含量 X 服从正态分布.该地区环保组织对沿河的一个工厂进行抽检,测定该工厂每日倒入河流的废水中该有毒物质的含量,15 天的记录如下(单位:ppm):

3.2, 3.2, 3.3, 2.9, 3.5, 3.4, 2.5, 4.3, 2.9, 3.6, 3.2, 3.0, 2.7, 3.5, 2.9.

试问这次抽检能否认为该工厂倒入河流的废水符合规定?($\alpha=0.05$)

2.超市销售的某品牌白糖包装质量为 500 g.一位顾客购买了一袋白糖,称重之后发现只有 490 g,于是他找到质量监督部门进行投诉.质量监督部门接到投诉后对该品牌白糖进行抽检,一共抽取 40 袋,平均质量为 498.35 g,标准差为 4.33 g.请问在显著性水平 $\alpha=0.05$ 下,监督部门的抽查结果可否说明该品牌白糖每袋的平均质量不足 500 g,存在缺斤少两的现象?

3. 设维纶的纤度通常服从正态分布,标准差为 0.048. 现在从产品中抽取 5 根,测得纤度如下:

$$1.32,1.55,1.36,1.4,1.44.$$

问该批产品纤度的标准差与正态分布的标准差有没有差别?($\alpha=0.05$)

4. 某公司的冶金专家设计了一个研究方案来比较新合金和目前使用的合金的强度,并分别用每种合金制造 10 根钢梁,测定这 20 根钢梁的承重能力,结果如下:

序号	1	2	3	4	5	6	7	8	9	10
老合金	23.7	24.0	21.1	23.1	22.8	25.0	25.3	22.6	23.3	22.8
新合金	28.6	32.3	28.0	31.1	29.6	28.5	31.2	26.6	29.1	28.5

(1) 专家认为,只有当新合金的平均承重能力极其显著地大于旧合金的平均承重能力时,才有可能采用新合金.上述数据是否支持这一观点?($\alpha=0.01$)

(2) 如果认为可以采用新合金,那么新合金的平均承重能力比旧合金强多少?

5. 一家冶金公司需要减少排放到废水中的生物氧需求量(BOD),用于废水处理的活化泥供应商建议,用纯氧取代空气吹入活化泥以改善 BOD(值越小越好).现从两种处理的废水中分别抽取容量为 10 和容量为 9 的样本.

空气法	184	194	158	218	186	218	165	172	191	179
氧气法	163	185	178	183	171	140	155	179	175	

已知 BOD 含量服从正态分布.

(1) 试问该公司是否应该采用氧气法来减少 BOD 含量?($\alpha=0.05$)

(2) 如果可以采用氧气法,求减少的 BOD 含量的置信度为 95% 的置信区间.

6. 某厂使用两种不同的原料 A,B 生产同一类型产品,各在一周的产品中取样进行分析比较,取使用原料 A 生产的样品 220 件,测得平均质量为 $\bar{x}=2.46$ kg,样本标准差 $s_1=0.57$ kg,取使用原料 B 生产的样品 205 件,测得平均质量为 $\bar{y}=2.55$ kg,样本标准差为 $s_2=0.48$ kg.设这两个样本相互独立,问在 0.05 置信水平下能否认为使用原料 B 生产的产品的平均质量比使用原料 A 的大?

7. 检验某产品质量时,每次抽取 10 个产品检查,共抽取了 100 次,得到 10 个产品中次品数 X 的分布如下:

次品数 x_i	0	1	2	3	4	5	6	7	8	9	10
频数 n_i	35	40	18	5	1	1	0	0	0	0	0

问:X 是否服从二项分布?($\alpha=0.05$)

8. 研究混凝土抗压强度的分布,200 件混凝土制件的抗压强度如下:

区间 x_i	190~200	200~210	210~220	220~230	230~240	240~250
频数 n_i	10	26	56	64	30	14

问：混凝土制件的抗压强度是否服从正态分布 $N(\mu, \sigma^2)$？（$\alpha = 0.05$）

9. 为研究色盲与性别的关系，对 1000 人进行检查并统计检查结果，结果如下：

是否色盲	性别		总和
	男	女	
色盲	38	6	44
正常	442	514	956
总和	480	520	1000

问：色盲是否与性别有关？（$\alpha = 0.05$）

第 5 章 方差分析和正交试验设计

§5.1 方差分析简介

方差分析是统计分析的一种基本方法,由英国统计学家费歇尔(Fisher)于 20 世纪 20 年代创立,起源于对农业生产实验结果的分析,目前已被广泛应用于工农业生产、气象预报、医学、生物学等许多领域.例如,在农业生产中,经常需要比较植物的品种、肥料的种类和种植地区,以提高单位产量;在化工生产中,影响产品产量和质量的因素有原料成分、原料数量、反应温度、压力催化剂的种类及生产环境等.这些因素的影响有大有小,试验中往往希望找到其中影响比较显著的因素,从而找出最优的生产条件.方差分析就是鉴别各因素对结果有无显著影响及影响大小的一种有效方法.

在方差分析中,将所研究的影响试验指标的因素称为试验因素,简称因素或因子,常用大写字母 $A, B, C, \cdots$ 表示.将因子所处的某种特定状态或数量等级称为因素水平,简称水平,用 $A_1, A_2, \cdots$ 或 $B_1, B_2, \cdots$ 表示.如果在考察的问题中只考虑一个因素,称这样的方差分析为单因素方差分析;如果问题中要考虑两个因素,就称为双因素方差分析;当然,还可以有考虑三个因素或更多因素的方差分析.

例 5.1.1 某水产研究所为了比较 4 种不同饲料对鱼的饲喂效果,选取了条件基本相同的 20 尾鱼,随机分成 4 组,饲喂不同饲料,一个月以后,各组鱼的增重结果如表 5.1.1 所示.

表 5.1.1 饲喂不同饲料的鱼的增重 　　　　　　　　　　　　　　单位:g

饲料	鱼的增重(x_{ij})				
A_1	31.9	27.9	31.8	28.4	35.9
A_2	24.8	25.7	26.8	27.9	26.2
A_3	22.1	23.6	27.3	24.9	25.8
A_4	27.0	30.8	29.0	24.5	28.5

在这个问题中,试验指标就是鱼的增重,试验因素就是饲料;饲料有 4 种,也就是有 4 个水平,因为试验中只考虑饲料这个因素对鱼的增重的影响,所以这是一个单因素试验.试验的主要目的是分析不同饲料对鱼的增重效果是否有显著差异或影响.

本章在讨论方差分析基本原理的基础上,重点介绍单因素和双因素方差分析及正交试验设计的方法.

§5.2 单因素试验的方差分析

5.2.1 数学模型与基本假定

假设要考察因素 A 的不同水平对试验指标是否有显著影响,默认其他因素保持不变. 因素 A 有 k 个水平,每个水平下有 n 次重复,则共有 nk 个观测值.观测值数据如表 5.2.1 所示.

表 5.2.1　k 个水平,n 次重复的观测值数据

水平	观测值						合计 $T_i.$	平均 $\overline{x}_i.$
A_1	x_{11}	x_{12}	$\cdots$	x_{1j}	$\cdots$	x_{1n}	$T_1.$	$\overline{x}_1.$
A_2	x_{21}	x_{22}	$\cdots$	x_{2j}	$\cdots$	x_{2n}	$T_2.$	$\overline{x}_2.$
$\cdots$	$\cdots$	$\cdots$	$\cdots$	$\cdots$	$\cdots$	$\cdots$	$\cdots$	$\cdots$
A_i	x_{i1}	x_{i2}	$\cdots$	x_{ij}	$\cdots$	x_{in}	$T_i.$	$\overline{x}_i.$
$\cdots$	$\cdots$	$\cdots$	$\cdots$	$\cdots$	$\cdots$	$\cdots$	$\cdots$	$\cdots$
A_k	x_{k1}	x_{k2}	$\cdots$	x_{kj}	$\cdots$	x_{kn}	$T_k.$	$\overline{x}_k.$
合计							T	$\overline{x}$

表中 x_{ij} 表示第 i 个水平的第 j 个观测值($i=1,2,\cdots,k$;$j=1,2,\cdots,n$);$T_i.=\sum\limits_{j=1}^{n}x_{ij}$ 表示第 i 个水平下 n 个观测值的和;$T=\sum\limits_{i=1}^{k}\sum\limits_{j=1}^{n}x_{ij}=\sum\limits_{i=1}^{k}x_i.$ 表示全部观测值的总和;$\overline{x}_i.=\sum\limits_{j=1}^{n}x_{ij}/n=T_i./n$ 表示第 i 个处理的平均数;$\overline{x}=\sum\limits_{i=1}^{k}\sum\limits_{j=1}^{n}x_{ij}/kn=T/kn$ 表示全部观测值的总平均数.

对这些数据做如下假定:

(1) 由于在同一水平下观测值的变化是由随机因素引起的,故可假设在水平 A_i 下的样本观测值 x_{ij} 来源于同一正态总体 X_i;

(2) 假定所有的正态总体 X_i($i=1,2,\cdots,k$)都有相同的方差 σ^2,这种性质称为方差齐性;

(3) 所有数据相互独立.

根据以上假设,设

$$X_i \sim N(\mu,\sigma^2),\ i=1,2,\cdots,k,$$

则

$$x_{ij} \sim N(\mu,\sigma^2),\ i=1,2,\cdots,k;j=1,2,\cdots,n.$$

记 $\varepsilon_{ij}=x_{ij}-\mu_i$,将其视为随机误差,则

$$x_{ij}=\mu_i+\varepsilon_{ij}, \tag{5.2.1}$$

其中各 ε_{ij} 相互独立,且 $\varepsilon_{ij}\sim N(0,\sigma^2)$,$i=1,2,\cdots,k$,$j=1,2,\cdots,n$. μ_i 表示第 i 个水平观测值总体的平均数. 为了看出各水平观测值的影响大小,将 μ_i 再次分解为

$$\mu=\frac{1}{k}\sum_{i=1}^{k}\mu_i,\ \alpha_i=\mu_i-\mu,$$

则有
$$x_{ij}=\mu+\alpha_i+\varepsilon_{ij}. \tag{5.2.2}$$

其中 μ 表示全部试验观测值总体的平均数,α_i 是第 i 个水平的效应,表示水平 i 对试验结果产生的影响. 显然有

$$\sum_{i=1}^{k}\alpha_i=0. \tag{5.2.3}$$

式(5.2.2)叫作单因素试验的线性模型,亦称数学模型. 在这个模型中,x_{ij} 为总平均数 μ、处理效应 α_i 和试验误差 ε_{ij} 之和,这种性质称为效应的可加性. 所以,单因素试验的数学模型可归纳为效应的可加性、分布的正态性和方差齐性,这也是进行其他类型方差分析的前提或基本假定.

试验的目的是根据观测值来检验因素 A 对试验结果的影响是否显著. 若影响不显著,则所有的观测值 x_{ij} 都可以看作来自相同的总体 $N(\mu,\sigma^2)$,因此要检验的假设是:

$$\mathrm{H}_0:\mu_1=\mu_2=\cdots=\mu_k,\mathrm{H}_1:\mu_1,\mu_2,\cdots,\mu_k\ \text{不全相等}.$$

若拒绝 H_0,则称因素 A 显著;否则,称 A 不显著.

式(5.2.2)检验的假设也可以表示为

$$\mathrm{H}_0:\alpha_1=\alpha_2=\cdots=\alpha_k=0,\ \mathrm{H}_1:\alpha_1,\alpha_2,\cdots,\alpha_k\ \text{不全为零}.$$

这两种检验问题是等价的.

从以上分析可以看出,方差分析就是检验若干独立正态总体在方差齐性的条件下各均值 μ_i 是否相等,它是两个独立正态总体均值 t 检验的推广.

5.2.2　平方和与自由度

方差与标准差都可以用来度量样本的变异程度,而在方差分析中是用样本方差(即均方)来度量资料的变异程度的. 方差分析的基本思路:将引起数据资料的总变异(总离均差平方和)分解为组间平方和和组内平方和,同时把总自由度也分解成组间自由度与组内自由度两部分,再利用各自的方差构造 F 统计量进行检验.

1. 总平方和的分解

方差分析中全部观测值总变异的总平方和是各观测值 x_{ij} 与总平均数 $\bar{x}$ 的离均差平方和,记作 SS_T,即

$$SS_\mathrm{T}=\sum_{i=1}^{k}\sum_{j=1}^{n}(x_{ij}-\bar{x})^2.$$

因为
$$\begin{aligned}\sum_{i=1}^{k}\sum_{j=1}^{n}(x_{ij}-\bar{x})^2&=\sum_{i=1}^{k}\sum_{j=1}^{n}[(\bar{x}_{i\cdot}-\bar{x})+(x_{ij}-\bar{x}_{i\cdot})]^2\\&=\sum_{i=1}^{k}\sum_{j=1}^{n}[(\bar{x}_{i\cdot}-\bar{x})^2+2(\bar{x}_{i\cdot}-\bar{x})(x_{ij}-\bar{x}_{i\cdot})+(x_{ij}-\bar{x}_{i\cdot})^2]\\&=n\sum_{i=1}^{k}(\bar{x}_{i\cdot}-\bar{x})^2+2\sum_{i=1}^{k}[(\bar{x}_{i\cdot}-\bar{x})\sum_{j=1}^{n}(x_{ij}-\bar{x}_{i\cdot})]+\sum_{i=1}^{k}\sum_{j=1}^{n}(x_{ij}-\bar{x}_{i\cdot})^2.\end{aligned}$$

由于中间项有 $\sum\limits_{j=1}^{n}(x_{ij}-\overline{x}_{i\cdot})=0$,所以上式可以简化为

$$\sum_{i=1}^{k}\sum_{j=1}^{n}(x_{ij}-\overline{x})^2=n\sum_{i=1}^{k}(\overline{x}_{i\cdot}-\overline{x})^2+\sum_{i=1}^{k}\sum_{j=1}^{n}(x_{ij}-\overline{x}_{i\cdot})^2. \tag{5.2.4}$$

式(5.2.4)中等号右边第一项 $n\sum\limits_{i=1}^{k}(\overline{x}_{i\cdot}-\overline{x})^2$ 为各处理平均数 $\overline{x}_{i\cdot}$ 与总平均数 $\overline{x}$ 的离均差平方和与重复数 n 的乘积,反映了重复 n 次的处理间变异,称为处理间平方和,记作 SS_t,即 $SS_t=n\sum\limits_{i=1}^{k}(\overline{x}_{i\cdot}-\overline{x})^2$.

式(5.2.4)中等号右边第二项 $\sum\limits_{i=1}^{k}\sum\limits_{j=1}^{n}(x_{ij}-\overline{x}_{i\cdot})^2$ 为各处理内观测值离差平方和,反映了各处理内的变异(即误差),简称处理内平方和或误差平方和,记作 SS_e,即 $SS_e=\sum\limits_{i=1}^{k}\sum\limits_{j=1}^{n}(x_{ij}-\overline{x}_{i\cdot})^2$.于是有

$$SS_T=SS_t+SS_e \tag{5.2.5}$$

这个关系式中三种平方和的简便计算公式如下:

$$
\begin{aligned}
SS_T&=\sum_{i=1}^{k}\sum_{j=1}^{n}x_{ij}^2-C,\\
SS_t&=\frac{1}{n}\sum_{i=1}^{k}x_{i\cdot}^2-C,\\
SS_e&=SS_T-SS_t,
\end{aligned}
\tag{5.2.6}
$$

其中,$C=\dfrac{T^2}{nk}$ 为矫正数.

2. 总自由度的分解

在计算总平方和时,资料中的各个观测值要受 $\sum\limits_{i=1}^{k}\sum\limits_{j=1}^{n}(x_{ij}-\overline{x})=0$ 这一条件的约束,故总自由度等于资料中观测值的总个数减1,即 $kn-1$.总自由度记作 df_T,即 $df_T=kn-1$.在计算组间平方和时,各组均数 $\overline{x}_{i\cdot}$ 要受 $\sum\limits_{i=1}^{k}(\overline{x}_{i\cdot}-\overline{x})=0$ 这一条件的约束,故组间自由度为组数减1,即 $k-1$.组间自由度记作 df_t,即 $df_t=k-1$.在计算组内平方和时,要受 k 个条件的约束,即 $\sum\limits_{j=1}^{n}(x_{ij}-\overline{x}_{i\cdot})=0,i=1,2,\cdots,k$. 故组内自由度为资料中观测值的总个数减 k,即 $kn-k$.组内自由度记作 df_e,即 $df_e=kn-k=k(n-1)$.所以自由度的分解式为

$$df_T=df_t+df_e. \tag{5.2.7}$$

各部分平方和除以各自的自由度便得到总均方、组间均方和组内均方,分别记作 MS_T,MS_t 和 MS_e,即

$$MS_T=SS_T/df_T,\quad MS_t=SS_t/df_t,\quad MS_e=SS_e/df_e. \tag{5.2.8}$$

5.2.3　F 检验

如果原假设 H_0 是正确的,即 $\mu_1=\mu_2=\cdots=\mu_k$,那么所有的数据 x_{ij} 可以看作来自同一正态总体 $N(\mu,\sigma^2)$,并且是相互独立的.根据抽样分布的理论可知

$$\frac{SS_T}{\sigma^2}=\frac{1}{\sigma^2}\sum_{i=1}^{k}\sum_{j=1}^{n}(x_{ij}-\overline{x})^2\sim\chi^2(nk-1).$$

同理,对各组样本有

$$\frac{1}{\sigma^2}\sum_{j=1}^{n}(x_{ij}-\overline{x}_{i\cdot})^2\sim\chi^2(n_i-1),\ i=1,2,\cdots,k.$$

由 χ^2 分布的可加性知

$$\frac{SS_e}{\sigma^2}=\frac{1}{\sigma^2}\sum_{i=1}^{k}\sum_{j=1}^{n}(x_{ij}-\overline{x}_{i\cdot})^2\sim\chi^2(k(n-1)).$$

可以证明,统计量 SS_t 和 SS_e 是相互独立的,并且

$$\frac{SS_t}{\sigma^2}=\frac{1}{\sigma^2}\sum_{i=1}^{k}n(\overline{x}_{i\cdot}-\overline{x})^2\sim\chi^2(k-1).$$

记 $MS_t=\dfrac{SS_t}{k-1},MS_e=\dfrac{SS_e}{k(n-1)}$,则统计量为

$$F=MS_t/MS_e. \tag{5.2.9}$$

当 H_0 为真时,$F\sim F(k-1,k(n-1))$;当 H_0 为假时,MS_t 有偏大的趋势,而 MS_e 与 H_0 的真假无关,所以在检验水平为 α 时,检验的拒绝域为 $F\geqslant F_\alpha(k-1,k(n-1))$.

在方差分析中,一般检验的显著性水平取 $\alpha=0.05$ 或 $\alpha=0.01$,针对检验结果可能得到以下三种结论:

(1) 若 $F<F_{0.05}(k-1,k(n-1))$,即 $p>0.05$,不能否定 $H_0:\mu_1=\mu_2=\cdots=\mu_k$.统计学上把这一检验结果表述为各处理间差异不显著,在 F 值的右上方标记"ns"或不标记符号.

(2) 若 $F_{0.05}(k-1,k(n-1))\leqslant F<F_{0.01}(k-1,k(n-1))$,即 $0.01<p\leqslant0.05$,则否定 $H_0:\mu_1=\mu_2=\cdots=\mu_k$,接受 $H_1:\mu_1,\mu_2,\cdots,\mu_k$ 不全相等.统计学上把这一检验结果表述为各处理间差异显著,在 F 值的右上方标记"＊".

(3) 若 $F\geqslant F_{0.01}(k-1,k(n-1))$,即 $p\leqslant0.01$,则否定 $H_0:\mu_1=\mu_2=\cdots=\mu_k$,接受 $H_1:\mu_1,\mu_2,\cdots,\mu_k$ 不全相等.统计学上把这一检验结果表述为各处理间差异极显著,并在 F 值的右上方标记"＊＊".

最后根据计算结果,列出如表 5.2.2 所示的方差分析表.

表 5.2.2　方差分析表

方差来源	平方和	自由度	均方	F 值
组间	SS_t	$k-1$	$MS_t=SS_t/(k-1)$	$F=MS_t/MS_e$
误差	SS_e	$k(n-1)$	$MS_e=SS_e/k(n-1)$	
总计	SS_T	$nk-1$		

例 5.2.1 例 5.1.1 中比较 4 种饲料对鱼的饲喂效果的相关数据计算及结果如表 5.2.3 所示.

表 5.2.3 饲喂不同饲料的鱼的增重

单位：g

饲料	鱼的增重（x_{ij}）					合计 $T_{i.}$	平均 $\bar{x}_{i.}$
A_1	31.9	27.9	31.8	28.4	35.9	155.9	31.18
A_2	24.8	25.7	26.8	27.9	26.2	131.4	26.28
A_3	22.1	23.6	27.3	24.9	25.8	123.7	24.74
A_4	27.0	30.8	29.0	24.5	28.5	139.8	27.96
合计	$T=550.8$						

这是一个单因素试验，处理数 $k=4$，重复数 $n=5$. 各项平方和及自由度计算如下：

矫正数 $C=\dfrac{T^2}{nk}=550.8^2/(4\times5)=15169.03$；

总平方和 $SS_T=\sum\sum x_{ij}^2-C=31.9^2+27.9^2+\cdots+28.5^2-C=199.67$；

组间平方和

$SS_t=\dfrac{1}{n}\sum x_{i.}^2-C=\dfrac{1}{5}(155.9^2+131.4^2+123.7^2+139.8^2)-C=114.27$；

组内平方和 $SS_e=SS_T-SS_t=199.67-114.27=85.40$；

总自由度 $df_T=nk-1=5\times4-1=19$；

组间自由度 $df_t=k-1=4-1=3$；

组内自由度 $df_e=df_T-df_t=19-3=16$；

组间均方 $MS_t=\dfrac{SS_t}{df_t}=\dfrac{114.27}{3}=38.09$；

组内均方 $MS_e=\dfrac{SS_e}{df_e}=\dfrac{85.4}{16}=5.34$.

检验统计量 $F=\dfrac{MS_t}{MS_e}=\dfrac{38.09}{5.34}=7.13$.

将数据汇总整理成表 5.2.4 所示的方差分析表.

表 5.2.4 饲料增重效果方差分析表

变异来源	平方和	自由度	均方	F 值
组间	114.27	3	38.09	7.13**
组内	85.40	16	5.34	
总计	199.67	19		

根据方差分析表有 $F=7.13$，查附表 6 得 $F_{0.01}(3,16)=5.29$，$F>F_{0.01}(3,16)$，表明不

同饲料对鱼的增重效果差异极显著,说明用不同的饲料饲喂,鱼的增重效果是不同的.因为经 F 检验差异极显著,故在 F 值 7.13 的右上方标记"**".实际进行方差分析时,只需计算出各项平方和与自由度,各项均方的计算及 F 值检验均可通过方差分析表进行.

5.2.4　多重比较

在方差分析中,当 F 检验的结果显著或极显著时否定无效假设 H_0,表明试验中各处理平均数间存在显著或极显著差异,但这并不意味着任意两个处理间平均数的差异都显著或极显著,因而有必要进行两两处理间平均数的比较,以具体判断任意两个处理间平均数的差异显著性.统计学上把多个平均数两两之间的相互比较称为多重比较.

多重比较的方法很多,常用的有最小显著差数法(LSD 法)和最小显著极差法(LSR 法),现分别介绍如下.

1.最小显著差数法(LSD 法)

基本做法:在 F 检验显著的前提下,先计算出显著水平为 α 的最小显著差数 LSD_α,然后将任意两个处理平均数的差数的绝对值 $|\overline{x}_{i.}-\overline{x}_{j.}|$ 与其比较.若 $|\overline{x}_{i.}-\overline{x}_{j.}|>\mathrm{LSD}_\alpha$,则 $\overline{x}_{i.}$ 与 $\overline{x}_{j.}$ 在 α 水平上差异显著;反之,则在 α 水平上差异不显著.

最小显著差数由下式计算:

$$\mathrm{LSD}_\alpha=t_\alpha(df_e)S_{\overline{x}_{i.}-\overline{x}_{j.}},\qquad (5.2.10)$$

其中 $t_\alpha(df_e)$ 是在误差项自由度 $df_e=k(n-1)$ 下 t 分布的双侧 α 分位数,$S_{\overline{x}_{i.}-\overline{x}_{j.}}$ 为均数差值的标准误,即

$$S_{\overline{x}_{i.}-\overline{x}_{j.}}=\sqrt{2MS_e/n},$$

其中 MS_e 为 F 检验的组内均方,n 为各处理的重复数.

当显著性水平 α 取 0.05 和 0.01 时,从附表 5 中可以分别查出 $t_{0.05}(df_e)$ 和 $t_{0.01}(df_e)$,代入式(5.2.10)得

$$\mathrm{LSD}_{0.05}=t_{0.05}(df_e)S_{\overline{x}_{i.}-\overline{x}_{j.}},$$
$$\mathrm{LSD}_{0.01}=t_{0.01}(df_e)S_{\overline{x}_{i.}-\overline{x}_{j.}}.\qquad (5.2.11)$$

利用 LSD 法进行多重比较时,可按如下步骤进行:

(1) 列出平均数的多重比较表,比较表中各组平均数,按从大到小的顺序自上而下排列平均数;

(2) 计算最小显著差数 $\mathrm{LSD}_{0.05}$ 和 $\mathrm{LSD}_{0.01}$;

(3) 将平均数多重比较表中两两平均数的差数与 $\mathrm{LSD}_{0.05}$ 和 $\mathrm{LSD}_{0.01}$ 进行比较,做出统计推断.

例 5.2.2　对于例 5.1.1,各处理的多重比较如表 5.2.5 所示.

表 5.2.5 4 种饲料平均增重的多重比较(LSD 法)

	平均数 $\bar{x}_{i.}$	$\bar{x}_{i.} - 24.74$	$\bar{x}_{i.} - 26.28$	$\bar{x}_{i.} - 27.96$
A_1	31.18	6.44**	4.90**	3.22*
A_4	27.96	3.22*	1.68	
A_2	26.28	1.54		
A_3	24.74			

因为 $S_{\bar{x}_{i.} - \bar{x}_{j.}} = \sqrt{2MS_e/n} = \sqrt{2 \times 5.34/5} = 1.462$,查附表 5 得 $t_{0.05}(16) = 2.120$,$t_{0.01}(16) = 2.921$. 所以显著性水平为 0.05 与 0.01 的最小显著差数为

$$\mathrm{LSD}_{0.05} = t_{0.05}(16)S_{\bar{x}_{i.} - \bar{x}_{j.}} = 2.120 \times 1.462 = 3.099,$$

$$\mathrm{LSD}_{0.01} = t_{0.01}(16)S_{\bar{x}_{i.} - \bar{x}_{j.}} = 2.921 \times 1.462 = 4.271.$$

将表 5.2.5 中的差数分别与 $\mathrm{LSD}_{0.05}$ 和 $\mathrm{LSD}_{0.01}$ 做比较:小于 $\mathrm{LSD}_{0.05}$ 者不显著,在差数的右上方标记"ns"或不标记符号;介于 $\mathrm{LSD}_{0.05}$ 与 $\mathrm{LSD}_{0.01}$ 之间者显著,在差数的右上方标记"*";大于 $\mathrm{LSD}_{0.01}$ 者极显著,在差数的右上方标记"**". 检验结果表明:A_1 饲料对鱼的增重效果极显著高于 A_2 和 A_3,显著高于 A_4;A_4 饲料对鱼的增重效果显著高于 A_3 饲料;A_4 与 A_2、A_2 与 A_3 的增重效果差异不显著,以 A_1 饲料对鱼的增重效果最佳.

2. 最小显著极差法(LSR 法)

LSR 法的特点是把平均数的差数看作平均数的极差,根据极差范围内所包含的处理数(称为秩次距)k 的不同而采用不同的检验尺度,以克服 LSD 法的不足. 这些在显著性水平 α 上依秩次距 k 的不同而采用的不同的检验尺度叫作最小显著极差法,常用的 LSR 法有 q 检验法和新复极差法两种.

(1) q 检验法.

此方法以统计量 q 的概率分布为基础,q 分布依赖于误差自由度 df_e 及秩次距 k. 记

$$\mathrm{LSR}_\alpha = q_\alpha(df_e, k)S_{\bar{x}}, \qquad (5.2.12)$$

LSR_α 即 α 水平上的最小显著极差. 给定显著性水平 0.05 和 0.01,从附表 7 中根据自由度 df_e 及秩次距 k 查出 $q_{0.05}(df_e, k)$ 和 $q_{0.01}(df_e, k)$ 并代入式(5.2.12)得

$$\mathrm{LSR}_{0.05} = q_{0.05}(df_e, k)S_{\bar{x}},$$

$$\mathrm{LSR}_{0.01} = q_{0.01}(df_e, k)S_{\bar{x}}. \qquad (5.2.13)$$

利用 q 检验法进行多重比较时,将极差与 LSR_α 比较,从而做出统计推断. 具体可按如下步骤进行:

① 首先按照从大到小的顺序列出平均数多重比较表;

② 根据自由度 df_e、秩次距 k 查临界 q 值,计算最小显著极差 $\mathrm{LSR}_{0.05}$ 和 $\mathrm{LSR}_{0.01}$;

③ 将平均数多重比较表中的各极差与相应的最小显著极差 $\mathrm{LSR}_{0.05}$ 和 $\mathrm{LSR}_{0.01}$ 进行比较,做出统计推断.

例 5.2.3 对于例 5.1.1,各处理的平均数从大到小依次为 $A_1 > A_4 > A_2 > A_3$,进行多

重比较时它们之间的秩次距如表 5.2.6 所示.

表 5.2.6 例 5.1.1 秩次距表

	平均数	A_3	A_2	A_4
A_1	31.18	4	3	2
A_4	27.96	3	2	
A_2	26.28	2		

由于 $MS_e=5.34$,故标准误 $S_{\bar{x}}$ 为

$$S_{\bar{x}}=\sqrt{MS_e/n}=\sqrt{5.34/5}=1.033,$$

根据 $df_e=16,k=2,3,4$,由附表 7 查出 $\alpha=0.05,0.01$ 水平下的临界 q 值,乘以标准误 $S_{\bar{x}}$ 求得各最小显著极差,相应结果列于表 5.2.7 中.

表 5.2.7 q 值及 LSR 值

df_e	秩次距 k	$q_{0.05}$	$q_{0.01}$	$\text{LSR}_{0.05}$	$\text{LSR}_{0.01}$
	2	3.00	4.13	3.099	4.266
16	3	3.65	4.79	3.770	4.948
	4	4.05	5.19	4.184	5.361

根据表 5.2.7,用 q 检验法对例 5.1.1 资料进行多重比较,结果如表 5.2.8 所示.

表 5.2.8 饲喂 4 种饲料鱼的平均增重的多重比较表(q 检验法)

	平均数 $\bar{x}_{i\cdot}$	$\bar{x}_{i\cdot}-24.74$	$\bar{x}_{i\cdot}-26.28$	$\bar{x}_{i\cdot}-27.96$
A_1	31.18	6.44**	4.90*	3.22*
A_4	27.96	3.22	1.68	
A_2	26.28	1.54		
A_3	24.74			

检验结果:A_1 饲料对鱼的增重效果极显著地高于 A_3 饲料,显著高于 A_2 和 A_4 饲料,其余饲料间增重效果的差异不显著.

(2)新复极差法.

新复极差法由邓肯(Duncan)于 1955 年提出,故又称 Duncan 法,还称为 SSR 法.

新复极差法与 q 检验法的检验步骤相同,唯一不同的是计算最小显著极差时需查 SSR 表(附表 8),其最小显著极差的计算公式为

$$\text{LSR}_\alpha=\text{SSR}_\alpha(df_e,k)S_{\bar{x}}. \tag{5.2.14}$$

其中 $\text{SSR}_\alpha(df_e,k)$ 是根据显著性水平 α、误差自由度 df_e、秩次距 k,由附表 8 查得,其最小显著极差为

$$LSR_{0.05} = SSR_{0.05}(df_e, k)S_{\bar{x}},$$
$$LSR_{0.01} = SSR_{0.01}(df_e, k)S_{\bar{x}},$$

(5.2.15)

其中 $S_{\bar{x}} = \sqrt{MS_e/n}$.

例 5.2.4 对于例 5.1.1，已算出 $S_{\bar{x}} = 1.033$，依 $df_e = 16, k = 2, 3, 4$，由附表 8 分别查得临界 $SSR_{0.05}(16, k)$ 和 $SSR_{0.01}(16, k)$ 的值，求得各最小显著极差，所得结果列于表 5.2.9 中.

表 5.2.9 SSR 值与 LSR 值

df_e	秩次距 k	$SSR_{0.05}$	$SSR_{0.01}$	$LSR_{0.05}$	$LSR_{0.01}$
16	2	3.00	4.13	3.099	4.266
	3	3.15	4.34	3.254	4.483
	4	3.23	4.45	3.337	4.597

现根据表 5.2.9 用新复极差法检验平均数之间的差异显著性，结果如表 5.2.10 所示.

表 5.2.10 4 种饲料平均增重的多重比较表（SSR 法）

	平均数 $\bar{x}_{i.}$	$\bar{x}_{i.} - 24.74$	$\bar{x}_{i.} - 26.28$	$\bar{x}_{i.} - 27.96$
A_1	31.18	6.44**	4.90**	3.22*
A_4	27.96	3.22	1.68	
A_2	26.28	1.54		
A_3	24.74			

由表 5.2.10 可见，A_1 饲料对鱼的平均增重极显著地高于 A_2 和 A_3 饲料，显著高于 A_4 饲料；A_4, A_2, A_3 三种饲料对鱼的平均增重差异不显著. 4 种饲料中，A_1 饲料对鱼的增重效果最好.

对比所用的这三种多重比较检验方法，可以发现当 $k = 2$ 时，LSD 法、SSR 法和 q 检验法的显著尺度是相同的；当 $k \geq 3$ 时，LSD 法的界值最低，即最敏感，q 检验法的界值最高，SSR 法居中，即这三种检验方法的检验尺度各不相同. 在实际研究工作中，对于精度要求高的试验应用 q 检验法，一般试验可用 SSR 法，当试验中各组皆与对照组进行比较时可用 LSD 法.

§5.3 双因素方差分析

单因素方差分析中只考虑一个因素对试验指标的影响. 但在实际问题中，影响试验指标的因素往往不止一个，而是有两个或者更多，例如产品质量可能不仅依赖生产工艺，还依赖原材料的质量等，这时分析因素的作用就要用到多因素方差分析.

根据因素对试验结果的影响是否独立，可以将双因素方差分析分为两种类型：当两因素对试验结果的影响相互独立时,即两因素不相互作用对响应变量产生效应,称为无交互作用的双因素方差分析;当两因素对试验结果的影响相互不独立时,即两因素的相互作用对响应变量产生一种新的效应,称为有交互作用的双因素方差分析.在双因素方差分析中,需要对因素的主效应和因素间的交互作用进行分析.

5.3.1　不考虑交互作用的双因素试验方差分析(无重复试验情形)

如果根据生产经验或有关专业知识,知道因素 A 与因素 B 之间不存在交互作用,或者它们之间的交互作用不显著,仅需要分析因素 A 与因素 B 各自对试验结果的影响是否显著,那么可以设计双因素无重复试验,即在各种水平组合下只进行一次试验,这样可以大大减少试验次数,降低试验成本,试验结果的分析也随之简化.

假设因素 A 有 a 个水平,因素 B 有 b 个水平,由于因素 A 和因素 B 对指标的作用是相互独立的,因此只需要在每个水平组合下做一次试验得到一个观测值 $x_{ij}(i=1,2,\cdots,a;j=1,2,\cdots,b)$,全部试验共有 ab 个观测值,其数据模式见表 5.3.1.

表 5.3.1　无重复观测值的双因素数据模式

因素 A	因素 B						合计 $T_{i\cdot}$	平均 $\overline{x}_{i\cdot}$
	B_1	B_2	$\cdots$	B_j	$\cdots$	B_b		
A_1	x_{11}	x_{12}	$\cdots$	x_{1j}	$\cdots$	x_{1b}	$T_{1\cdot}$	$\overline{x}_{1\cdot}$
A_2	x_{21}	x_{22}	$\cdots$	x_{2j}	$\cdots$	x_{2b}	$T_{2\cdot}$	$\overline{x}_{2\cdot}$
$\cdots$	$\cdots$	$\cdots$	$\cdots$	$\cdots$	$\cdots$	$\cdots$	$\cdots$	$\cdots$
A_i	x_{i1}	x_{i2}	$\cdots$	x_{ij}	$\cdots$	x_{ib}	$T_{i\cdot}$	$\overline{x}_{i\cdot}$
$\cdots$	$\cdots$	$\cdots$	$\cdots$	$\cdots$	$\cdots$	$\cdots$	$\cdots$	$\cdots$
A_a	x_{a1}	x_{a2}	$\cdots$	x_{aj}	$\cdots$	x_{ab}	$T_{a\cdot}$	$\overline{x}_{a\cdot}$
合计 $T_{\cdot j}$	$T_{\cdot 1}$	$T_{\cdot 2}$	$\cdots$	$T_{\cdot j}$	$\cdots$	$T_{\cdot b}$	T	$\overline{x}$
平均 $\overline{x}_{\cdot j}$	$\overline{x}_{\cdot 1}$	$\overline{x}_{\cdot 2}$	$\cdots$	$\overline{x}_{\cdot j}$	$\cdots$	$\overline{x}_{\cdot b}$		

无交互作用双因素无重复试验的方差分析数学模型为

$$x_{ij}=\mu+\alpha_i+\beta_j+\varepsilon_{ij},i=1,2,\cdots,a;j=1,2,\cdots,b. \tag{5.3.1}$$

其中 $\mu=\dfrac{1}{ab}\sum\limits_{i=1}^{a}\sum\limits_{j=1}^{b}\mu_{ij}$ 为理论总均值,表示 ab 个总体的数学期望的总平均;α_i 为因素 A 的第 i 个水平 A_i 对试验结果的效应;β_j 为因素 B 的第 j 个水平 B_j 对试验结果的效应.易知 $\sum\limits_{i=1}^{a}\alpha_i=0,\sum\limits_{j=1}^{b}\beta_j=0,\varepsilon_{ij}\sim N(0,\sigma^2)$ 且相互独立,这里 μ,α_i,β_j 及 σ^2 都是未知参数.

给定显著性水平 α,需检验以下两个假设:

$$\mathrm{H}_{01}:\alpha_1=\alpha_2=\cdots=\alpha_a=0,$$

$$\mathrm{H}_{02}:\beta_1=\beta_2=\cdots=\beta_b=0.$$

沿用前面的记号:

$$\overline{x} = \frac{1}{ab}\sum_{i=1}^{a}\sum_{j=1}^{b}x_{ij}, \quad \overline{x}_{i\cdot} = \frac{1}{b}\sum_{j=1}^{b}x_{ij}, \quad \overline{x}_{\cdot j} = \frac{1}{a}\sum_{i=1}^{a}x_{ij};$$

$$T_{i\cdot} = \sum_{j=1}^{b}x_{ij}, \quad T_{\cdot j} = \sum_{i=1}^{a}x_{ij}, \quad T = \sum_{i=1}^{a}\sum_{j=1}^{b}x_{ij}.$$

仿照单因素试验方差分析的平方和分解,此时总平方和 SS_T 的分解公式为

$$SS_T = \sum_{i=1}^{a}\sum_{j=1}^{b}(x_{ij} - \overline{x})^2 = SS_A + SS_B + SS_e. \tag{5.3.2}$$

其中 $SS_A = \sum_{i=1}^{a}\sum_{j=1}^{b}(\overline{x}_{i\cdot} - \overline{x})^2$ 为因素 A 的平方和;$SS_B = \sum_{i=1}^{a}\sum_{j=1}^{b}(\overline{x}_{\cdot j} - \overline{x})^2$ 为因素 B 的平方

和;$SS_e = \sum_{i=1}^{a}\sum_{j=1}^{b}(x_{ij} - \overline{x}_{i\cdot} - \overline{x}_{\cdot j} + \overline{x})^2$ 为误差平方和,它是从总的差异平方和中减去由因

素 A、因素 B 引起的差异后剩余的部分,在不考虑其他作用的情况下,剩下的部分只能认为是由误差引起的,所以称 SS_e 为误差平方和.

平方和与自由度的具体分解如下:令 $C = \dfrac{T^2}{ab}$ 为矫正数,则

总平方和为
$$SS_T = \sum_{i=1}^{a}\sum_{j=1}^{b}(x_{ij} - \overline{x})^2 = \sum_{i=1}^{a}\sum_{j=1}^{b}x_{ij}^2 - C;$$

因素 A 的平方和为
$$SS_A = \sum_{i=1}^{a}\sum_{j=1}^{b}(\overline{x}_{i\cdot} - \overline{x})^2 = \frac{1}{b}\sum_{i=1}^{a}T_{i\cdot}^2 - C;$$

因素 B 的平方和为
$$SS_B = \sum_{i=1}^{a}\sum_{j=1}^{b}(\overline{x}_{\cdot j} - \overline{x})^2 = \frac{1}{a}\sum_{j=1}^{b}T_{\cdot j}^2 - ;$$

误差平方和为
$$SS_e = \sum_{i=1}^{a}\sum_{j=1}^{b}(x_{ij} - \overline{x}_{i\cdot} - \overline{x}_{\cdot j} + \overline{x})^2 = SS_T - SS_A - SS_B.$$

相应地自由度分解为:总自由度 $df_T = ab-1$;A 因素自由度 $df_A = a-1$;B 因素自由度 $df_B = b-1$;误差自由度 $df_e = (a-1)(b-1)$.

可以证明,当原假设 H_{01} 成立时,有

$$F_A = \frac{SS_A/(a-1)}{SS_e/(a-1)(b-1)} = \frac{MS_A}{MS_e} \sim F(a-1, (a-1)(b-1)). \tag{5.3.3}$$

当原假设 H_{02} 成立时,有

$$F_B = \frac{SS_B/(b-1)}{SS_e/(a-1)(b-1)} = \frac{MS_B}{MS_e} \sim F(b-1, (a-1)(b-1)). \tag{5.3.4}$$

因此,对于给定的显著性水平 α,若 $F_A \geqslant F_\alpha(a-1, (a-1)(b-1))$,则拒绝 H_{01},否则接受 H_{01}.若 $F_B \geqslant F_\alpha(b-1, (a-1)(b-1))$,则拒绝 H_{02},否则接受 H_{02}.整个检验过程及计算结果可以用表 5.3.2 表示.

表 5.3.2　双因素无重复试验方差分析表

方差来源	平方和	自由度	均方	F 值
因素 A	SS_A	$a-1$	$MS_A=SS_A/(a-1)$	$F_A=MS_A/MS_e$
因素 B	SS_B	$b-1$	$MS_B=SS_B/(b-1)$	$F_B=MS_B/MS_e$
误差	SS_e	$(a-1)(b-1)$	$MS_e=SS_e/(a-1)(b-1)$	
总计	SS_T	$ab-1$		

例 5.3.1　现有 4 窝不同品系未成年的大白鼠,每窝 3 只,为研究雌激素对子宫发育的影响,随机地对大白鼠注射不同剂量的雌激素,然后在相同条件下试验称得它们的子宫重量,具体数据见表 5.3.3,试做方差分析.

表 5.3.3　各品系大白鼠注射不同剂量雌激素后的子宫重量

品系	雌激素剂量			合计 $T_i.$	平均 $\overline{x}_i.$
	$B_1(0.2)$	$B_2(0.4)$	$B_3(0.8)$		
A_1	106	116	145	367	122.3
A_2	42	68	115	225	75
A_3	70	111	133	314	104.7
A_4	42	63	87	192	64
合计 $T._j$	260	358	480	$T=1098$	
平均 $\overline{x}._j$	65	89.5	120		

解　本问题是双因素无重复试验,不考虑交互作用,检验的假设如下:
$$H_{01}:\alpha_1=\alpha_2=\alpha_3=\alpha_4=0,$$
$$H_{02}:\beta_1=\beta_2=\beta_3=0.$$

具体计算结果为 $SS_T=13075.00$,$SS_A=6457.67$,$SS_B=6074.00$,$SS_e=SS_T-SS_A-SS_B=543.33$;自由度分别为 $df_T=11$,$df_A=3$,$df_B=2$,$df_e=6$.列出方差分析表如表 5.3.4 所示,进行 F 检验.

表 5.3.4　方差分析表

方差来源	平方和	自由度	均方	F 值
因素 A	6457.67	3	2152.56	23.77**
因素 B	6074.00	2	3037.00	33.54**
误差	543.33	6	90.56	
总和	13075.00	11		

由附表 6 查得 F 分布分位数 $F_{0.01}(3,6)=9.78$,$F_{0.01}(2,6)=10.92$,由于 $F_A=23.77>F_{0.01}(3,6)$,$F_B=33.54>F_{0.01}(2,6)$,说明不同品系和注射不同剂量雌激素对大白鼠子宫的

发育有极显著影响.

进一步,也可以仿照单因素方差分析对平均测定结果进行多重比较,具体做法可参见相关资料.

5.3.2 考虑交互作用的双因素试验方差分析(等重复试验情形)

在双因素方差分析中,如果两个因素之间的不同水平的联合搭配对指标产生影响,就称这两个因素之间存在交互作用.因素之间的交互作用总是存在的,这是客观现象,只是交互作用的程度各不相同.交互作用显著与否关系到主效应的利用价值,有时交互作用相当大,甚至可以忽略主效应.两个因素之间是否存在交互作用可以根据图形、专业知识或统计方法判断,例如可以通过图 5.3.1 直观判断因素 A 与因素 B 之间的交互作用.

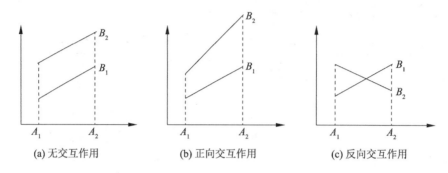

(a) 无交互作用　　　　　(b) 正向交互作用　　　　　(c) 反向交互作用

图 5.3.1　两个因素之间交互作用的示意图

假设试验中的可控因素是 A,B 两个因素,因素 A 有 a 个水平,因素 B 有 b 个水平,每对水平组合 (A_i,B_j) 下的试验观测值为 $x_{ij}(i=1,2,\cdots,a;j=1,2,\cdots,b)$.假定 $x_{ij}(i=1,2,\cdots,a;j=1,2,\cdots,b)$ 相互独立,且均服从 $N(\mu_{ij},\sigma^2)$,即共有 ab 个总体.现对每对水平组合 $(A_i,B_j)(i=1,2,\cdots,a;j=1,2,\cdots,b)$ 都做 $r(r\geqslant2)$ 次独立试验,即对每个总体 x_{ij} 进行 r 次独立重复试验,样本观测结果用 $x_{ijk}(k=1,2,\cdots,r)$ 来表示,如表 5.3.5 所示.

表 5.3.5　双因素等重复试验的数据模式

因素 A	因素 B			
	B_1	B_2	$\cdots$	B_b
A_1	$x_{111},\cdots,x_{11r}$	$x_{121},\cdots,x_{12r}$	$\cdots$	$x_{1b1},\cdots,x_{1br}$
A_2	$x_{211},\cdots,x_{21r}$	$x_{221},\cdots,x_{22r}$	$\cdots$	$x_{2b1},\cdots,x_{2br}$
$\cdots$	$\cdots$	$\cdots$	$\cdots$	$\cdots$
A_a	$x_{a11},\cdots,x_{a1r}$	$x_{a21},\cdots,x_{a2r}$	$\cdots$	$x_{ab1},\cdots,x_{abr}$

注:其中 $x_{ijk}\sim N(\mu_{ij},\sigma^2)(i=1,2,\cdots,a;j=1,2,\cdots,b;k=1,2,\cdots,r)$.

下面根据样本观测值检验因素 A、因素 B 及交互作用 $I=A\times B$ 对试验结果是否有显著影响.

由于 $x_{ijk}\sim N(\mu_{ij},\sigma^2)(k=1,2,\cdots,r)$,令 $\varepsilon_{ijk}=x_{ijk}-\mu_{ij}$,则 $\varepsilon_{ijk}\sim N(0,\sigma^2)$,且 $\varepsilon_{ijk}(i=1,2,\cdots,a;j=1,2,\cdots,b;k=1,2,\cdots,r)$ 相互独立,它们是重复试验中产生的随机误差,所以

有如下数据结构：

$$x_{ijk}=\mu_{ij}+\varepsilon_{ijk}(i=1,2,\cdots,a;j=1,2,\cdots,b;k=1,2,\cdots,r).$$

为讨论方便，引入记号：

(1) 记 $\mu=\dfrac{1}{ab}\sum\limits_{i=1}^{a}\sum\limits_{j=1}^{b}\mu_{ij}$ 为理论总均值，表示 ab 个总体的数学期望的总平均.

(2) 记 $\mu_{i\cdot}=\dfrac{1}{b}\sum\limits_{j=1}^{b}\mu_{ij}$，$\alpha_i=\mu_{i\cdot}-\mu(i=1,2,\cdots,a)$；

$$\mu_{\cdot j}=\frac{1}{a}\sum_{i=1}^{a}\mu_{ij},\beta_j=\mu_{\cdot j}-\mu(j=1,2,\cdots,b).$$

其中称 α_i 为因素 A 的第 i 个水平 A_i 对试验结果的效应；β_j 为因素 B 的第 j 个水平 B_j 对试验结果的效应. 易知 $\sum\limits_{i=1}^{a}\alpha_i=0,\sum\limits_{j=1}^{b}\beta_j=0$.

(3) 记 $\gamma_{ij}=(\mu_{ij}-\mu)-(\mu_{i\cdot}-\mu)-(\mu_{\cdot j}-\mu)$，即 $\gamma_{ij}=(\mu_{ij}-\mu)-\alpha_i-\beta_j$，式中 γ_{ij} 为交互效应，即因素 A 与因素 B 对试验结果的交互作用，通常把它设想为某个新因素的效应，记作 $A\times B$，也称为因素 A 与因素 B 对试验结果的交互作用. 易验证，

$$\sum_{i=1}^{a}\gamma_{ij}=0\ (j=1,2,\cdots,b),\quad \sum_{j=1}^{b}\gamma_{ij}=0\ (i=1,2,\cdots,a).$$

因此可以得到等重复试验具有交互作用的双因素方差分析的数学模型为

$$x_{ijk}=\mu+\alpha_i+\beta_j+\gamma_{ij}+\varepsilon_{ijk},\tag{5.3.5}$$

其中 $\varepsilon_{ijk}\sim N(0,\sigma^2)$ 且相互独立 $(i=1,2,\cdots,a;j=1,2,\cdots,b;k=1,2,\cdots,r)$；$\sum\limits_{i=1}^{a}\alpha_i=0$，$\sum\limits_{j=1}^{b}\beta_j=0,\sum\limits_{i=1}^{a}\gamma_{ij}=0\ (j=1,2,\cdots,b),\sum\limits_{j=1}^{b}\gamma_{ij}=0\ (i=1,2,\cdots,a)$；$\mu,\alpha_i,\beta_j,\gamma_{ij}$ 及 σ^2 都是未知参数.

给定显著性水平 α，需检验以下三个假设：

$$H_{01}:\alpha_1=\alpha_2=\cdots=\alpha_a=0,$$
$$H_{02}:\beta_1=\beta_2=\cdots=\beta_b=0,$$
$$H_{03}:\gamma_{11}=\cdots=\gamma_{ij}=\cdots=\gamma_{ab}=0.$$

与单因素方差分析类似，记总偏差平方和为

$$SS_T=\sum_{i=1}^{a}\sum_{j=1}^{b}\sum_{k=1}^{r}(x_{ijk}-\overline{x})^2.$$

其中 $\overline{x}=\dfrac{1}{abr}\sum\limits_{i=1}^{a}\sum\limits_{j=1}^{b}\sum\limits_{k=1}^{r}x_{ijk}$ 为总的样本均值，SS_T 表示全体样本观测值 x_{ijk} 对 $\overline{x}$ 的偏差平方和.

引入记号 $\overline{x}_{ij\cdot}=\dfrac{1}{r}\sum\limits_{k=1}^{r}x_{ijk},\overline{x}_{i\cdot\cdot}=\dfrac{1}{br}\sum\limits_{j=1}^{b}\sum\limits_{k=1}^{r}x_{ijk},\overline{x}_{\cdot j\cdot}=\dfrac{1}{ar}\sum\limits_{i=1}^{a}\sum\limits_{k=1}^{r}x_{ijk}$. 可以证明，总平方和 SS_T 可以分解为

$$SS_T=SS_A+SS_B+SS_{A\times B}+SS_e.\tag{5.3.6}$$

其中 $SS_A = \sum\limits_{i=1}^{a}\sum\limits_{j=1}^{b}\sum\limits_{k=1}^{r}(\overline{x}_{i..}-\overline{x})^2 = br\sum\limits_{i=1}^{a}(\overline{x}_{i..}-\overline{x})^2$ 为因素 A 的偏差平方和,反映了因素 A 的不同水平所引起的系统误差;$SS_B = \sum\limits_{i=1}^{a}\sum\limits_{j=1}^{b}\sum\limits_{k=1}^{r}(\overline{x}_{.j.}-\overline{x})^2 = ar\sum\limits_{j=1}^{b}(\overline{x}_{.j.}-\overline{x})^2$ 为因素 B 的偏差平方和,反映了因素 B 的不同水平所引起的系统误差;$SS_{A\times B} = \sum\limits_{i=1}^{a}\sum\limits_{j=1}^{b}\sum\limits_{k=1}^{r}(\overline{x}_{ij.}-\overline{x}_{i..}-\overline{x}_{.j.}+\overline{x})^2$ 为因素 A 与因素 B 的交互作用 $A\times B$ 的偏差平方和,反映了因素 A 与因素 B 的不同水平的交互作用所引起的系统误差;$SS_e = \sum\limits_{i=1}^{a}\sum\limits_{j=1}^{b}\sum\limits_{k=1}^{r}(x_{ijk}-\overline{x}_{ij.})^2$ 为误差平方和,反映了试验过程中各种随机因素所引起的随机误差.

自由度分别为:总自由度 $df_T = abr-1$,因素 A 自由度 $df_A = a-1$,因素 B 自由度 $df_B = b-1$,交互作用自由度 $df_{A\times B} = (a-1)(b-1)$,误差项自由度 $df_e = ab(r-1)$.

定义因素 A、因素 B、交互作用 $A\times B$ 及随机误差的均方分别为

$$MS_A = \frac{SS_A}{a-1}, \quad MS_B = \frac{SS_B}{b-1}, \quad MS_{A\times B} = \frac{SS_{A\times B}}{(a-1)(b-1)}, \quad MS_e = \frac{SS_e}{ab(r-1)},$$

进一步可以计算检验统计量

$$F_A = \frac{MS_A}{MS_e} = \frac{SS_A/(a-1)}{SS_e/ab(r-1)},$$

$$F_B = \frac{MS_B}{MS_e} = \frac{SS_B/(b-1)}{SS_e/ab(r-1)},$$

$$F_{A\times B} = \frac{MS_{A\times B}}{MS_e} = \frac{SS_{A\times B}/(a-1)(b-1)}{SS_e/ab(r-1)}.$$

可以证明,若原假设 H_{01} 为真,则有 $F_A \sim F(a-1,ab(r-1))$;若 H_{01} 不为真,则 F_A 的值会偏大.当 $F_A \geq F_\alpha(a-1,ab(r-1))$ 时拒绝 H_{01},此时可以认为因素 A 的作用显著,否则接受 H_{01},认为因素 A 的作用不显著.同理,当 $F_B \geq F(b-1,ab(r-1))$ 时拒绝 H_{02},认为因素 B 的作用显著,否则接受 H_{02},认为因素 B 的作用不显著.若原假设 H_{03} 为真,则有 $F_{A\times B} \sim F((a-1)(b-1),ab(r-1))$;若 H_{03} 不为真,则 $F_{A\times B}$ 的值会偏大,当 $F_{A\times B} \geq F_\alpha((a-1)(b-1),ab(r-1))$ 时拒绝 H_{03},认为交互作用显著,否则接受 H_{03},此时认为交互作用不显著.

所有结果可以用表 5.3.6 所示的方差分析表表示.

表 5.3.6　双因素等重复试验方差分析表

方差来源	平方和	自由度	均方	F 值
因素 A	SS_A	$a-1$	$MS_A = SS_A/(a-1)$	$F_A = MS_A/MS_e$
因素 B	SS_B	$b-1$	$MS_B = SS_B/(b-1)$	$F_B = MS_B/MS_e$
交互作用 $A\times B$	$SS_{A\times B}$	$(a-1)(b-1)$	$MS_{A\times B} = SS_{A\times B}/(a-1)(b-1)$	$F_{A\times B} = MS_{A\times B}/MS_e$
误差	SS_e	$ab(r-1)$	$MS_e = SS_e/ab(r-1)$	
总和	SS_T	$abr-1$		

在具体计算时,应先检验交互作用是否显著,即先计算 $F_{A\times B}$. 若交互作用显著,则进行各因素简单效应的显著性检验;若交互作用不显著,则将 $SS_{A\times B}$ 并入 SS_e 中,作为误差平方和,自由度也做相应合并,即

$$SS'_e = SS_{A\times B} + SS_e,$$
$$df'_e = (a-1)(b-1) + ab(r-1) = abr - a - b + 1.$$

此时检验统计量变为

$$F'_A = \frac{SS_A/(a-1)}{SS'_e/(abr-a-b+1)},$$
$$F'_B = \frac{SS_B/(b-1)}{SS'_e/(abr-a-b+1)}.$$

例 5.3.2 某车间记录了甲、乙、丙三位工人在四台不同的车床上操作三天的产量,具体数据如表 5.3.7 所示. 试分析:

(1) 不同工人操作之间的差异是否显著?

(2) 机床之间的差异是否显著?

(3) 两个因素之间的交互作用是否显著?($\alpha=0.05$)

表 5.3.7　三位工人在四台不同车床操作的产量数据

工人	车床编号			
	B_1	B_2	B_3	B_4
A_1	15,15,17	17,17,17	15,17,16	18,20,22
A_2	19,19,16	15,15,15	18,17,16	15,16,17
A_3	16,18,21	19,22,22	18,18,18	17,17,17

解 由题意知 $a=3, b=4, r=3$,所需检验的假设分别为

$$H_{01}: \alpha_1 = \alpha_2 = \alpha_3 = 0,$$
$$H_{02}: \beta_1 = \beta_2 = \beta_3 = \beta_4 = 0,$$
$$H_{03}: \gamma_{11} = \cdots = \gamma_{ij} = \cdots = \gamma_{34} = 0 (i=1,2,3; j=1,2,3,4).$$

由数据计算得:$T_{11.} = 47, T_{12.} = 51, T_{13.} = 48, T_{14.} = 60; T_{21.} = 54, T_{22.} = 45,$ $T_{23.} = 51, T_{24.} = 48; T_{31.} = 55, T_{32.} = 63, T_{33.} = 54, T_{34.} = 51; T_{.1.} = 156, T_{.2.} = 159,$ $T_{.3.} = 153, T_{.4.} = 159; T_{1..} = 206, T_{2..} = 198, T_{3..} = 223, T = 627; T^2 = 393129,$ $\sum_{i=1}^{a}\sum_{j=1}^{b}\sum_{k=1}^{r} x_{ijk}^2 = 11065.$

代入计算得

$$SS_T = \sum_{i=1}^{a}\sum_{j=1}^{b}\sum_{k=1}^{r}(x_{ijk}-\bar{x})^2 = \sum_{i=1}^{a}\sum_{j=1}^{b}\sum_{k=1}^{r} x_{ijk}^2 - \frac{1}{abr}T^2 = 11065 - \frac{393129}{3\times4\times3} = 144.75.$$

类似地有

$$SS_A = \frac{1}{4\times3}\times131369 - 10920.25 = 27.167,$$

$$SS_B = \frac{1}{3 \times 3} \times 98307 - 10920.25 = 2.75,$$

$$SS_{A \times B} = \frac{1}{3} \times 33071 - 10920.25 - 27.167 - 2.75 = 73.5,$$

$$SS_e = SS_T - SS_A - SS_B - SS_{A \times B} = 144.75 - 27.167 - 2.75 - 73.5 = 41.333.$$

自由度分别为 $df_T = 35, df_A = 2, df_B = 3, df_{AB} = 6, df_e = 24$.

列方差分析表如表 5.3.8 所示.

表 5.3.8　方差分析表

方差来源	平方和	自由度	均方	F 值
因素 A	27.167	2	13.58	7.89**
因素 B	2.75	3	0.92	0.53
交互作用 $A \times B$	73.5	6	12.25	7.11**
误差	41.333	24	1.72	
总计	144.75	35		

由表 5.3.8 可知，$F_A = 7.89 > F_{0.01}(2,24) = 5.61$，故拒绝 H_{01}，认为不同工人操作因素的影响极其显著；$F_B = 0.53 < F_{0.05}(3,24) = 3.01$，故接受 H_{02}，即认为不同机床因素的影响不显著；$F_{A \times B} = 7.11 > F_{0.01}(6,24) = 3.67$，故拒绝 H_{03}，认为两因素交互作用的影响极其显著. 由于交互作用显著，说明不同工人利用不同的车床进行操作的结果是不一样的，因此需要进一步检验同一个工人在不同车床上操作的产量的差异显著性和同一个车床上不同工人操作的产量的差异显著性，即工人和车床两个因素的简单效应.

§5.4　正交试验设计

正交试验设计是利用一套现成的规格化的表格——正交表，科学地安排试验和分析试验结果的一种数理统计方法. 在工农业生产和科学实验中，为改良旧工艺、寻求最优生产条件等，经常要做许多试验，而影响这些试验结果的因素有很多，当每个因素的水平数较大时，若进行全面试验，则试验次数会很多. 因此，对于多因素试验，就存在如何安排试验的问题. 正交试验设计是研究和处理多因素试验的一种科学方法，借助正交表安排少量的试验就可以获得满意的试验结果，同时通过对少数的试验结果进行分析，就可以从中找出最优方案.

正交表在 1944 年起源于美国. 第二次世界大战后日本开发了使用正交表进行试验设计的技术体系，并在日本全国范围内进行大力普及与推广，取得了显著的经济效益. 目前，正交表已经广泛应用于科学研究、产品设计、工艺改革等技术领域以及经营、计划等管理领域.

5.4.1　正交表及其特点

正交表是正交设计的基本工具. 在正交设计中,安排试验、分析结果均在正交表上进行. 常用的正交表见附表 9,试验时根据试验条件直接套用即可,不需要另外编制.

正交表记为 $L_n(m^k)$,其中 L 为正交表符号,n 为试验次数(正交表的行数),m 为因素的水平数,k 为因素个数(正交表的列数).

表 5.4.1 和表 5.4.2 是两个常用的正交表.

表 5.4.1　$L_9(3^4)$ 正交表

试验号	1	2	3	4
1	1	1	1	1
2	1	2	2	2
3	1	3	3	3
4	2	1	2	3
5	2	2	3	1
6	2	3	1	2
7	3	1	3	2
8	3	2	1	3
9	3	3	2	1

表 5.4.2　$L_8(2^7)$ 正交表

试验号	1	2	3	4	5	6	7
1	1	1	1	1	1	1	1
2	1	1	1	2	2	2	2
3	1	2	2	1	1	2	2
4	1	2	2	2	2	1	1
5	2	1	2	1	2	1	2
6	2	1	2	2	1	2	1
7	2	2	1	1	2	2	1
8	2	2	1	2	1	1	2

从上面两个正交表容易看出它们具有如下性质:

(1) 每一列中,不同的数字出现的次数相等. 例如在两水平正交表 $L_8(2^7)$ 中,任何一列都有数字"1"与"2",且任何一列中它们出现的次数是相等的;在三水平正交表 $L_9(3^4)$ 中,任何一列都有数字"1""2""3",且在任意一列中出现的次数均相等.

(2) 任意两列中数字的排列方式齐全且均衡. 例如,在两水平正交表中,任意两列(同一横行内)有序对共有 4 种:(1,1)、(1,2)、(2,1)、(2,2),且每对出现的次数相等. 在三水平正交表下,任意两列(同一横行内)有序对共有 9 种:(1,1)、(1,2)、(1,3)、(2,1)、(2,2)、(2,3)、(3,1)、(3,2)、(3,3),且每对出现的次数也均相等,表明任意两列数字之间的搭配是均衡的.

以上特点充分体现了正交表的正交性、代表性和综合可比性,因此用正交表安排的试验具有"均衡分散,整齐可比"的特点.

用正交表设计试验,不仅能分析出各因素的作用,还能考虑因素之间的交互作用. 安排有交互作用的试验时,要将两个因素的交互作用当作一个新的因素,占用一列,为交互作用列. 每一个正交表都有相应的交互作用列表,专门用来安排交互作用试验. 表 5.4.3 就是 $L_8(2^7)$ 正交表的交互作用表,表中带括号的数字为主因素的列号,二者相交的数字表示交互作用安排的列号. 例如,考虑 A,B,C 三因素的正交试验设计将因素 A 排为第(1)列,因素 B 排为第(2)列,两者相交的数字为 3,即第(3)列为 $A \times B$ 交互作用列;因素 C 排第(4)列;第(2)列因素与第(4)列因素的交互作用 $B \times C$ 列放在第(6)列;等等.

表 5.4.3 $L_8(2^7)$ 正交表的交互作用列表

列号	(1)	(2)	(3)	(4)	(5)	(6)	(7)
(1)		3	2	5	4	7	6
	(2)	1	6	7	4	5	
		(3)	7	6	5	4	
			(4)	1	2	3	
				(5)	3	2	
					(6)	1	
						(7)	

5.4.2 正交试验的方案设计

对于多因素试验,正交试验设计是一种简单常用的试验设计方法,正交试验设计的基本程序包括试验方案设计和试验结果分析两部分,其具体步骤如下.

(1) 明确试验目的,确定试验指标.

试验设计前必须明确试验目的,即本次试验要解决什么问题. 试验目的确定后,就需要衡量试验结果,即需要确定试验指标. 试验指标既可以是定量指标,也可以是定性指标. 一般为了便于分析试验结果,可按相关的标准打分或模糊数学处理将定性指标数量化,即将定性指标定量化.

(2) 选因素、定水平,列因素水平表.

根据专业知识、以往的研究结论和经验,从影响试验指标的诸多因素中,通过因果分析筛选出需要考察的试验因素. 试验因素选定后,根据所掌握的信息资料和相关知识,确定每个因素的水平,一般以 2～4 个水平为宜.

（3）选择合适的正交表.

确定了因素及其水平后,根据因素、水平及需要考察的交互作用的多少来选择合适的正交表.正交表的选择原则是在能够安排好试验因素和交互作用的前提下,尽可能选用较小的正交表,以减少试验次数.

一般情况下,试验因素的水平数应恰好等于正交表记号中括号内的底数;因素的个数(包括需要考察的交互作用)应不大于正交表记号中括号内的指数;各因素及交互作用的自由度之和要小于所选正交表的总自由度,以便估计试验误差.

若各因素及交互作用的自由度之和等于所选正交表的总自由度,则可以采用有重复的正交试验来估计试验误差.

（4）表头设计.

表头设计就是把试验因素和要考察的交互作用分别安排到正交表的各列的过程.若不考察交互作用,则各因素可随机安排在各列上;若考察交互作用,则应按所选正交表的交互作用列表安排各因素与交互作用,以防止设计"混杂".所谓混杂,就是指在正交表的同列中安排了两个或两个以上的因素或交互作用,这样就无法区分同一列中不同因素或交互作用对试验指标的影响效果.

（5）制订试验方案,按方案进行试验,记录试验结果.

把正交表中安排各因素的列(不包含欲考察的交互作用列)中的每个水平数字换成该因素的实际水平值,便形成了正交试验方案.试验号并非试验的次序,为减少试验中因先后试验操作熟练程度的不均而带来的误差干扰,理论上推荐用抽签的办法来决定试验的次序.

例 5.4.1　某研究室为了研究影响某试剂回收率的因素,选择了温度(℃)、反应时间(h)和原料配比三个因素,每个因素都选取两个水平:温度 A(60 ℃,80 ℃),反应时间 B(2.5 h,3.5 h),原料配比 C(1.1∶1,1.2∶1).试采用正交设计制订一个试验方案.

解　（1）确定试验因素及其水平,列出因素水平表.各因素及其水平见表 5.4.4.

表 5.4.4　各因素及其水平表

因素	水平	
	1	2
温度(A)/℃	60	80
反应时间(B)/h	2.5	3.5
原料配比(C)	1.1∶1	1.2∶1

（2）选用合适的正交表.

根据因素、水平及需要考察的交互作用的多少选择合适的正交表.

此例中有 3 个 2 水平因素,若不考察交互作用,则各因素自由度之和为因素个数×(水平数－1)＝3×(2－1)＝3,正交表 $L_4(2^3)$ 的总自由度为 4－1＝3,故可以选用 $L_4(2^3)$;若考察交互作用,则应选用 $L_8(2^7)$.

(3) 表头设计.

此例若不考察交互作用,则可将温度(A)、反应时间(B)和原料配比(C)依次安排在 $L_4(2^3)$ 的第 1,2,3 列上,如表 5.4.5 所示.

表 5.4.5　不考察交互作用的表头设计

列号	1	2	3
因素	A	B	C

若要考察温度和反应时间两因素间的交互作用,即要安排 A,B,C 三个因素和交互作用 $A \times B$,选择正交表 $L_8(2^7)$,将 A 和 B 两因素分别放在第 1 列和第 2 列,查交互作用表可知 $A \times B$ 应该放在第 3 列,然后将因素 C 放在第 4 列,则因素 A 和因素 C 的交互作用放在第 5 列,因素 B 和因素 C 的交互作用放在第 6 列,由于 $A \times C$ 和 $B \times C$ 交互作用不显著而不予考虑,第 5、6、7 列为空列.有交互作用的表头设计如表 5.4.6 所示.

表 5.4.6　有交互作用的表头设计

列号	1	2	3	4	5	6	7
因素	A	B	$A \times B$	C			

(4) 列出试验方案.

把正交表中安排因素的各列(不包含欲考察的交互作用列)中的每个数字依次换成该因素的实际水平,就得到一个正交试验方案,如表 5.4.7 所示.

表 5.4.7　正交试验方案

试验号	1	2	4
	$A/℃$	B/h	C
1	1(60)	1(2.5)	1(1.1∶1)
2	1(60)	1(2.5)	2(1.2∶1)
3	1(60)	2(3.5)	1(1.1∶1)
4	1(60)	2(3.5)	2(1.2∶1)
5	2(80)	1(2.5)	1(1.1∶1)
6	2(80)	1(2.5)	2(1.2∶1)
7	2(80)	2(3.5)	1(1.1∶1)
8	2(80)	2(3.5)	2(1.2∶1)

5.4.3　正交试验结果的分析

正交试验方法之所以能得到科技工作者的重视并在实践中得到广泛的应用,是因为正交试验不仅能使试验的次数减少,而且能够用相应的方法对试验结果进行分析并得出许多有价值的结论.

1. 正交试验结果的直观分析

正交试验结果的分析一般采用直观分析法和方差分析法,直观分析法也称极差分析法,由于其计算过程简单且效果直观,因此它是正交试验结果分析最常用的方法.极差法分析正交试验的步骤如下.

(1) 计算各列因素每个水平下的 K_{ij} 及 R_j.

K_{ij} 为第 j 列因素在 i 水平时所对应的试验指标和,$\overline{K_{ij}}$ 为 K_{ij} 的平均值.R_j 为第 j 列因素的极差,$R_j = \max(\overline{K_{ij}}) - \min(\overline{K_{ij}})$,它反映了第 j 列因素水平波动时试验指标的变动幅度.

(2) 确定因素的主次顺序.

根据极差 R_j 的大小可以判断各因素对试验指标的影响的主次.某个因素的 R_j 越大,说明该因素对试验指标的影响越大,该因素越重要;R_j 越小,说明该因素对试验指标的影响越小.

(3) 绘制因素与指标趋势图.

以各因素水平为横坐标,试验指标的平均值 $\overline{K_{ij}}$ 为纵坐标,绘制因素与指标趋势图. 从因素与指标趋势图可以直观地看出试验指标随着因素水平的变化而变化的趋势,可为进一步试验指明方向.

例 5.4.2　为提高化工产品的转化率,某化工厂分析了温度、时间和加碱量对产品转化率的影响,每个因素各选取 3 个不同水平进行试验,考虑不存在交互作用的正交试验设计,具体数据结果列于表 5.4.8,试分析各条件的最优值和最佳的工艺条件.

表 5.4.8　转化率试验数据

试验号	1 温度(A)/℃	2 时间(B)/min	3 加碱量(C)/%	4	试验结果 转化率/%
1	1(80)	1(90)	1(5)	1	31
2	1(80)	2(120)	2(6)	2	54
3	1(80)	3(150)	3(7)	3	38
4	2(80)	1(90)	2(6)	3	53
5	2(80)	2(120)	3(7)	1	49
6	2(80)	3(150)	1(5)	2	42
7	3(80)	1(90)	3(7)	2	57
8	3(80)	2(120)	1(5)	3	62
9	3(80)	3(150)	2(6)	1	64

解　根据转化率试验结果计算各因素不同水平下的 K_{ij} 和 R_j,以温度(A)为例,具体结果如下:

$$K_{1A}=31+54+38=123,\overline{K}_{1A}=\frac{123}{3}=41, K_{2A}=53+49+42=144,\overline{K}_{2A}=\frac{144}{3}=48,$$

$$K_{3A}=57+62+64=183,\overline{K}_{3A}=\frac{183}{3}=61, R_A=61-41=20.$$

同样的方法计算时间(B)和加碱量(C)不同水平下的 K_{ij} 和 R_j,并将结果列于表 5.4.9.

表 5.4.9 极差分析结果

试验号	1	2	3	4	试验结果
	温度(A)/℃	时间(B)/min	加碱量(C)/%		转化率/%
1	1(80)	1(90)	1(5)	1	31
2	1(80)	2(120)	2(6)	2	54
3	1(80)	3(150)	3(7)	3	38
4	2(85)	1(90)	2(6)	3	53
5	2(85)	2(120)	3(7)	1	49
6	2(85)	3(150)	1(5)	2	42
7	3(90)	1(90)	3(7)	2	57
8	3(90)	2(120)	1(5)	3	62
9	3(90)	3(150)	2(6)	1	64
K_{1j}	123	141	135		
K_{2j}	144	165	171		
K_{3j}	183	144	144		
$\overline{K}_{1j}$	41	47	45		
$\overline{K}_{2j}$	48	55	57		
$\overline{K}_{3j}$	61	48	48		
R_j	20	8	12		

各因素与指标的趋势图如图 5.4.1 所示.

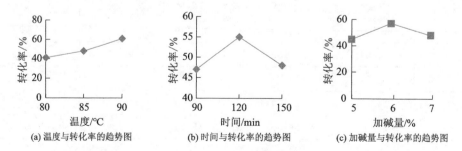

(a) 温度与转化率的趋势图　　(b) 时间与转化率的趋势图　　(c) 加碱量与转化率的趋势图

图 5.4.1 各因素与指标的趋势图

根据以上计算结果和图表分析可得出以下试验结论:对产品转化率影响最大的因素是

温度,其次是加碱量,时间的影响最小.各条件的最优值分别为:温度 3(90 ℃),时间 2(120 min),加碱量 2(6%),即最佳工艺条件是以上三个最优水平的组合——$A_3B_2C_2$.

2. 正交试验结果的方差分析

方差分析的基本思想是将数据的总变异分解成因素引起的变异和误差引起的变异两部分,通过构造 F 统计量进行 F 检验,即可判断因素作用是否显著.需要注意的是,在进行方差分析时,所选正交表应留出一定空列.若无空列,则应进行重复试验,以估计试验误差.

方差分析的计算过程如下:假设某个试验使用正交表 $L_n(m^k)$,试验的 n 个结果记作 $x_1,x_2,\cdots,x_n$.其中 n 为试验总次数,m 为第 j 列因素的水平个数,r 为每个水平的重复次数,即 $r=\dfrac{n}{m}$.

记 $T=\displaystyle\sum_{i=1}^{n}x_i,CT=\dfrac{T^2}{n}$,则总偏差平方和为

$$SS_T=\sum_{i=1}^{n}x_i^2-CT,$$

第 j 列偏差平方和为

$$SS_j=\frac{1}{r}\sum_{i=1}^{m}K_{ij}^2-CT,\quad j=1,2,\cdots,k.$$

特别地,当 $m=2$ 时,$SS_j=\dfrac{1}{n}(K_{1j}-K_{2j})^2$.

总自由度为 $df_T=n-1$,第 j 列因素的自由度为 $df_j=m-1$.

例 5.4.3　例 5.4.1 中考虑到温度和反应时间可能存在交互作用,选用 $L_8(2^7)$ 正交表进行试验,试验结果如表 5.4.10 所示.试分析各因素对某试剂回收率影响的差异的显著性,并确定最佳配方.

表 5.4.10　某试剂回收率的正交试验结果

试验号	1	2	3	4	5	6	7	试验结果
	A	B	$A\times B$	C				回收率 $X/\%$
1	1	1	1	1	1	1	1	86
2	1	1	1	2	2	2	2	95
3	1	2	2	1	1	2	2	91
4	1	2	2	2	2	1	1	94
5	2	1	2	1	2	1	2	91
6	2	1	2	2	1	2	1	96
7	2	2	1	1	2	2	1	83
8	2	2	1	2	1	1	2	88

解 方差分析法计算步骤如下.

(1) 计算各列各水平的 K_{ij} 值.

$K_{1A} = 86+95+91+94 = 366, K_{2A} = 91+96+83+88 = 358, K_{1A}-K_{2A} = 8;$

$K_{1B} = 86+95+91+96 = 368, K_{2B} = 91+94+83+88 = 356, K_{1B}-K_{2B} = 12;$

$K_{1C} = 86+91+91+83 = 351, K_{2C} = 95+94+96+88 = 373, K_{1C}-K_{2C} = -22;$

$K_{1A \times B} = 86+95+83+88 = 352, \quad K_{2A \times B} = 91+94+91+96 = 372;$

$K_{1A \times B} - K_{2A \times B} = -20.$

(2) 计算各列偏差平方和及自由度.

$$T = \sum_{i=1}^{8} x_i = 724, CT = \frac{T^2}{n} = \frac{724^2}{8} = 65522,$$

$$SS_T = \sum_{i=1}^{8} x_i^2 - CT = 146.0, SS_A = \frac{1}{8}(K_{1A}-K_{2A})^2 = 8.0,$$

$$SS_B = \frac{1}{8}(K_{1B}-K_{2B})^2 = 18.0, SS_{A \times B} = \frac{1}{8}(K_{1A \times B}-K_{2A \times B})^2 = 50.0,$$

$$SS_C = \frac{1}{8}(K_{1C}-K_{2C})^2 = 60.5.$$

各列离均差平方和见表 5.4.11 最底部一行,误差平方和为各空列的 SS_j 之和,即

$$SS_e = SS_5 + SS_6 + SS_7 = 0.5 + 4.5 + 4.5 = 9.5.$$

自由度为各列水平数减 1,交互作用项的自由度为相交因素自由度的乘积. 这里有

$$df_T = n-1 = 7, df_A = df_B = df_{A \times B} = df_C = 1, df_e = 7-4 = 3.$$

表 5.4.11 某试剂回收率的数值分析表

试验号	1	2	3	4	5	6	7	试验结果
	A	B	$A \times B$	C				回收率/%
1	1	1	1	1	1	1	1	86
2	1	1	1	2	2	2	2	95
3	1	2	2	1	1	2	2	91
4	1	2	2	2	2	1	1	94
5	2	1	2	1	2	1	2	91
6	2	1	2	2	1	2	1	96
7	2	2	1	1	2	2	1	83
8	2	2	1	2	1	1	2	88
K_{1j}	366	368	352	351	361	359	359	
K_{2j}	358	356	372	373	363	365	365	$T=724$
$K_{1j}-K_{2j}$	8	12	-20	-22	-2	-6	-6	
SS_j	8	18	50	60.5	0.5	4.5	4.5	

（3）计算各均方.

$$MS_A=\frac{SS_A}{df_A}=8.0,MS_B=\frac{SS_B}{df_B}=18.0,MS_{A\times B}=\frac{SS_{A\times B}}{df_{A\times B}}=50.0,$$

$$MS_C=\frac{SS_C}{df_C}=60.5,MS_e=\frac{SS_e}{df_e}=3.17.$$

（4）列方差分析表进行显著性检验.

根据以上计算进行显著性检验，列出方差分析表见表 5.4.12.

表 5.4.12　某试剂回收率的正交试验方差分析表

变异来源	平方和	自由度	均方	F 值	p 值
A	8.0	1	8.0	2.53	0.210
B	18.0	1	18.0	5.68	0.097
$A\times B$	50.0	1	50.0	15.79	0.028
C	60.5	1	60.5	19.1	0.022
误差	9.5	3	3.17		
总变异	146.0	7			

从表 5.4.12 可以看出，在显著性水平 0.05 上，只有因素 C 与交互作用 $A\times B$ 有统计学意义，其余各因素均无统计学意义.因为交互作用 $A\times B$ 的影响较大且其 2 水平较优，即在 A_1B_2 和 A_2B_1 两种组合情况下的回收率高，考虑到因素 B 的影响较因素 A 的影响大，而因素 B 中 B_1 较高，因此在 A_1B_2 和 A_2B_1 二者中选 A_2B_1.由于因素 C 的最优水平为 C_2，因此最佳配方为 $A_2B_1C_2$，即温度为 80 ℃，反应时间是 2.5 h，原料配比为 1.2∶1.

§5.5　应用案例

例 5.5.1　某农业站为解决花菜留种问题，进一步提高花菜种子的产量和质量，根据理论知识和实际经验，科技人员考察了浇水次数、施肥方法、喷药次数和进室时间四个因素对花菜种子的影响，每一个因素选取两个水平，进行了一个 4 因素 2 水平的正交试验.考虑 A，B，C，D 四个因素和 $A\times B$，$A\times C$ 的交互作用，具体各因素及其水平见表 5.5.1.

表 5.5.1　花菜留种正交试验的因素与水平表

因素	水平 1	水平 2
浇水次数（A）	浇水 1 次或 2 次	根据需要浇水
喷药次数（B）	发现病害喷药	每半个月喷一次药
施肥方法（C）	开花期施硫酸铵	四个阶段各施肥一次
进室时间（D）	11 月初	11 月 15 日

解 (1)选用合适的正交表.

对于上述 4 因素 2 水平试验,首先选择两水平的正交表,考虑到 A,B,C,D 四个因素和 $A\times B$,$A\times C$ 交互作用,至少需要 6 列,因此选用 $L_8(2^7)$ 比较合适.

(2)进行表头设计.

如果将因素 A 放在第 1 列,因素 B 放在第 2 列,查表可知,第 1 列与第 2 列的交互作用是第 3 列,于是将 $A\times B$ 放在第 3 列,这样第 3 列就不能再安排其他因素,以免出现"混杂".然后将因素 C 放在第 4 列,查表可知,因素 A 与因素 C 的交互作用应放在第 5 列,因素 B 与因素 C 的交互作用应放在第 6 列,第 7 列放因素 D,具体结果见表 5.5.2.

表 5.5.2 花菜留种正交试验的表头设计

列号	1	2	3	4	5	6	7
因素	A	B	$A\times B$	C	$A\times C$	$B\times C$	D

(3)列出试验方案.

表头设计好后,将该正交表中各列水平号换成各试验因素的具体水平,就得到表 5.5.3 所示的试验方案.

表 5.5.3 花菜留种的正交试验方案

试验号 (处理组合)	1 浇水次数(A)	2 喷药次数(B)	4 施肥方法(C)	7 进室时间(D)
1	1	1	1	1
2	1	1	2	2
3	1	2	1	2
4	1	2	2	1
5	2	1	1	2
6	2	1	2	1
7	2	2	1	1
8	2	2	2	2

(4)进行试验.

按照表中所规定的 8 个试验条件进行随机试验,并把最后的试验结果(即种子产量 y_1,y_2,…,y_8)的数据填写在表中的最后一列,如表 5.5.4 所示.

表 5.5.4 花菜留种正交试验结果

试验号	1 A	2 B	3 $A\times B$	4 C	5 $A\times C$	7 D	试验结果 种子产量
1	1	1	1	1	1	1	350
2	1	1	1	2	2	2	325

试验号	1	2	3	4	5	7	试验结果
	A	B	$A \times B$	C	$A \times C$	D	种子产量
3	1	2	2	1	1	2	425
4	1	2	2	2	2	1	425
5	2	1	2	1	2	2	200
6	2	1	2	2	1	1	250
7	2	2	1	1	2	1	275
8	2	2	1	2	1	2	375

(5) 极差分析法.

逐列计算每列因素各水平之和 K_{ij} 和它们的平均数 $\overline{K}_{ij}$ 及极差 R_j,结果如表 5.5.5 所示.

表 5.5.5　花菜留种正交试验结果的直观分析

试验号	1	2	3	4	5	7	试验结果
	A	B	$A \times B$	C	$A \times C$	D	种子产量
1	1	1	1	1	1	1	350
2	1	1	1	2	2	2	325
3	1	2	2	1	1	2	425
4	1	2	2	2	2	1	425
5	2	1	2	1	2	2	200
6	2	1	2	2	1	1	250
7	2	2	1	1	2	1	275
8	2	2	1	2	1	2	375
K_{1j}	1525	1125	1325	1250	1400	1300	
K_{2j}	1100	1500	1300	1375	1225	1325	
$\overline{K}_{1j}$	381.25	281.25	331.25	312.50	350.00	325.00	$T = 2625$
$\overline{K}_{2j}$	275.00	375.00	325.00	343.75	306.25	331.25	
R_j	106.25	−93.75	6.25	−31.25	43.75	−6.25	

从表 5.5.5 可以看出,浇水次数 A 和喷药次数 B 的差值 R_j 分居第一、二位,是影响花菜种子产量的关键因素,其次是施肥方法,进室时间的影响较小. 但由于交互作用 $A \times C$ 对产量的影响较大,还应根据 A 与 C 的最优组合来确定. 这里交互作用的直观分析是求因素 A 与因素 C 形成的各处理组合平均数:

$$A_1 C_1 : \frac{350 + 425}{2} = 387.5, \quad A_1 C_2 : \frac{325 + 425}{2} = 375.0,$$

$$A_2C_1: \frac{200+275}{2}=237.5, \quad A_2C_2: \frac{250+375}{2}=312.5.$$

因此在考虑交互作用的情况下,花菜留种的最优条件为 $A_1B_2C_1D_2$.

(6) 方差分析法.

该试验的 8 个观测值总变异由 A,B,C,D 四个因素和两个交互作用及误差变异六部分组成,因而进行方差分析时平方和与自由度的分解式为

$$SS_T = SS_A + SS_B + SS_{A\times B} + SS_C + SS_{A\times C} + SS_D + SS_e,$$
$$df_T = df_A + df_B + df_{A\times B} + df_C + df_{A\times C} + df_D + df_e.$$

在 SPSS 菜单栏中选择"分析"→"一般线性模型"→"单变量"选项,将试验结果作为因变量,四个因素分别选入固定因子,在模型构建中将要考虑的主效应和交互效应设置如图 5.5.1 所示,具体操作见第 7 章.

图 5.5.1 例 5.5.1 在 SPSS 中的模型构建

构建模型后,点击"继续"按钮和"确定"按钮即可输出如表 5.5.6 所示的方差分析表.

表 5.5.6 花菜留种正交试验结果方差分析

变异来源	平方和	自由度	均方	F 值	$F_{0.05}$	$F_{0.01}$
浇水次数(A)	22578.125	1	22578.125	32.11	161	405
喷药次数(B)	17578.125	1	17578.125	25	161	405
施肥方法(C)	1953.125	1	1953.125	2.78	161	405

续表

变异来源	平方和	自由度	均方	F 值	$F_{0.05}$	$F_{0.01}$
进室时间(D)	78.125	1	78.125	<1	161	405
$A\times B$	78.125	1	78.125	<1	161	405
$A\times C$	3828.125	1	3828.125	5.44	161	405
误差	703.125	1	703.125			
总变异	46796.875	7				

从方差分析表中可以看出,各项变异来源的值均不显著,其主要原因是误差项的自由度偏小.解决这个问题的根本办法是增加试验的重复数,也可以将 $F<1$ 的变异项进行合并,作为误差平方和的估计值.合并后的误差项平方和与自由度分别为

$$SS'_e=SS_D+SS_{A\times B}+SS_e=859.375,$$

$$df'_e=df_D+df_{A\times B}+df_e=3.$$

将合并后的方差分析结果列于表 5.5.7 中.

表 5.5.7　花菜留种正交试验的方差分析(合并 $F<1$ 的因子)

变异来源	平方和	自由度	均方	F 值	$F_{0.05}$	$F_{0.01}$
浇水次数(A)	22578.125	1	22578.125	78.82**	10.13	34.12
喷药次数(B)	17578.125	1	17578.125	61.36**	10.13	34.12
施肥方法(C)	1953.125	1	1953.125	6.82	10.13	34.12
$A\times C$	3828.125	1	3828.125	13.36*	10.13	34.12
误差	859.375	3	286.458			
总变异	46796.875	7				

由表 5.5.7 可知,浇水次数(A)、喷药次数(B)的 F 值均达到极显著水平;$A\times C$ 交互作用的 F 值达到显著水平.

由于浇水次数(A)极显著、施肥方法(C)不显著、$A\times C$ 交互作用显著,所以浇水次数(A)和施肥方法(C)的最优水平应根据 $A\times C$ 而定,即在确定 A_1 为最优水平后,在 A_1 水平比较 C_1 和 C_2,确定施肥方法的最优水平.由于

$$A_1C_1:\frac{350+425}{2}=387.5,\ A_1C_2:\frac{325+425}{2}=375.0,$$

因此施肥方法(C)取 C_1 水平较好,喷药次数(B)取 B_2 水平较好,进室时间(D)不显著,故取 D_1 或 D_2 都可以,所以最优处理组合为 $A_1B_2C_1D_1$ 或 $A_1B_2C_1D_2$.

习题 5

1.什么是方差分析?进行方差分析的基本步骤有哪些?方差分析在科学研究中有何

意义?

2. 单因素和双因素试验资料方差分析的数学模型有何区别? 方差分析的基本假定是什么?

3. 什么叫多重比较? 多个平均数相互比较时, LSD 法与 t 检验法相比有何优点? LSD 法存在哪些不足? 如何决定选用哪种多重比较法?

4. 抽查某地区三所小学五年级男生的身高, 得如下数据:

小学编号	身高/cm					
1	128.1	134.1	133.1	138.9	140.8	127.4
2	150.3	147.9	136.8	126.0	150.7	155.8
3	140.6	143.1	144.5	143.7	148.5	146.4

(1) 该地区三所小学五年级男生的平均身高是否有显著差异?

(2) 分别求这三所小学五年级男生的平均身高及其方差的点估计.

5. 某企业现在有三种方法组装一种新产品, 为了了解三种方法是否具有差异, 随机抽取了 30 名工人, 每人使用其中一种方法组装产品. 对工人生产产品的数量进行方差分析得到的结果如下表所示, 完成该方差分析表, 分析三种方法组装新产品是否有显著差异. ($\alpha = 0.05$)

变异来源	平方和	自由度	均方	F 值	$F_{0.05}$
组间			210		3.354
组内	3836		—	—	—
总计		29	—	—	—

6. 一家轮胎制造公司现对一批产品进行轮胎磨损试验, 研究人员认为车速及原料供应商可能会严重地影响结果. 公司从 4 个供应商处购买橡胶原料, 研究者从每个供应商供应的原料生产的轮胎中随机抽取 3 个, 分别在低速、中速及高速状态下进行试验, 得到数据如下表.

供应商编号	低速	中速	高速
1	3.7	4.5	3.1
2	3.4	3.9	3.3
3	3.2	3.5	2.6
4	3.9	4.8	4.0

检验不同车速对轮胎磨损程度是否有显著影响. 问: 不同供应商供应的原料对轮胎磨损程度的影响是否显著? ($\alpha = 0.05$)

7.为了从 3 种不同原料和 3 种不同温度中选择使酒精产量最高的组合,设计了双因素试验,每一水平组合重复 4 次,结果如下表,试进行方差分析.

原料	温度											
	B_1(30 ℃)				B_2(35 ℃)				B_3(40 ℃)			
A_1	41	49	23	25	11	12	25	24	6	22	26	11
A_2	47	59	50	40	43	38	33	36	8	22	18	14
A_3	48	35	53	59	55	38	47	44	30	33	26	19

8.下表为 3 组大白鼠营养试验中测得的尿中氨氮的排出量,试检验各组的尿中氨氮排出量差异是否显著.(提示:先做对数转换 $\lg x$,再进行方差分析)

组别	尿中氨氮排出量/(mg/6 天)											
A	30	27	35	35	29	33	32	36	26	41	33	31
B	43	45	53	44	51	53	54	37	47	57	48	42
C	83	66	66	86	56	52	76	83	72	73	59	53

9.某良种繁殖场为了提高水稻产量(单位:kg/100 m^2),制定试验的因素及水平如下表.

水平	因素		
	品种	密度/(颗/100 m^2)	施肥量/(kg/100 m^2)
1	窄叶青 8 号	4.50	0.75
2	南二矮 5 号	3.75	0.375
3	珍珠矮 11 号	3.00	1.125

(1) 不考虑因素间的交互作用,试问选用什么样的正交表安排试验?

(2) 如果 9 组试验结果为:

　62.925,57.075,51.6,55.05,58.05,56.55,63.225,50.7,54.45,

试对实验结果进行极差分析和方差分析.

10.用石墨炉原子吸收分光光度计测定食品中的铅含量,为了提高测定灵敏度,希望吸光度越大越好.为了提高吸光度,对灰化温度(A)、原子化温度(B)和灯电流(C)三个因素进行考察,各因素及水平见下表.

水平	因素		
	灰化温度(A)/℃	原子化温度(B)/℃	灯电流(C)/mA
1	300	1800	8
2	700	2400	10

考虑交互作用 $A \times B, A \times C$，选择 $L_8(2^7)$ 正交表进行试验，试验结果分别为：

0.484，0.448，0.532，0.516，0.472，0.48，0.554，0.552，

对试验结果进行极差分析和方差分析.

第 6 章　相关分析与回归分析

相关与回归是现代统计学中非常重要的内容.相关分析是处理变量数据之间相关关系的一种统计方法,通过相关分析,可以判断两个或两个以上变量之间是否存在相关关系,以及相关关系的方向、形态和相关关系的密切程度;回归分析是对具有相关关系的现象之间数量变化的规律进行测定,确立一个回归方程式,即经验公式,并对所建立的回归方程式的有效性进行分析和判断,以便进一步估计和预测.相关与回归分析已经广泛应用于企业管理、商业决策、金融分析以及自然科学和社会科学研究等许多领域.

§6.1　相关分析与回归分析简介

6.1.1　相关分析的概念

各种现象之间往往是相互联系、相互制约、相互依存的,某些现象发生变化时,另一些现象也随之发生变化.相关关系是指客观现象之间确实存在的,但在数量上不是严格对应的依存关系.例如,成本的高低与利润的多少密切相关,但对于某一确定的成本,相对应的利润却是不确定的,这是因为影响利润的因素除了成本外,还有价格、供求平衡、消费嗜好等因素及其他偶然因素;再如,生育率与人均 GDP 的关系也属于典型的相关关系,人均 GDP 高的国家,生育率往往较低,但二者没有唯一确定的关系,这是因为除了经济因素外,生育水平还受教育水平、城市化水平及不易测量的民族风俗、宗教和其他随机因素的共同影响.

现象之间的相关关系从不同的角度可以分为不同类型:按照相关关系涉及变量(或因素)的多少分为单相关、复相关和偏相关;按照相关形式的不同分为线性相关和非线性相关;按照相关现象变化的方向不同分为正相关和负相关;按照相关程度分为完全相关、不完全相关和不相关.

6.1.2　相关关系的判定

要判别现象之间有无相关关系,一是进行定性分析,二是进行定量分析.定性分析是依据研究者的专业理论知识和实践经验,对客观现象之间是否存在相关关系以及有何种相关关系做出判断,并在此基础上编制相关表和绘制散点图,以便直观地判断现象之间相关的方向、形态及大致的密切程度.定量分析通过计算相关系数表示两个变量之间相关的程度,相关系数是反映变量之间线性关系密切程度的统计指标.由式(1.3.10)可知两个随机变量 X 与 Y 的相关系数的定义为

$$\rho_{XY} = \frac{\text{Cov}(X,Y)}{\sqrt{D(X)}\sqrt{D(Y)}} . \tag{6.1.1}$$

若根据样本数据 $(x_i,y_i),i=1,2,\cdots,n$ 计算,则得到的样本相关系数为

$$r_{xy} = \frac{\sum_{i=1}^{n}(x_i - \overline{x})(y_i - \overline{y})}{\sqrt{\sum_{i=1}^{n}(x_i - \overline{x})^2 \sum_{i=1}^{n}(y_i - \overline{y})^2}} . \tag{6.1.2}$$

在一元线性回归中,为了简便起见,以下 ρ_{XY} 和 r_{xy} 分别记作 ρ 和 r.

在实际应用中,往往只能得到样本相关系数 r 而无法得到总体相关系数 ρ,样本相关系数 r 的值介于 -1 与 1 之间,其取值及对应意义如下:当 $r>0$ 时,表示两变量为正相关;当 $r<0$ 时,表示两变量为负相关;当 $|r|=1$ 时,表示两变量为完全线性相关,即为线性函数关系;当 $r=0$ 时,表示两变量间无线性相关关系;当 $0<|r|<1$ 时,表示两变量间存在一定程度的线性相关性,且 $|r|$ 越接近 1 表示两变量间的线性相关性越强,$|r|$ 越接近 0 表示两变量间的线性相关性越弱.

例 6.1.1 某财务软件公司在全国有许多代理商,为研究其财务软件产品的广告费投入与销售额的关系,统计人员随机选择 10 家代理商进行观察,搜集到年广告费投入和月平均销售额的数据,并编制成表 6.1.1.

表 6.1.1　年广告费投入与月平均销售额相关表　　　　　　　单位:万元

年广告费投入	12.5	15.3	23.2	26.4	33.5	34.4	39.4	45.2	55.4	60.9
月平均销售额	21.2	23.9	32.9	34.1	42.5	43.2	49.0	52.8	59.4	63.5

解　从表 6.1.1 中可以直观地看出,随着年广告费投入的增加,月平均销售额也增加,两者之间存在一定的正相关关系.

相关图又称散点图,它是在直角坐标系中将两个变量间相对应的取值用坐标点的形式描绘出来,用以表明相关点分布状况的图形.根据表 6.1.1 的数据可以绘制散点图,如图 6.1.1 所示.

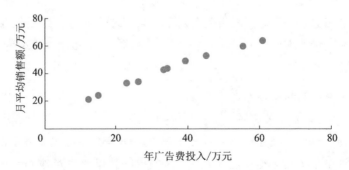

图 6.1.1　年广告费投入与月平均销售额的散点图

从散点图可以直观地看出,年广告费投入与月平均销售额密切相关,且有线性正相关关系,由式(6.1.2)可进一步计算出相关系数 $r=0.9942$,说明年广告费投入与月平均销售

额之间有高度的线性正相关关系.

6.1.3　回归分析简介

"回归"一词是由英国生物学家高尔顿(Galton)在 19 世纪末期研究孩子及他们的父母的身高时提出来的.高尔顿发现,身材高的父母,他们的孩子也高,但这些孩子的身高平均起来并不像他们的父母那样高.对于身高比较矮的父母,情形也类似,他们的孩子比较矮,但这些孩子的平均身高要比他们父母的平均身高高.他把这种孩子的身高向中间值靠近的趋势称为回归效应,"回归"一词即源于此.现代回归分析虽然沿用了"回归"一词,但内容已有很大变化,它是一种在许多领域都有广泛应用的分析研究方法.

回归分析的方法有多种:按照自变量的个数分,有一元回归和多元回归,只有一个自变量的叫一元回归,有两个或两个以上自变量的叫多元回归;按照回归曲线的形态分,有线性回归和非线性回归.实际分析时应根据客观现象的性质、特点和研究目的选取回归分析的方法.

6.1.4　相关分析与回归分析的关系

相关分析和回归分析有着密切的联系.它们不仅有共同的研究对象,而且在具体应用时常常互相补充.相关分析需要依靠回归分析来表现变量之间数量相关的具体形式,而回归分析则需要依靠相关分析来表现变量之间数量变化的相关程度.只有当变量之间高度相关时,进行回归分析寻求其相关的具体形式才有意义.如果在没有对变量之间是否相关及相关方向和程度做出正确判断之前就进行回归分析,很容易造成"虚假回归".

相关分析和回归分析的主要区别表现在以下几个方面:

(1) 相关分析关系的是变量之间的相关程度,而回归分析则要通过建立回归方程来估计因变量与自变量之间的关联方式;

(2) 在回归分析中,要确定因变量和自变量,其中自变量是非随机变量,因变量是随机变量,而在相关分析中,所考察的变量都被看作随机变量;

(3) 回归分析主要用来探讨自变量的变化对因变量的影响,而相关分析则用来衡量两个随机变量间线性关系的方向和强弱.

§6.2　一元线性回归分析

6.2.1　一元线性回归模型

对于具有线性相关关系的两个变量,描述因变量(或称响应变量)y 如何依赖自变量(或称解释变量)x 和误差项的方程称为回归模型.一元线性回归模型可以表示为

$$y=\beta_0+\beta_1 x+\varepsilon, \tag{6.2.1}$$

其中 β_0 和 β_1 称为模型的参数,误差项 ε 是一个随机变量,并假定 $E(\varepsilon)=0, D(\varepsilon)=\sigma^2$,它反映了除 x 和 y 之间的线性关系外的随机因素对结果的影响,是不能由 x 和 y 之间的线性关系所解释的变异性.

为了分析模型,假设对 x 和 y 进行 n 次观测,得到一组观测值 $(x_i, y_i), i=1,2,\cdots,n,$

x_i 和 y_i 有如下关系：

$$y_i = \beta_0 + \beta_1 x_i + \varepsilon_i, \tag{6.2.2}$$

其中各 ε_i 相互独立且 $\varepsilon_i \sim N(0, \sigma^2)$，$i = 1, 2, \cdots, n$. 式(6.2.2)就是一元线性回归的数学模型.

由上述模型可知 $y_i \sim N(\beta_0 + \beta_1 x_i, \sigma^2)$，它表明随机变量 $y_1, y_2, \cdots, y_n$ 的期望不等，方差相等，是独立的随机变量，但并不是同分布的. $\varepsilon_1, \varepsilon_2, \cdots, \varepsilon_n$ 是独立同分布的随机变量. 回归分析的主要任务就是通过 n 组样本观测值 (x_i, y_i)，$i = 1, 2, \cdots, n$ 对 β_0 和 β_1 进行估计. 一般用 $\hat{\beta}_0, \hat{\beta}_1$ 分别表示 β_0, β_1 的估计值，称

$$\hat{y} = \hat{\beta}_0 + \hat{\beta}_1 x \tag{6.2.3}$$

为 y 关于 x 的经验回归方程. 这里 $\hat{\beta}_0$ 为经验回归直线在纵轴上的截距，$\hat{\beta}_1$ 为经验回归直线的斜率，它表示自变量 x 每变动一个单位，回归估计值 $\hat{y}$ 的平均变化大小.

回归分析的基本作用是通过样本观测值 (x_i, y_i)，$i = 1, 2, \cdots, n$ 解决以下几个方面的问题：

(1) 对未知参数 β_0, β_1 及 σ^2 的估计；

(2) 回归方程的显著性检验，即检验变量之间是否有显著的线性关系；

(3) 利用回归方程进行预测和控制.

6.2.2 未知参数的估计

1. β_0, β_1 的最小二乘估计

为了由样本数据得到回归参数 β_0 和 β_1 的理想估计值 $\hat{\beta}_0$ 和 $\hat{\beta}_1$，一个自然而又直观的想法就是希望对一切的 x_i，观测值 y_i 相对于直线 $\hat{y} = \hat{\beta}_0 + \hat{\beta}_1 x$ 的偏离达到最小，即使用普通最小二乘估计，定义离差平方和为

$$Q(\beta_0, \beta_1) = \sum_{i=1}^{n} (y_i - \beta_0 - \beta_1 x_i)^2. \tag{6.2.4}$$

所谓最小二乘法，就是寻找参数 β_0, β_1 的估计值 $\hat{\beta}_0, \hat{\beta}_1$，使离差平方和达到最小，即寻找 $\hat{\beta}_0, \hat{\beta}_1$，满足

$$Q(\hat{\beta}_0, \hat{\beta}_1) = \min_{\beta_0, \beta_1} \sum_{i=1}^{n} (y_i - \beta_0 - \beta_1 x_i)^2. \tag{6.2.5}$$

依照式(6.2.5)求出的 $\hat{\beta}_0$ 和 $\hat{\beta}_1$ 就称为回归参数 β_0 和 β_1 的最小二乘估计，称 $\hat{y}_i = \hat{\beta}_0 + \hat{\beta}_1 x_i$ 为 $y_i (i = 1, 2, \cdots, n)$ 的回归拟合值，简称回归值或拟合值，称 $e_i = y_i - \hat{y}_i$ 为 $y_i (i = 1, 2, \cdots, n)$ 的残差.

从式(6.2.5)中求出 $\hat{\beta}_0, \hat{\beta}_1$ 是一个极值问题. 根据微积分中求极值的原理求得 $\hat{\beta}_0, \hat{\beta}_1$ 的最小二乘估计为

$$\begin{cases} \hat{\beta}_0 = \overline{y} - \hat{\beta}_1 \overline{x}, \\ \hat{\beta}_1 = \dfrac{\displaystyle\sum_{i=1}^{n}(x_i - \overline{x})(y_i - \overline{y})}{\displaystyle\sum_{i=1}^{n}(x_i - \overline{x})^2}. \end{cases} \tag{6.2.6}$$

引入记号：

$$l_{xx} = \sum_{i=1}^{n}(x_i - \overline{x})^2 = \sum_{i=1}^{n}x_i^2 - n\overline{x}^2, \, l_{xy} = \sum_{i=1}^{n}(x_i - \overline{x})(y_i - \overline{y}) = \sum_{i=1}^{n}x_i y_i - n\overline{x}\,\overline{y},$$

$$l_{yy} = \sum_{i=1}^{n}(y_i - \overline{y})^2 = \sum_{i=1}^{n}y_i^2 - n\overline{y}^2. \text{则式}(6.2.6)\text{又可以简写为}$$

$$\begin{cases} \hat{\beta}_0 = \overline{y} - \hat{\beta}_1 \overline{x}, \\ \hat{\beta}_1 = \dfrac{l_{xy}}{l_{xx}}. \end{cases}$$

由 $\hat{\beta}_0 = \overline{y} - \hat{\beta}_1 \overline{x}$ 可得 $\overline{y} = \hat{\beta}_0 + \hat{\beta}_1 \overline{x}$，即回归直线通过点 $(\overline{x}, \overline{y})$，而 $(\overline{x}, \overline{y})$ 是散点图的形心，这对回归直线的作图很有帮助.

例 6.2.1 皮尔逊(Pearson)测量了 9 对父子的手臂长度，所得数据见表 6.2.1.

表 6.2.1 父子臂长数据 单位:cm

父亲臂长 x	60	62	64	66	67	68	70	82	74
儿子臂长 y	62.6	65.2	66	66.9	67.1	67.4	68.2	70.1	70

根据父子臂长数据求线性回归方程.

解 为求得父子臂长相关关系的表达式，在坐标平面上画出散点图(见图 6.2.1). 从散点的分布可以看出，这些点大致散布在某条直线的周围，可以推断变量之间存在线性相关关系，将样本观测值代入相关公式，计算得：

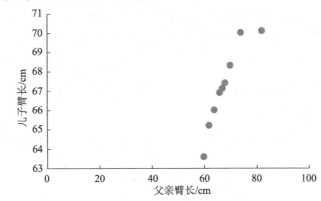

图 6.2.1 父子臂长散点图

$$\overline{x} = 68.11, \overline{y} = 67.06, l_{xx} = \sum_{i=1}^{9}x_i^2 - \frac{1}{9}\left(\sum_{i=1}^{9}x_i\right)^2 = 356.89,$$

$$l_{xy} = \sum_{i=1}^{9} x_i y_i - \frac{1}{9} \sum_{i=1}^{9} x_i \sum_{i=1}^{9} y_i = 113.84, l_{yy} = \sum_{i=1}^{9} y_i^2 - \frac{1}{9} \left(\sum_{i=1}^{9} y_i \right)^2 = 43.802.$$

故有
$$\hat{\beta}_1 = \frac{l_{xy}}{l_{xx}} = \frac{113.84}{356.89} = 0.319, \hat{\beta}_0 = \overline{y} - \hat{\beta}_1 \overline{x} = 45.334.$$

所求的线性回归方程为 $\hat{y} = \hat{\beta}_0 + \hat{\beta}_1 x = 45.334 + 0.319x.$

2. σ^2 的无偏估计

记 $SS_e = \sum_{i=1}^{n} (y_i - \hat{y}_i)^2 = \sum_{i=1}^{n} e_i^2$ 为残差平方和或剩余平方和(error sum of squares),它的大小反映了散点偏离回归直线的程度,即回归直线的拟合程度.残差平方和有如下统计特性.

定理 6.2.1 $\dfrac{SS_e}{\sigma^2} \sim \chi^2(n-2)$,且 $SS_e, \hat{\beta}_1, \overline{y}$ 相互独立.

证明略.

由 χ^2 分布的性质可知,$E\left(\dfrac{SS_e}{\sigma^2}\right) = n-2$,即 $E\left(\dfrac{SS_e}{n-2}\right) = \sigma^2.$

记
$$\hat{\sigma}^2 = \frac{SS_e}{n-2}, \tag{6.2.7}$$

因为 $E(\hat{\sigma}^2) = \sigma^2$,所以 $\hat{\sigma}^2 = \dfrac{SS_e}{n-2}$ 是 σ^2 的无偏估计.显然,$\hat{\sigma}^2$ 越小,回归直线的拟合程度越好.

3. 最小二乘估计的性质

当模型参数估计值给定之后,需要进一步考虑参数估计值的精度问题,即它们是否能代表总体参数的真值,或者说需考察参数估计量的统计性质.参数估计量的优劣可以从下面几个方面进行考察:

(1) 线性,即是否为另一随机变量的线性函数;

(2) 无偏性,即均值或期望是否等于总体的真实值;

(3) 有效性,即是否在所有线性无偏估计量中具有最小方差.

这三个准则称作估计量的小样本性质,拥有这类性质的估计量称为最优线性无偏估计量.可以证明,普通最小二乘估计 $\hat{\beta}_0, \hat{\beta}_1$ 具有线性、无偏性和有效性,是最优线性无偏估计,也称为最小方差线性无偏估计,这就是著名的高斯-马尔可夫(Guass-Markov)定理.下面的定理给出了 $\hat{\beta}_0, \hat{\beta}_1$ 的数字特征.

定理 6.2.2 一元线性回归模型中,β_0, β_1 的最小二乘估计 $\hat{\beta}_0, \hat{\beta}_1$ 满足

(1) $E(\hat{\beta}_0) = \beta_0, E(\hat{\beta}_1) = \beta_1;$

(2) $D(\hat{\beta}_1) = \dfrac{1}{l_{xx}} \sigma^2, D(\hat{\beta}_0) = \left(\dfrac{1}{n} + \dfrac{\overline{x}^2}{l_{xx}} \right) \sigma^2;$

(3) $\text{Cov}(\hat{\beta}_0, \hat{\beta}_1) = -\dfrac{\overline{x}^2}{l_{xx}} \sigma^2.$

证　(1) 因为对于任意的 $i=1,2,\cdots,n$,有

$$E(y_i)=\beta_0+\beta_1 x_i,\quad E(\overline{y})=\beta_0+\beta_1\overline{x},$$

所以

$$E(\hat{\beta}_1)=\frac{1}{l_{xx}}E\Big[\sum_{i=1}^{n}(x_i-\overline{x})(y_i-\overline{y})\Big]=\frac{\beta_1\sum_{i=1}^{n}(x_i-\overline{x})^2}{l_{xx}}=\beta_1,$$

$$E(\hat{\beta}_0)=E(\overline{y})-\overline{x}E(\hat{\beta}_1)=\beta_0+\beta_1\overline{x}-\beta_1\overline{x}=\beta_0.$$

(2) 由于 $\sum_{i=1}^{n}(x_i-\overline{x})=0$,所以可将 $\hat{\beta}_1,\hat{\beta}_0$ 表示为

$$\hat{\beta}_1=\frac{1}{l_{xx}}\sum_{i=1}^{n}(x_i-\overline{x})(y_i-\overline{y})=\frac{1}{l_{xx}}\sum_{i=1}^{n}(x_i-\overline{x})y_i.,$$

$$\hat{\beta}_0=\overline{y}-\overline{x}\hat{\beta}_1=\sum_{i=1}^{n}\Big[\frac{1}{n}-\frac{(x_i-\overline{x})\overline{x}}{l_{xx}}\Big]y_i.$$

由于 $y_1,y_2,\cdots,y_n$ 相互独立,所以有

$$D(\hat{\beta}_0)=\sum_{i=1}^{n}\Big[\frac{1}{n}-\frac{(x_i-\overline{x})\overline{x}}{l_{xx}}\Big]^2\sigma^2=\Big[\frac{1}{n}+\sum_{i=1}^{n}\frac{(x_i-\overline{x})^2\overline{x}^2}{l_{xx}^2}\Big]\sigma^2=\Big(\frac{1}{n}+\frac{\overline{x}^2}{l_{xx}}\Big)\sigma^2,$$

$$D(\hat{\beta}_1)=\frac{1}{l_{xx}^2}\sum_{i=1}^{n}(x_i-\overline{x})^2\sigma^2=\frac{\sigma^2}{l_{xx}}.$$

(3) $\mathrm{Cov}(\hat{\beta}_0,\hat{\beta}_1)=\sum_{i=1}^{n}\frac{(x_i-\overline{x})}{l_{xx}}\Big[\frac{1}{n}-\frac{(x_i-\overline{x})\overline{x}}{l_{xx}}\Big]^2\sigma^2=-\sum_{i=1}^{n}\frac{(x_i-\overline{x})^2\overline{x}}{l_{xx}^2}\sigma^2=-\frac{\overline{x}^2}{l_{xx}}\sigma^2.$

上述定理说明最小二乘估计 $\hat{\beta}_0,\hat{\beta}_1$ 分别是 β_0,β_1 的线性无偏估计.下面的定理则给出了 $\hat{\beta}_0,\hat{\beta}_1$ 的分布.

定理 6.2.3　$\hat{\beta}_0\sim N\Big(\beta_0,\Big(\frac{1}{n}+\frac{\overline{x}^2}{l_{xx}}\Big)\sigma^2\Big),\hat{\beta}_1\sim N\Big(\beta_1,\frac{\sigma^2}{l_{xx}}\Big).$

证　由于 $\hat{\beta}_1=\frac{l_{xy}}{l_{xx}}=\frac{1}{l_{xx}}\sum_{i=1}^{n}(x_i-\overline{x})y_i,\hat{\beta}_0=\overline{y}-\overline{x}\hat{\beta}_1$ 都是 $y_1,y_2,\cdots,y_n$ 的线性函数,而 $y_1,y_2,\cdots,y_n$ 独立同分布于正态分布,所以 $\hat{\beta}_0,\hat{\beta}_1$ 也都服从正态分布.由定理可知,$E(\hat{\beta}_1)=\beta_1,D(\hat{\beta}_1)=\frac{\sigma^2}{l_{xx}}$,因此有 $\hat{\beta}_1\sim N\Big(\beta_1,\frac{\sigma^2}{l_{xx}}\Big)$;同理可得 $\hat{\beta}_0\sim N\Big(\beta_0,\Big(\frac{1}{n}+\frac{\overline{x}^2}{l_{xx}}\Big)\sigma^2\Big)$.

定理 6.2.4　$\dfrac{\hat{\beta}_1-\beta_1}{\hat{\sigma}}\sqrt{l_{xx}}\sim t(n-2),\dfrac{\hat{\beta}_0-\beta_0}{\hat{\sigma}\sqrt{\frac{1}{n}+\frac{\overline{x}^2}{l_{xx}}}}\sim t(n-2).$

证　由定理 6.2.3 可知 $\hat{\beta}_1\sim N\Big(\beta_1,\frac{\sigma^2}{l_{xx}}\Big)$,因此 $\dfrac{\hat{\beta}_1-\beta_1}{\sqrt{\frac{\sigma^2}{l_{xx}}}}\sim N(0,1)$.由定理 6.2.1 可知,

$\dfrac{SS_e}{\sigma^2}\sim\chi^2(n-2)$,且 β_1 与 SS_e 相互独立,所以根据 t 分布的定义可以推出

$$T = \frac{\hat{\beta}_1 - \beta_1}{\hat{\sigma}} \sqrt{l_{xx}} \sim t(n-2). \tag{6.2.8}$$

$\dfrac{\hat{\beta}_0 - \beta_0}{\hat{\sigma} \sqrt{\dfrac{1}{n} + \dfrac{\overline{x}^2}{l_{xx}}}} \sim t(n-2)$ 的证明类似，此处省略.

4. β_0, β_1 的区间估计

前面求出的 $\hat{\beta}_0, \hat{\beta}_1$ 相当于 β_0, β_1 的点估计，根据定理 6.2.4 中 t 分布的两个结论，利用求置信区间的方法可以分别求出 β_0, β_1 的区间估计.

对于给定的置信水平 $1-\alpha$，构造如下概率不等式：

$$P\left(\left| \frac{\hat{\beta}_1 - \beta_1}{\hat{\sigma}} \sqrt{l_{xx}} \right| \leqslant t_{\alpha/2}(n-2) \right) = 1-\alpha.$$

从附表 5 可以查到 t 分布的分位数，解得 β_1 的置信水平为 $1-\alpha$ 的置信区间是

$$\left[\hat{\beta}_1 - t_{\alpha/2}(n-2) \frac{\hat{\sigma}}{\sqrt{l_{xx}}}, \hat{\beta}_1 + t_{\alpha/2}(n-2) \frac{\hat{\sigma}}{\sqrt{l_{xx}}} \right]. \tag{6.2.9}$$

类似地，对于给定的置信水平 $1-\alpha$，构造如下概率不等式：

$$P\left(\left| \frac{\hat{\beta}_0 - \beta_0}{\hat{\sigma} \sqrt{\dfrac{1}{n} + \dfrac{\overline{x}^2}{l_{xx}}}} \right| \leqslant t_{\alpha/2}(n-2) \right) = 1-\alpha,$$

解得 β_0 的置信水平为 $1-\alpha$ 的置信区间是

$$\left[\hat{\beta}_0 - t_{\alpha/2}(n-2)\hat{\sigma} \sqrt{\frac{1}{n} + \frac{\overline{x}^2}{l_{xx}}}, \hat{\beta}_0 + t_{\alpha/2}(n-2)\hat{\sigma} \sqrt{\frac{1}{n} + \frac{\overline{x}^2}{l_{xx}}} \right]. \tag{6.2.10}$$

6.2.3 回归方程的显著性检验

前面的讨论都是在假定 y 与 x 呈线性相关关系的前提下进行的，若这个假定不成立，则建立的回归直线方程也就失去了意义，为此，必须对 y 与 x 之间的线性相关关系运用统计方法进行检验. 判断 y 与 x 之间是否有线性关系，主要取决于系数 β_1 是否为零，因此需要检验假设 $H_0 : \beta_1 = 0, H_1 : \beta_1 \neq 0$.

1. t 检验

t 检验是统计推断中一种常用的检验方法，在回归分析中，t 检验用于检验回归系数的显著性.

由式 (6.2.8) 可知，当原假设 $H_0 : \beta_1 = 0$ 成立时，有

$$T = \frac{\hat{\beta}_1}{\sqrt{\dfrac{\hat{\sigma}^2}{l_{xx}}}} = \frac{\hat{\beta}_1}{\hat{\sigma}} \sqrt{l_{xx}}, \tag{6.2.11}$$

其中 $\hat{\sigma}^2 = \dfrac{SS_e}{n-2}$ 是 σ^2 的无偏估计，$\hat{\sigma}$ 为剩余标准差.

当原假设 $H_0:\beta_1=0$ 成立时，T 统计量服从 $t(n-2)$．对于给定的显著性水平 α，当 $|T|\geqslant t_{\alpha/2}(n-2)$ 时，拒绝原假设，认为回归系数 β_1 显著不为零，因变量 y 对自变量 x 的一元线性回归成立；当 $|T|<t_{\alpha/2}(n-2)$ 时，接受原假设，认为回归系数 β_1 为零，因变量 y 对自变量 x 的一元线性回归不成立．

2. F 检验

F 检验是检验回归方程是否真正线性相关的一种方法，它是在对总离差平方和分解的基础上进行的．为了构造检验统计量，下面研究引起观测值波动的原因．

记

$$SS_T=\sum_{i=1}^{n}(y_i-\overline{y}_i)^2=l_{yy}，$$

称为总偏差平方和或总平方和，它反映了数据的总波动．

记

$$SS_R=\sum_{i=1}^{n}(\hat{y}_i-\overline{y})^2，$$

称为回归平方和，它反映了自变量 x 的变动导致的数据波动．

记

$$SS_e=\sum_{i=1}^{n}(y_i-\hat{y}_i)^2，$$

称为残差平方和，它反映了随机误差引起的数据波动．

经数学推导，易得如下方差分解公式：

$$SS_T=SS_R+SS_e，$$

即总平方和 SS_T 可以分解成回归平方和 SS_R 与残差平方和 SS_e 两部分，其中 SS_R 是由回归方程确定的，也就是由自变量的波动引起的；SS_e 是不能由自变量解释的波动，即由其他未加控制的因素引起．在总平方和 SS_T 中，能够由自变量解释的部分为 SS_R，不能由自变量解释的部分为 SS_e，因此，回归平方和 SS_R 越大，回归的效果就越好．

记 $MS_R=\dfrac{SS_R}{1}=SS_R$ 与 $MS_e=\dfrac{SS_e}{n-2}$ 分别为一元线性回归的回归均方与误差均方．在一元线性回归模型下，可以证明当 $H_0:\beta_1=0$ 为真时，$\dfrac{SS_R}{\sigma^2}\sim\chi^2(1)$；又由定理 6.2.1 知 $\dfrac{SS_e}{\sigma^2}\sim\chi^2(n-2)$，并且 SS_e 与 SS_R 相互独立，因此可以构造统计量

$$F=\frac{SS_R}{\dfrac{SS_e}{n-2}}=\frac{MS_R}{MS_e}\sim F(1,n-2)，\tag{6.2.12}$$

对于给定的显著性水平 α，有 $P(F>F_\alpha(1,n-2))=\alpha$．

在正态假设下，当原假设 $H_0:\beta_1=0$ 成立时，F 服从 $F(1,n-2)$．当 $F>F(1,n-2)$ 时，拒绝 H_0，说明回归方程显著，x 与 y 有显著的线性关系．具体检验过程可放在方差分析表中进行，方差分析表的形式如表 6.2.2 所示．

表 6.2.2　一元线性回归方差分析表

方差来源	平方和	自由度	均方	F	显著性
回归	SS_R	1	$MS_R = SS_R$	$F = MS_R/MS_e$	
误差	SS_e	$n-2$	$MS_e = SS_e/(n-2)$		
总计	SS_T	$n-1$			

3. 相关系数检验

由于一元线性回归方程讨论的是变量 x 与变量 y 之间的线性关系,所以可以用变量 x 与变量 y 之间的相关系数来检验回归方程的显著性.

已知样本 $(x_i, y_i), i = 1, 2, \cdots, n$ 之间的线性相关系数为

$$r = \frac{\sum\limits_{i=1}^{n}(x_i - \overline{x})(y_i - \overline{y})}{\sqrt{\sum\limits_{i=1}^{n}(x_i - \overline{x})^2 \sum\limits_{i=1}^{n}(y_i - \overline{y})^2}} \triangleq \frac{l_{xy}}{\sqrt{l_{xx}l_{yy}}}.$$

以 ρ 代表总体相关系数,为进行 x 与 y 之间线性关系的显著性检验,建立下述假设:

$$H_0: \rho = 0, H_1: \rho \neq 0.$$

可以证明上述假设与之前的假设 $H_0: \beta_1 = 0, H_1: \beta_1 \neq 0$ 是等价的.

由于

$$SS_R = \sum_{i=1}^{n}(\hat{y_i} - \overline{y})^2 = \sum_{i=1}^{n}(\overline{y} + \hat{\beta}_1(x_i - \overline{x}) - \overline{y})^2 = \hat{\beta}_1 l_{xx} = \frac{l_{xy}^2}{l_{xx}} = l_{yy}r^2,$$

$$SS_e = SS_T - SS_R = l_{yy} - \frac{l_{xy}^2}{l_{xx}} = l_{yy}(1 - r^2). \tag{6.2.13}$$

因此由式(6.2.13)有

$$r^2 = 1 - \frac{SS_e}{l_{yy}} = 1 - \frac{SS_e}{SS_T} = \frac{SS_R}{SS_T} \leqslant 1.$$

由回归平方和与残差平方和的意义可知,在总偏差平方和中,回归平方和所占的比重越大,说明线性回归效果越好,回归直线与样本观测值的拟合优度越好;残差平方和所占的比重越大,说明回归直线与样本观测值的拟合效果越不理想. 这里 $\dfrac{SS_R}{SS_T}$ 又称为决定系数,用 R^2 表示,即

$$R^2 = \frac{SS_R}{SS_T} = 1 - \frac{SS_e}{SS_T}. \tag{6.2.14}$$

决定系数 R^2 就是回归平方和占总偏差平方和的比例,反映自变量解释因变量变异的比例,是判定回归直线与样本观测值拟合优度的指标,此度量值介于 0 与 1 之间,其值越接近 1,表示拟合优度越好,回归模型的解释能力越强;反之,其值越接近 0,表示拟合优度越差,回归模型的解释能力越弱. 显然,在一元线性回归分析情形下有 $R^2 = r^2$.

由式(6.2.13)可得

$$\frac{SS_R}{SS_e} = \frac{r^2}{1-r^2},$$

由式(6.2.12)有

$$F = \frac{SS_R}{SS_e/(n-2)} = (n-2)\frac{r^2}{1-r^2}.$$

因此当 $F > F_\alpha(1, n-2)$，即 $(n-2)\dfrac{r^2}{1-r^2} > F_\alpha(1, n-2)$ 时，解得

$$|r| > \sqrt{\frac{F_\alpha(1, n-2)}{n-2+F_\alpha(1, n-2)}}. \tag{6.2.15}$$

上述结论说明可以用相关系数 r 作为检验统计量. 本书附表 10 给出了 $|r|$ 的临界值 $r_\alpha(n-2)$. 在给定的显著性水平 $\alpha = 0.05$ 下，当两个变量 X 与 Y 的相关系数的绝对值 $|r|$ 大于表中的临界值时，可以认为 X 与 Y 有显著的线性关系；如果 $|r|$ 小于表中的临界值，就认为 X 与 Y 没有显著的线性关系.

例 6.2.2　对于例 6.2.1 的检验问题，前面已经计算出 $n = 9, l_{xx} = 356.89, l_{yy} = 43.802, \hat{\beta}_1 = 0.319, \hat{\sigma} = \sqrt{\dfrac{SS_e}{n-2}} = 0.805.$

解　(1) 回归系数的显著性检验——t 检验：

$$T = \frac{\hat{\beta}_1}{\hat{\sigma}}\sqrt{l_{xx}} = \frac{0.319}{0.805}\sqrt{356.89} = 7.486,$$

对于给定的显著性水平 $\alpha = 0.05$，由附表 5 查得分位数 $t_{0.025}(7) = 2.365$，由于 $|T| = 7.486 > t_{0.025}(7) = 2.365$，因此拒绝 H_0，说明回归效果显著.

(2) 回归方差的显著性检验——F 检验：

$$F = \frac{SS_R}{SS_e/(n-2)} = \frac{43.802 - 4.538}{4.538/7} = 60.566,$$

对于给定的显著性水平 $\alpha = 0.05$，由附表 6 查得分位数 $F_{0.05}(1, 7) = 5.59$，由于 $F = 60.566 > 5.59$，因此拒绝 H_0，说明在给定的显著性水平下，回归效果显著.

(3) 相关系数检验——r 检验：

由式(6.1.2)可以计算出父子臂长的相关系数为 $r = 0.9105$，由于 $n = 9, n - 2 = 7, \alpha = 0.05$，查附表 10 得相关系数的临界值为 $r_{0.05}(7) = 0.6664$，由于 $r = 0.9105 > 0.6664$，因此拒绝原假设，即认为两变量间相关关系显著.

6.2.4　参数估计及预测

建立回归模型的目的是应用，而预测和控制是回归模型最重要的应用. 对于一元线性回归模型 $y = \beta_0 + \beta_1 x + \varepsilon$，根据观测数据 $(x_i, y_i), i = 1, 2, \cdots, n$ 得到经验回归方程 $\hat{y} = \hat{\beta}_0 + \hat{\beta}_1 x$，并通过检验证明回归效果显著后，当自变量 x 的取值为 $x_0 (x_0 \neq x_i, i = 1, 2, \cdots, n)$ 时，取 $\hat{y}_0 = \hat{\beta}_0 + \hat{\beta}_1 x_0$ 作为实际的 $y_0 = \beta_0 + \beta_1 x + \varepsilon_0$ 的预测值，称 $\hat{y}_0$ 为 y_0 的点预测. 这是因为 $y \sim N(\beta_0 + \beta_1 x, \sigma^2)$，所以 $E(y) = \beta_0 + \beta_1 x$. 对于 $x = x_0$，均值 $E(y_0) = \beta_0 + \beta_1 x_0$，则 $E(y_0)$

的一个点估计就是 $\hat{E}(y_0) = \hat{\beta}_0 + \hat{\beta}_1 x_0$，即 $\hat{y}_0$ 表示的是 $E(y_0)$ 的估计，而不是 y_0 的估计.

对于预测问题，除了希望知道预测值外，还希望知道预测的精度，这就需要做区间预测，给出一个预测值范围比只给单个 $\hat{y}_0$ 值更可信. 求 y_0 的置信水平为 $1-\alpha$ 的置信区间，称为区间预测. 对因变量的区间预测分为两类：第一类是在特定的值之下，对均值的区间预测；第二类是对应于某 x 值的 y 值的区间预测.

1. 当 $x = x_0$ 时，求 $E(y_0)$ 的区间估计

首先构造枢轴量，可以证明 $\hat{y}_0 = \hat{\beta}_0 + \hat{\beta}_1 x_0 \sim N\left(\beta_0 + \beta_1 x_0, \left(\dfrac{1}{n} + \dfrac{(x_0 - \bar{x})^2}{l_{xx}}\right)\sigma^2\right)$，并且

$\hat{y}_0$ 与 $\dfrac{SS_e}{\sigma^2} \sim \chi^2(n-2)$ 相互独立，所以有

$$T = \frac{(\hat{y}_0 - E(y_0))\Big/ \sigma\sqrt{\dfrac{1}{n} + \dfrac{(x_0 - \bar{x})^2}{l_{xx}}}}{\sqrt{\dfrac{SS_e}{\sigma^2}\big/(n-2)}} = \frac{\hat{y}_0 - E(y_0)}{\hat{\sigma}\sqrt{\dfrac{1}{n} + \dfrac{(x_0 - \bar{x})^2}{l_{xx}}}} \sim t(n-2),$$

其中 $\hat{\sigma} = \sqrt{\dfrac{SS_e}{n-2}}$.

对于给定的置信水平 $1-\alpha$，由 $P\left(|T| \leqslant t_{\alpha/2}(n-2)\right) = 1-\alpha$，解得 $E(y_0)$ 的置信度为 $1-\alpha$ 的预测区间是

$$\left(\hat{y}_0 - t_{\alpha/2}(n-2)\hat{\sigma}\sqrt{\dfrac{1}{n} + \dfrac{(x_0 - \bar{x})^2}{l_{xx}}}, \ \hat{y}_0 + t_{\alpha/2}(n-2)\hat{\sigma}\sqrt{\dfrac{1}{n} + \dfrac{(x_0 - \bar{x})^2}{l_{xx}}}\right).$$

$$(6.2.16)$$

2. 当 $x = x_0$ 时，求 y_0 的预测区间

事实上，由于 $y_0 = E(y_0) + \varepsilon_0, \varepsilon_0 \sim N(0, \sigma^2)$，因此 y_0 最可能的取值仍然为 $\hat{y}_0 = \hat{E}(y_0)$. 可以使用以 $\hat{y}_0$ 为中心的一个区间 $[\hat{y}_0 - \delta, \hat{y}_0 + \delta]$ 作为 y_0 的取值范围，称之为预测区间. 由于 $y_0, y_1, y_2, \cdots, y_n$ 相互独立，而 $\hat{y}_0$ 只与 $y_1, y_2, \cdots, y_n$ 有关，因此 y_0 与 $\hat{y}_0$ 相互独立，故有 $y_0 - \hat{y}_0 \sim N\left(0, \left(1 + \dfrac{1}{n} + \dfrac{(x_0 - \bar{x})^2}{l_{xx}}\right)\sigma^2\right)$，因此

$$T = \frac{y_0 - \hat{y}_0}{\hat{\sigma}\sqrt{1 + \dfrac{1}{n} + \dfrac{(x_0 - \bar{x})^2}{l_{xx}}}} \sim t(n-2),$$

其中 $\hat{\sigma} = \sqrt{\dfrac{SS_e}{n-2}}$.

于是 y_0 的置信度为 $1-\alpha$ 的预测区间 $[\hat{y}_0 - \delta, \hat{y}_0 + \delta]$ 可以写成

$$\left(\hat{y}_0 \pm t_{\alpha/2}(n-2)\hat{\sigma}\sqrt{1 + \dfrac{1}{n} + \dfrac{(x_0 - \bar{x})^2}{l_{xx}}}\right),$$

$$(6.2.17)$$

其中 $\delta = t_{a/2}(n-2)\hat{\sigma}\sqrt{1+\dfrac{1}{n}+\dfrac{(x_0-\overline{x})^2}{l_{xx}}}$.

可以看出，y_0 预测区间的半径比 $E(y_0)$ 置信区间的半径略大，这个差别导致预测区间比置信区间要宽一些.

图 6.2.2 给出了不同 x 值处 y 的预测区间的示意图，可以看出，预测区间在 $x=\overline{x}$ 处最短，越远离 $\overline{x}$ 预测区间越长，呈喇叭状. 因此，需要注意的是，应用回归方程进行预测一般适用于内插预测，即只能对 x 的观测数据范围内的 x_0 进行预测，不大适用于外推预测. 如需扩大使用范围，应有充分的理论依据或进一步的试验根据，否则对超出观测数据范围的 x_0 进行预测通常是没有意义的.

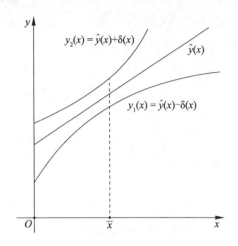

图 6.2.2　不同 x 值处 y 的预测区间的示意图

3. 控制

控制是预测的反问题，是指利用所建立的经验回归方程通过限制自变量 x 的取值对因变量 y 进行控制，即对于给定的区间 $[y_1,y_2]$ 和置信度 $1-\alpha$，确定自变量 x 的取值范围 $[x_1,x_2]$，使得

$$P(y_1 \leqslant y \leqslant y_2) = 1-\alpha. \tag{6.2.18}$$

当假设因变量 y 与自变量 x 具有显著的正相关关系时，对于任意给定的 x 值，由式(6.2.17)可知，变量 y 的可能取值满足

$$P\left(\hat{y}-t_{a/2}(n-2)\hat{\sigma}\sqrt{1+\dfrac{1}{n}+\dfrac{(x-\overline{x})^2}{l_{xx}}} \leqslant y \leqslant \hat{y}+t_{a/2}(n-2)\hat{\sigma}\sqrt{1+\dfrac{1}{n}+\dfrac{(x-\overline{x})^2}{l_{xx}}}\right)=1-\alpha,$$

其中 $\hat{y}=\hat{\beta}_0+\hat{\beta}_1 x$.

要保证因变量 y 满足式(6.2.18)，自变量 x 就必须满足

$$\begin{cases} \hat{\beta}_0+\hat{\beta}_1 x-t_{a/2}(n-2)\hat{\sigma}\sqrt{1+\dfrac{1}{n}+\dfrac{(x-\overline{x})^2}{l_{xx}}}=y_1, \\[4mm] \hat{\beta}_0+\hat{\beta}_1 x+t_{a/2}(n-2)\hat{\sigma}\sqrt{1+\dfrac{1}{n}+\dfrac{(x-\overline{x})^2}{l_{xx}}}=y_2. \end{cases} \tag{6.2.19}$$

解上述方程组就可以得到自变量 x 控制范围的上下限 x_1 和 x_2，当 $\hat{\beta}_1 > 0$ 时，x 的控制区间为 $[x_1, x_2]$；当 $\hat{\beta}_1 < 0$ 时，x 的控制区间为 $[x_2, x_1]$.

当 n 比较大时，用 $u_{a/2}$ 代替 $t_{a/2}(n-2)$，并略去 $\sqrt{1 + \dfrac{1}{n} + \dfrac{(x-\overline{x})^2}{l_{xx}}}$，得

$$y_1 = \hat{\beta}_0 + \hat{\beta}_1 x - u_{a/2}\hat{\sigma},$$
$$y_2 = \hat{\beta}_0 + \hat{\beta}_1 x + u_{a/2}\hat{\sigma}.$$

从中分别解出 x_1 及 x_2，当 $\hat{\beta}_1 > 0$ 时，控制区间为 $[x_1, x_2]$，如图 6.2.3 所示；当 $\hat{\beta}_1 < 0$ 时，控制区间为 $[x_2, x_1]$. 显然，要实现控制，必须使区间 $[y_1, y_2]$ 的长度 $y_2 - y_1$ 大于 $2u_{a/2}\hat{\sigma}$.

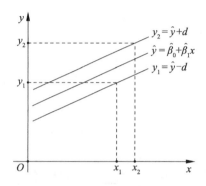

图 6.2.3　控制区间示意图

6.2.5　残差分析

一个线性回归方程通过了 t 检验或 F 检验，只能表明变量之间的线性关系是显著的，或者说线性回归方程是有效的，但不能保证数据拟合得很好，也不能排除其他原因导致数据不完全可靠，比如有异常值或者周期性扰动等. 只有满足模型中残差项有关的假定时，才能放心地运用回归模型. 因此，在利用回归方程进行分析和预测之前，应该先进行残差分析，帮助诊断回归效果与样本数据的质量，检验模型是否满足基本假定，以便对模型做进一步的改进. 线性回归应满足的基本条件为线性、独立性、正态性和等方差性. 残差分析的主要内容便是考察残差的均值是否为 0、是否等方差、是否服从正态分布，以及残差序列是否相互独立等.

1. 残差假设

残差分析可用来检验回归分析的前提假定是否成立. 若前提假定不成立，则回归方程的显著性检验根本无效，回归方程也不能使用. 在证实回归模型的前提假定是否成立时，需要考虑两个关键问题：一是有关误差项的前提假定是否满足；二是所假定的模型是否合适.

2. 残差图

残差 e_i 是误差 ε_i 的估计值，残差图可帮助判断有关 ε 的前提假定是否满足. 以自变量 x 为横轴，或以因变量回归值 $\hat{y}$ 为横轴，以残差为纵轴，将相应的残差点画在直角坐标系

上,就得到残差图.一般认为,如果一个回归模型满足所给出的基本假定,那么所有残差应在 $e=0$ 附近随机变化,并在变化幅度不大的一个区域内.

3. 改进的残差

在残差分析中,一般认为超过 $\pm 2\hat{\sigma}$ 或 $\pm 3\hat{\sigma}$ 的残差为异常值,考虑到普通残差 e_1, $e_2,\cdots,e_n$ 的方差不等,用 e_i 做判断和比较会比较麻烦,因此引入标准化残差和学生化残差的概念,以改进普通残差的性质.

标准化残差 $ZRE_i=\dfrac{e_i}{\hat{\sigma}}$,$|ZRE_i|\geqslant 3$ 的相应观测值即判定为异常值.标准化残差使残差具有可比性,简化了判定工作,但是没有解决方差不等的问题.

学生化残差 $SRE_i=\dfrac{e_i}{\hat{\sigma}\sqrt{1-h_{ii}}}$,其中 h_{ii} 称为杠杆值,由自变量值与其平均值距离的远近而定,$0<h_{ii}<1$.学生化残差解决了方差不等的问题,一般认为 $|SRE_i|>3$ 的相应观测值为异常值.

§6.3　多元线性回归分析

6.3.1　多元线性回归的数学模型

在许多实际问题中,因变量 y 可能会受到多个自变量因素 $x_1,x_2,\cdots,x_k$ 的影响,研究它们之间的关系就需要建立多元线性回归模型.下面简单介绍多元线性回归,即研究因变量 y 与自变量 $x_1,x_2,\cdots,x_k$ 存在线性相关关系的情况.

与一元线性回归类似,自变量 $x_1,x_2,\cdots,x_k$ 是确定性变量,因变量 y 除了与自变量 $x_1,x_2,\cdots,x_k$ 存在线性关联外,还会受到其他随机因素的影响,将这些随机因素记作 ε,并假定 $\varepsilon\sim N(0,\sigma^2)$.建立多元线性回归模型

$$y=\beta_0+\beta_1 x_1+\beta_2 x_2+\cdots+\beta_k x_k+\varepsilon, \tag{6.3.1}$$

其中,$\beta_0,\beta_1,\cdots,\beta_k$ 为偏回归系数.

若测得 n 组样本观测数据 $(x_{i1},x_{i2},\cdots,x_{ik},y_i)$,$i=1,2,\cdots,n$,代入式(6.3.1)得

$$\begin{cases} y_1=\beta_0+\beta_1 x_{11}+\beta_2 x_{12}+\cdots+\beta_k x_{1k}+\varepsilon_1, \\ y_2=\beta_0+\beta_1 x_{21}+\beta_2 x_{22}+\cdots+\beta_k x_{2k}+\varepsilon_2, \\ \quad\cdots\cdots\cdots\cdots \\ y_n=\beta_0+\beta_1 x_{n1}+\beta_2 x_{n2}+\cdots+\beta_k x_{nk}+\varepsilon_n. \end{cases}$$

写成矩阵的形式为

$$\begin{cases} \boldsymbol{Y}=\boldsymbol{X\beta}+\boldsymbol{\varepsilon} \\ \boldsymbol{\varepsilon}\sim N_n(\boldsymbol{0},\sigma^2 \boldsymbol{I}_n). \end{cases} \tag{6.3.2}$$

其中 $\boldsymbol{Y}=(y_1,y_2,\cdots,y_n)^{\mathrm{T}}$,$\boldsymbol{\beta}=(\beta_0,\beta_1,\cdots,\beta_k)^{\mathrm{T}}$,$\boldsymbol{\varepsilon}=(\varepsilon_1,\varepsilon_2,\cdots,\varepsilon_n)^{\mathrm{T}}$,$\boldsymbol{I}_n$ 为 n 阶单位矩阵,

$$X = \begin{pmatrix} 1 & x_{11} & \cdots & x_{1k} \\ 1 & x_{21} & \cdots & x_{2k} \\ \vdots & \vdots & & \vdots \\ 1 & x_{n1} & \cdots & x_{nk} \end{pmatrix}.$$

仍采用最小二乘估计法求未知参数 $\beta_0, \beta_1, \cdots, \beta_k$ 的估计,记作 $\hat{\boldsymbol{\beta}} = (\hat{\beta}_0, \hat{\beta}_1, \cdots, \hat{\beta}_k)^T$,求解正规方程组,则有

$$\hat{\boldsymbol{\beta}} = (\boldsymbol{X}^T \boldsymbol{X})^{-1} \boldsymbol{X}^T \boldsymbol{Y}, \tag{6.3.3}$$

由此得到经验线性回归方程为

$$\hat{y} = \hat{\beta}_0 + \hat{\beta}_1 x_1 + \hat{\beta}_2 x_2 + \cdots + \hat{\beta}_k x_k. \tag{6.3.4}$$

上式中 $\hat{\beta}_0$ 为常数项,它表示当所有自变量取值为 0 时因变量的估计值;$\hat{\beta}_i$ 为偏回归系数,它表示当其他自变量固定时,自变量 x_i 每改变一个单位时 $\hat{y}$ 的平均变化量.

6.3.2 多元线性回归中的假设检验

上面得到的回归模型来自样本数据,类似于一元线性回归,本节对多元线性回归方程进行假设检验.

1. 拟合优度检验

类似于一元线性回归情形,对多元线性回归进行平方和分解:

$$SS_T = SS_R + SS_e,$$

其中 $SS_T = \sum_{i=1}^{n} (y_i - \overline{y})^2$,$SS_R = \sum_{i=1}^{n} (\hat{y}_i - \overline{y})^2$,$SS_e = \sum_{i=1}^{n} (y_i - \hat{y}_i)^2$,相应的自由度也分解为 $df_T = n-1, df_R = k, df_e = n-k-1$.

我们的目标是构造一个不含单位量纲、可以相互比较且能直观判断拟合效果优劣的指标. 由式(6.2.14)可知一元线性回归的决定系数为

$$R^2 = \frac{SS_R}{SS_T} = 1 - \frac{SS_e}{SS_T}.$$

R^2 越大说明自变量对因变量的解释程度越高,自变量引起的变异占总变异的百分比越大. 但在多元线性回归中,由于决定系数只涉及平方和而没有考虑自由度,因此随着解释变量个数的增多,R^2 几乎必然会增大到接近于 1,也就是说即使这些解释变量对因变量 y 没有多少解释能力,也可能得到 R^2 很大的统计模型,但这样的模型并没有更多的实际意义,因此必须对增加解释变量的个数进行控制,也就是通过引进自由度校正所计算的平方和.

记 $\overline{R}^2 = 1 - \dfrac{SS_e/(n-k-1)}{SS_T/(n-1)}$ 为调整决定系数,又称校正决定系数,用来刻画多元线性回归中多个自变量对因变量的拟合程度.

2. 回归方程的显著性检验

检验全部自变量与因变量是否具有统计学意义上的线性相关关系,通常采用 F 检验法.

检验假设：

$$H_0: \beta_1 = \beta_2 = \cdots = \beta_k = 0, \quad H_1: \beta_1, \beta_2, \cdots, \beta_k \ 不全为 \ 0.$$

可以证明，SS_e 与 SS_R 相互独立且 $\dfrac{SS_e}{\sigma^2} \sim \chi^2(n-k-1)$，当 H_0 为真时，有 $\dfrac{SS_R}{\sigma^2} \sim \chi^2(k)$，构造检验统计量

$$F = \frac{SS_R/k}{SS_e/(n-k-1)} = \frac{MS_R}{MS_e} \sim F(k, n-k-1), \tag{6.3.5}$$

对于给定的显著性水平 α，有 $P(F > F_\alpha(k, n-k-1)) = \alpha$，因此拒绝域为 $F > F_\alpha(k, n-k-1)$.

通常把 F 检验的结果用表 6.3.1 所示的方差分析表表示.

表 6.3.1　方差分析表

方差来源	平方和	自由度	均方	F 值
回归	SS_R	k	$MS_R = SS_R/k$	
残差	SS_e	$n-k-1$	$MS_e = SS_e/(n-k-1)$	$F = MS_R/MS_e$
总计	SS_T	$n-1$		

若经过 F 检验知道回归方程是显著的，则说明 k 个自变量 $x_1, x_2, \cdots, x_k$ 中至少有一个自变量 x_i 与因变量 y 存在显著的线性关系，至于是哪一个自变量 x_i，需要对各回归系数进行进一步检验来确定.

3. 偏回归系数的检验

回归分析中在得出整个回归模型有统计学意义后，还需要检验单独某个自变量与因变量之间是否存在线性关系，也就是检验某个偏回归系数 β_i 是否为 0，即检验假设 $H_{0i}: \beta_i = 0$，$H_{1i}: \beta_i \neq 0$，$i = 1, 2, \cdots, k$.

当 H_{0i} 为真时，检验统计量为

$$T_i = \frac{\hat{\beta}_i / \sigma\sqrt{c_{i+1,i+1}}}{\sqrt{\dfrac{SS_e}{\sigma^2}/(n-k-1)}} \sim t(n-k-1), \quad i = 1, 2, \cdots, k, \tag{6.3.6}$$

其中 c_{ij} 为 $(\boldsymbol{X}^{\mathrm{T}}\boldsymbol{X})^{-1}$ 的第 i 行第 j 列的元素.

对于给定的显著性水平 α，当 $|T_i| > t_{\alpha/2}(n-k-1)$ 时拒绝原假设，接受备择假设 H_{1i}，说明自变量 x_i 与因变量存在显著的线性关系.

6.3.3　变量筛选与逐步回归

在建立回归模型时，总是希望尽可能用最少的变量建立模型，但究竟应该选择哪些自变量进入模型，就需要对自变量进行一定的筛选. 选择自变量的原则通常是对统计量进行显著性检验，检验的依据就是，将一个或一个以上的自变量引入回归模型时残差平方和 SS_e 是否显著减小. 如果增加一个自变量使残差平方和的减小是显著的，就说明有必要将这个自变量引入回归模型，否则就没有必要引入. 变量选择的方法主要有向前选择、向后剔除、逐步回归等.

1.向前选择

向前选择是从模型中没有自变量开始,然后按照下面的步骤选择自变量来拟合模型.

第一步:对 k 个自变量 $(x_1, x_2, \cdots, x_k)$ 分别拟合关于因变量 y 的一元线性回归模型,共有 k 个,然后找出 F 统计量的值最大的模型及其自变量 x_i,并将其首先引入模型,如果所有模型均无统计学上的显著性,那么运算过程终止.

第二步:在已经引入 x_i 的模型的基础上,再分别拟合引入模型外的 $k-1$ 个自变量 $(x_1, \cdots, x_{i-1}, x_{i+1}, \cdots, x_k)$ 的线性回归模型.然后分析考察这 $k-1$ 个线性模型,挑选出 F 统计量的值最大的含有两个自变量的模型,并将 F 值最大的那个自变量 x_j 引入模型.如果除 x_i 之外的 $k-1$ 个自变量中没有一个是显著的,那么运算过程终止.如此反复,直至模型外的自变量均无统计显著性.

向前选择变量的方法就是不停地向模型中增加自变量,直至增加自变量不能导致 SS_e 显著增大,如此一来,只要某个自变量增加到模型中,这个变量就一定会保留在模型中.

2.向后剔除

与向前选择相反,向后剔除的基本过程如下.

第一步:先对因变量拟合包含所有 k 个自变量的线性回归模型,然后考察 $p(p<k)$ 个去掉一个自变量的模型,这些模型中的每一个都有 $k-1$ 个自变量,剔除使模型的 SS_e 值减小最少的自变量.

第二步:考察 $p-1$ 个再去掉一个自变量的模型,剔除使模型的 SS_e 值减小最少的自变量.如此反复,直至剔除一个自变量不会使 SS_e 显著减小.这时,模型中所剩的自变量都是显著的.上述过程可以通过 F 检验的 p 值来判断.

3.逐步回归

逐步回归是将上述两种方法结合起来筛选自变量的方法.它的前两步与向前选择的方式相同,不过在增加了一个自变量后,它会对模型中所有的变量进行考察,考察是否可以剔除某个自变量.如果在增加了一个自变量后,前面增加的某个自变量对模型的贡献变得不显著,这个变量就要被剔除.也就是说,逐步回归是从一个自变量开始,按自变量对因变量 y 的作用的显著程度,将自变量逐个地引入回归方程中.当先引入的变量由于后引入的变量的影响而变得不显著时,则将其从回归方程中剔除,从而保证在每次引入新的自变量之前,回归方程中均为显著变量,直至没有显著的变量可引入.

例 6.3.1 现有 125 名糖尿病患者的白细胞、BMI、甘油三酯和年龄的数据如表 6.3.2 所示,试建立空腹血糖与其他几项指标的多元线性回归方程.

表 6.3.2　糖尿病患者指标数据

编号	白细胞/$(10^9/\text{L})$	BMI/(kg/m^2)	甘油三酯/(mmol/L)	年龄/岁
1	6.99	23.37	0.82	27
2	8.03	24.00	1.29	17

编号	白细胞/(10^9/L)	BMI/(kg/m^2)	甘油三酯/(mmol/L)	年龄/岁
3	8.09	25.04	1.61	33
4	10.91	23.51	1.09	37
5	34.12	23.89	2.86	64
6	25.91	18.48	2.86	47
…	…	…	…	…
122	13.89	27.89	0.95	44
123	6.19	24.24	1.21	53
124	7.42	21.02	0.43	35
125	7.47	25.31	1.00	62

解　首先研究几个自变量与空腹血糖之间的线性相关关系,通过 SPSS 软件输出变量间的相关系数如表 6.3.3 所示.

表 6.3.3　变量间相关系数表

	白细胞	BMI	甘油三酯	年龄	空腹血糖
白细胞	1	0.437**	0.581**	0.451**	0.473**
BMI	0.437**	1	0.270**	0.285**	0.466**
甘油三酯	0.581**	0.270**	1	0.307**	0.210*
年龄	0.451**	0.285**	0.307**	1	0.214*
空腹血糖	0.473**	0.466**	0.210*	0.214*	1

注:** 表示在 0.01 水平(双侧)上显著相关,* 表示在 0.05 水平(双侧)上显著相关.

从表 6.3.3 中可以看出,四个自变量和空腹血糖之间存在着显著的相关关系.以空腹血糖为因变量,以白细胞 x_1、BMI x_2、甘油三酯 x_3 和年龄 x_4 为自变量,建立线性回归方程:

$$\hat{y}=\hat{\beta}_0+\hat{\beta}_1 x_1+\hat{\beta}_2 x_1+\hat{\beta}_3 x_3+\hat{\beta}_4 x_4.$$

在 SPSS 中输入相关变量进行多元线性回归分析,结果如表 6.3.4 所示.

表 6.3.4　方差分析表

模型	平方和	df	均方	F 值	显著性 P
回归	55.223	4	13.806	13.820	0.000
残差	119.873	120	0.999		
总计	175.096	124			

方差分析表的结果显示回归方程显著($F=13.820,P<0.001$),即所建立的回归方程是有意义的,自变量中至少有一个可以显著影响空腹血糖.回归分析的输出结果如表 6.3.5 所示.

表 6.3.5　回归分析表

模型	非标准化系数		标准化系数 β	t	显著性 P
	B	标准误差			
常量	3.263	0.675		4.833	<0.001
白细胞	0.061	0.016	0.405	3.888	<0.001
BMI	0.114	0.030	0.326	3.855	<0.001
甘油三酯	−0.111	0.098	−0.105	−1.125	0.263
年龄	−0.002	0.007	−0.029	−0.345	0.731

根据表 6.3.5 可以得到如下回归方程:

$$\hat{y} = 3.263 + 0.061x_1 + 0.114x_2 - 0.111x_3 - 0.002x_4.$$

表 6.3.5 中回归系数的显著性检验结果表明:

(1) 白细胞和 BMI 会显著影响空腹血糖($P<0.001$),白细胞和 BMI 越高,空腹血糖也越高,而甘油三酯和年龄对空腹血糖的影响不显著.

(2) $\hat{\beta}_1 = 0.061$ 表示白细胞每增加 1 个单位,会直接导致空腹血糖提高 0.061.

(3) $\hat{\beta}_2 = 0.114$ 表示 BMI 每增大 1 个单位,会导致空腹血糖提高 0.114.

$\hat{\beta}_3$ 和 $\hat{\beta}_4$ 的含义类似,不再赘述.

这里偏回归系数 $\hat{\beta}_i$ 的正负代表了影响的正反方向,但是由于自变量大小的量纲不同,因此无法通过 $\hat{\beta}_i$ 直接比较影响程度或贡献大小,实际中比较大小真正要用到的是标准化系数 β,即消除因变量和自变量单位量纲影响之后的回归系数.

下面采用逐步回归的方法筛选变量,在 SPSS 回归分析中选择逐步回归,得到回归系数的显著性检验结果如表 6.3.6 所示.

表 6.3.6　逐步回归结果

模型		非标准化系数		标准化系数 β	t	显著性 P
		B	标准误差			
1	常量	5.620	0.163		34.393	0.000
	白细胞	0.071	0.012	0.473	5.960	0.000
2	常量	3.173	0.658		4.824	0.000
	白细胞	0.050	0.013	0.333	3.978	0.000
	BMI	0.113	0.029	0.321	3.826	0.000

由表 6.3.6 可知,经过两轮逐步回归后建立的回归方程为

$$\hat{y} = 3.173 + 0.050x_1 + 0.113x_2.$$

§6.4 非线性回归简介

前面讨论的线性回归分析问题是在回归模型为线性这一基本假定下给出的. 然而, 在实际问题中有许多回归模型的因变量 y 与自变量 x 之间的关系都不是线性的, 但是有些因变量 y 与自变量 x 之间的曲线关系可以通过变量代换转换成线性的形式.

6.4.1 可线性化的常用曲线类型

1. 指数函数 $y = a\mathrm{e}^{bx} (a > 0)$

变量代换: 令 $v = \ln y, u = x, a' = \ln a$, 于是得到 $v = a' + bu$. 回归函数图形如图 6.4.1 所示.

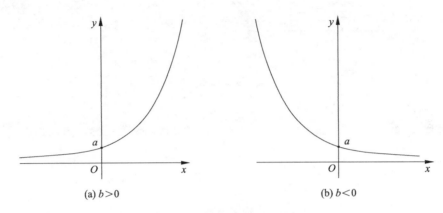

(a) $b > 0$　　　　　　　(b) $b < 0$

图 6.4.1　指数函数回归图形

2. 幂函数 $y = ax^b (a > 0)$

变量代换: 令 $v = \ln y, u = \ln x, a' = \ln a$, 于是得到 $v = a' + bu$. 回归函数图形如图 6.4.2 所示.

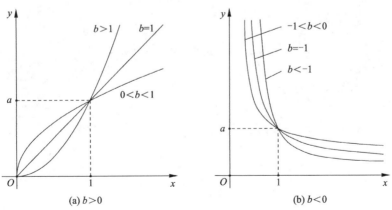

(a) $b > 0$　　　　　　　(b) $b < 0$

图 6.4.2　幂函数回归图形

3. 双曲函数 $\dfrac{1}{y} = a + \dfrac{b}{x}$

变量代换：令 $v = \dfrac{1}{y}, u = \dfrac{1}{x}$，于是得到 $v = a + bu$. 回归函数图形如图 6.4.3 所示.

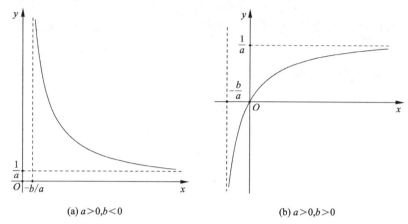

(a) $a > 0, b < 0$ (b) $a > 0, b > 0$

图 6.4.3　双曲函数回归图形

4. 对数函数 $y = a + b\ln x$

变量代换：令 $v = y, u = \ln x$，于是得到 $v = a + bu$. 回归函数图形如图 6.4.4 所示.

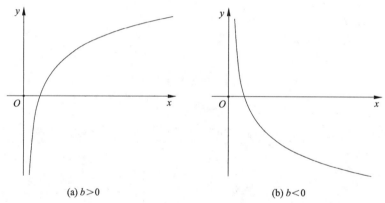

(a) $b > 0$ (b) $b < 0$

图 6.4.4　对数函数回归图形

5. S 形曲线函数 $y = \dfrac{1}{a + b\mathrm{e}^{-x}}$

变量代换：令 $v = \dfrac{1}{y}, u = \mathrm{e}^{-x}$，于是得到 $v = a + bu$. 回归函数图形如图 6.4.5 所示.

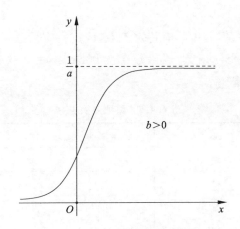

图 6.4.5　S 形曲线函数回归图形

6.4.2　非线性回归实例

可直线化非线性回归的具体思路是在绘制散点图或定性分析认为两个变量之间存在的相关关系为曲线相关之前,先根据变量类型假定一条与其相适应的回归曲线,如指数曲线、双曲线等,然后再确定回归方程中的未知参数.对于那些可线性化的回归方程,线性化后的方程都为直线方程,故其参数可用线性回归方程求参数的公式计算.

例 6.4.1　在某个化学试验中,测得如表 6.4.1 所示的 12 组数据,其中 x 表示化学反应进行的时间,y 表示未转化物质的量,试根据数据确定 y 与 x 的定量关系式.

表 6.4.1　化学试验数据

x/min	1	1	1.5	2	2	3	3	4	4	5	6	6
y/mg	30	32	22	16	15	11	10	8	7	6	5	5

解　首先在直角坐标系中画出数据的散点图如图 6.4.6 所示,再根据散点图的形状和趋势判断两个变量之间可能存在的函数关系.

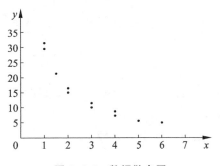

图 6.4.6　数据散点图

从图 6.4.6 可以看出,散点明显以曲线形式分布,呈现单调下降且下凸的趋势,可以选择以下几种函数曲线进行拟合:① 幂函数 $y=ax^b$;② 指数函数 $y=a\mathrm{e}^{bx}$;③ 对数函数 $y=a+b\ln x$.

1. 参数估计

对于所选定的函数关系,其中均有待定参数,确定待定参数常用的办法是采用适当的变量代换,把函数转化为线性函数. 以函数①为例,令 $y' = \ln y$,$x' = \ln x$,代入得到如表 6.4.2 所示的数值变换表.

表 6.4.2　数值变换表

x	y	$x' = \ln x$	$y' = \ln y$
1	30	0	3.4012
1	32	0	3.4657
1.5	22	0.4055	3.0910
2	16	0.6931	2.7726
2	15	0.6931	2.7080
3	11	1.0986	2.3979
3	10	1.0986	2.3026
4	8	1.3863	2.0794
4	7	1.3863	1.9459
5	6	1.6094	1.7918
6	5	1.7918	1.6094
6	5	1.7918	1.6094

利用式(6.2.6)计算得到最小二乘估计 $\hat{\beta}_0 = 3.46$,$\hat{\beta}_1 = -1.03$,故 y' 关于 x' 的回归方程是

$$y' = 3.46 - 1.03x'.$$

代回原变量,即得曲线回归方程为

$$\hat{y} = 31.72x^{-1.03}.$$

用类似的方法可以求得函数②的回归方程为 $\hat{y} = 35.46e^{-0.35x}$,函数③的回归方程为 $\hat{y} = 28.25 - 14.39\ln x$.

2. 曲线回归方程的比较

当对于同一个问题得到几个曲线回归方程时,通常采用如下指标进行判定.

(1) 非线性决定系数 R^2.

在非线性回归分析中,可用非线性决定系数 R^2 来度量两个变量之间非线性相关的密切程度. R^2 的计算公式为

$$R^2 = 1 - \frac{\sum_{i=1}^{n}(y_i - \hat{y}_i)^2}{\sum_{i=1}^{n}(y_i - \bar{y})^2}. \tag{6.4.1}$$

这里 R^2 的含义类似于多元线性回归中的决定系数,它从总体上给出了对于一个曲线拟合好坏的度量. R^2 的变化范围介于 0 与 1 之间, R^2 越接近 1,表明曲线的拟合效果越好;反之, R^2 越接近 0,表明曲线的拟合效果越差.

例 6.4.1 中三个曲线回归方程的非线性决定系数如表 6.4.3 所示.

表 6.4.3　非线性决定系数

函数编号	①	②	③
R^2	0.995	0.940	0.942

从表 6.4.3 中可以看出,如以 R^2 为选择标准,则幂函数拟合的曲线效果最好,其次是对数函数和指数函数.

(2) 剩余标准差 $\hat{\sigma}$.

剩余标准差定义为

$$\hat{\sigma} = \sqrt{\dfrac{\sum_{i=1}^{n}(y_i - \hat{y}_i)^2}{n-2}}, \tag{6.4.2}$$

$\hat{\sigma}$ 越小,曲线方程拟合得越好.

利用式(6.4.2)求得上述三个曲线回归方程的剩余标准差分别为 $\hat{\sigma}_① = 0.7695, \hat{\sigma}_② = 3.1162, \hat{\sigma}_③ = 2.3809$,此结果和 R^2 的判定结果在解释上基本一致.

非线性决定系数 R^2 和剩余标准差 $\hat{\sigma}$ 都可以用来衡量回归曲线拟合的优劣.非线性决定系数 R^2 是一个无量纲的量,它的大小与量纲单位无关;而 $\hat{\sigma}$ 是一个有量纲的量,它与因变量 y 有相同的量纲.需要说明的是,曲线拟合中计算出的非线性决定系数实际上是曲线直线化后的直线方程的非线性决定系数,不代表变换前的变异解释程度.实际中,为了直观地对两个模型进行比较,一般的做法是计算各自模型的预测值与残差,并绘制图形,通过图形来比较模型的预测效果和残差的分布情况.

§6.5　应用案例

例 6.5.1　最大摄氧量(VO_{2max})是评价人体健康的关键指标.某研究者拟通过一些简易的指标建立研究对象最大摄氧量的预测模型,现招募了 100 位研究对象,分别测量他们的最大摄氧量并收集性别(gender)、年龄(age)、体重(weight)和运动后的心率(heart_rate)等变量信息,部分数据如表 6.5.1 所示.

表 6.5.1　变量信息

编号	性别	年龄/岁	体重/kg	心率/(次/min)	最大摄氧量/[mL/(min·kg)]
1	Female	45	68.29	145	37.93
2	Male	32	92.43	126	47.26

编号	性别	年龄/岁	体重/kg	心率/(次/min)	最大摄氧量/[mL/(min·kg)]
3	Male	38	79.17	135	49.42
4	Female	22	78.42	125	36.01
5	Female	23	63.00	149	50.00
...	...	...	...	...	...
97	Female	51	78.45	111	38.70
98	Female	32	85.82	144	33.67
99	Male	24	72.29	187	47.17
100	Female	24	82.48	175	43.48

注:Female 代表女性,Male 代表男性.

试根据本组数据建立适当的统计模型,分析最大摄氧量与其他变量之间的关系.

解 最大摄氧量是反映人体有氧运动能力的重要指标,通常受试者要在专门的仪器上进行测试.为建立模型,首先给出基本假设:第一,所有受试者随机抽取且测试不受外界环境影响;第二,测定受试者摄氧量的仪器不存在差异;第三,测量数据服从正态分布.

(1) 相关性分析.

在 SPSS 中绘制最大摄氧量与各变量之间的矩阵散点图(见图 6.5.1)并输出变量间的相关系数表(见表 6.5.2).从图表中可以看到,最大摄氧量与年龄、体重和心率有显著的线性相关关系.

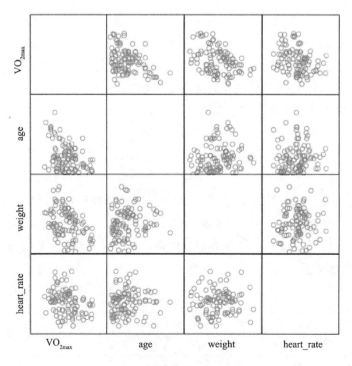

图 6.5.1 变量间矩阵散点图

表 6.5.2　变量间相关系数表

	VO_{2max}	age	weight	heart_rate
VO_{2max}	1	-0.407^{**}	-0.378^{**}	-0.283^{**}
age	-0.407^{**}	1	0.145	0.063
weight	-0.378^{**}	0.145	1	0.068
heart_rate	-0.283^{**}	0.063	0.068	1

注：$**$ 表示在 0.01 水平（双侧）上显著相关.

（2）模型的统计学意义.

以最大摄氧量为响应变量（因变量）y，以年龄 x_1、体重 x_2、心率 x_3、性别 x_4 为自变量，构建如下多元线性回归方程：

$$\hat{y}=\hat{\beta}_0+\hat{\beta}_1 x_1+\cdots+\hat{\beta}_4 x_4.$$

理论上利用最小二乘法可以求出模型中的参数估计 $\hat{\beta}_0,\hat{\beta}_1,\cdots,\hat{\beta}_4$. 这里利用 SPSS 进行软件输出分析，具体操作步骤见第 7 章. SPSS 输出的方差分析结果如表 6.5.3 所示.

表 6.5.3　方差分析表

模型		平方和	df	均方	F	显著性
1	回归	3595.797	4	898.949	23.223	0.000^b
	残差	3677.464	95	38.710		
	总计	7273.261	99			

方差分析结果显示：$F=23.223$，$P<0.05$，本研究建立的回归模型具有统计学意义，说明至少有一个自变量和因变量之间存在显著的线性关系.

回归分析的输出结果如表 6.5.4 所示.

表 6.5.4　回归分析表

模型	非标准化系数		标准化系数 β	t	显著性
	B	标准误差			
常量	84.959	6.393		13.289	0.000
age	-0.211	0.070	-0.232	-3.023	0.003
weight	-0.295	0.049	-0.485	-6.057	0.000
heart_rate	-0.109	0.037	-0.215	-2.931	0.004
gender	7.897	1.406	0.454	5.615	0.000

由表 6.5.4 可知，年龄、体重、心率和性别的回归系数均显著，回归方程可以表示为

$$\hat{y}=84.959-0.211x_1-0.295x_2-0.109x_3+7.897x_4.$$

这里截距常量为 84.959，它是当自变量都为零时因变量 y 的估计值，实际中不具有真实意义. $\hat{\beta}_1=-0.211$ 表示年龄每增加 1 岁，最大摄氧量平均降低 0.211 mL/(min·kg)，从

另一个角度来说,人体最大摄氧量是随着年龄的增长而降低的.同样也可以得到其他连续型自变量的斜率.对于性别这个分类自变量,在数据录入中将女性记作 0,男性记作 1,SPSS 默认以 0 组为参照,将 1 组与 0 组进行对比,即将男性与女性进行对比,这里的斜率指的是这两个性别之间最大摄氧量的差异. $\hat{\beta}_4 = 7.897$ 表示男性的最大摄氧量预测值比女性的高 7.897 mL/(min·kg).

(3) 模型的拟合程度及残差分析(见表 6.5.5).

表 6.5.5　拟合效果表

模型	R	R^2	调整 R^2	标准估计的误差
1	0.703[a]	0.494	0.473	6.22175

注:a 表示预测变量.

表 6.5.5 中给出了 R^2 和调整 R^2 两个判断拟合效果的指标,本研究模型中的调整 R^2 为 0.473,说明几个自变量(年龄、体重、心率和性别)能够解释因变量(最大摄氧量)变异程度的大小为 47.3%.

SPSS 回归分析中可以进一步输出标准化残差的直方图和 P-P 图,如图 6.5.2 所示.

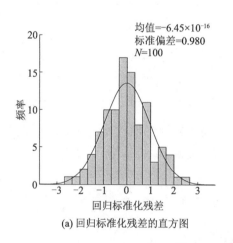

均值=-6.45×10^{-16}
标准偏差=0.980
$N=100$

(a) 回归标准化残差的直方图

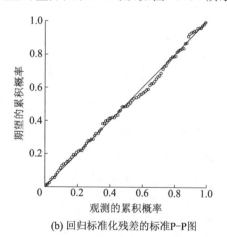

(b) 回归标准化残差的标准P-P图

图 6.5.2　残差分析图

从图 6.5.2 中可以判断出残差近似服从正态分布,符合回归方程的前提条件,进一步说明分析结果准确可靠.

(4) 模型预测.

多元线性回归分析的主要目的之一是通过自变量预测因变量.本案例中,研究者希望通过建立回归模型,利用年龄、体重、心率和性别等自变量预测最大摄氧量,代替复杂、昂贵的检测手段.假设有一位 40 岁的男性患者,体重 80 kg,心率 130 次/min,利用上面建立的回归方程可预测他的最大摄氧量为 46.646 mL/(min·kg).这个预测值有两种含义:一是调查目标人群中所有的 40 岁男性(体重 80 kg、心率 130 次/min),他们最大摄氧量的平均值为 46.646 mL/(min·kg);二是如果某位被调查者符合男性、40 岁、体重 80 kg、心率 130 次/min 的条件,那么他的最大摄氧量的最优估计值就是 46.646 mL/(min·kg).

习题 6

1. 在钢线碳含量 $x(\%)$ 对于电阻 $y(20 \ ℃时, μΩ)$ 的效应的研究中, 得到以下数据:

$x/\%$	0.01	0.30	0.40	0.55	0.70	0.80	0.95
$y/μΩ$	15	18	19	21	22.6	23.8	26

设给定的 x, y 为正态变量, 且方差与 x 无关.

(1) 求线性回归方程 $\hat{y} = \hat{\beta}_0 + \hat{\beta}_1 x$, 并检验回归方程的显著性($\alpha = 0.05$);

(2) 求 β_1 的置信区间(置信水平为 0.95);

(3) 求 y 在 $x = 0.50$ 处的置信水平为 0.95 的预测区间.

2. 在硝酸钠的溶解度试验中, 在不同的温度 $t(℃)$ 测得的溶解于 100 mL 水中的硝酸钠的质量 $Y(g)$ 如下:

$t/℃$	0	4	10	15	21	29	36	51	68
Y/g	66.7	71.0	76.3	80.6	85.7	92.9	99.6	113.6	125.1

从理论可知 Y 与 t 满足线性回归模型.

(1) 求 Y 对 t 的回归方程并检验回归方程的显著性($\alpha = 0.01$);

(2) 求 Y 在 $t = 25 \ ℃$ 时的预测区间(置信水平为 0.95).

3. 某种合金的抗拉强度 Y 与钢中的含碳量 x 满足线性回归模型, 今实测了 92 组数据 $(x_i, y_i)(i = 1, 2, \cdots, 92)$, 并算得 $\overline{x} = 0.1255, \overline{y} = 45.7989, l_{xx} = 0.3018, l_{yy} = 2941.0339,$ $l_{xy} = 26.5097.$

(1) 求 Y 对 x 的回归方程, 并对回归方程做显著性检验($\alpha = 0.01$);

(2) 当含碳量 $x = 0.09$ 时, 求 Y 的置信度为 0.95 的预测区间;

(3) 如果要控制抗拉强度以 0.95 的概率落在 (38, 52) 中, 那么含碳量 x 应控制在什么范围内?

4. 某汽车销售商欲了解广告费用 x 对销售量 y 的影响, 收集了过去 12 年的有关数据. 通过 Excel 数据分析工具进行线性回归计算, 得到的结果如下:

方差分析表

方差来源	df	平方和	均方	F	显著性 F
回归					2.17×10^9
残差		40158.07	—	—	—
总计	11	1642866.67	—	—	—

参数估计表

	回归系数	标准误差	t	p
截距	363.6891	62.45529	5.823191	0.000168
x	1.420211	0.071091	19.97749	2.17×10^9

(1) 完成方差分析表,说明汽车销售量的变差中有多少是广告费用的变动引起的;

(2) 销售量与广告费用之间的相关系数是多少?

(3) 写出估计的回归方程,解释回归系数的实际意义;

(4) 检验上述两个变量线性关系的显著性($\alpha=0.05$).

5. 为了考察某种植物的生长量 y(mm)与生长期的日照时间 x_1(h)及气温 x_2(℃)的关系,测得如下数据:

编号	1	2	3	4	5	6	7	8	9	10
日照时间 x_{1i}/h	269	281	262	275	278	282	268	259	275	255
气温 x_{2i}/℃	30.1	28.7	29.0	26.8	26.8	30.7	22.9	26.0	27.3	30.3
生长量 y_i/mm	122	131	116	111	117	137	111	108	119	108
编号	11	12	13	14	15	16	17	18	19	20
日照时间 x_{1i}/h	272	273	274	273	284	262	285	278	272	279
气温 x_{2i}/℃	26.5	29.8	28.3	24.4	30.1	24.9	25.6	24.9	24.8	30.7
生长量 y_i/mm	125	132	136	128	138	76	130	127	123	133

设 $y_i=\beta_0+\beta_1 x_{1i}+\beta_2 x_{2i}+\varepsilon_i$,$\varepsilon_1,\varepsilon_2,\cdots,\varepsilon_{20}$ 相互独立且 $\varepsilon_i\sim N(0,\sigma^2)$,$i=1,2,\cdots,20$,试建立生长量 y 与日照时间 x_1 和气温 x_2 的回归方程,并对所建立的回归方程和偏回归系数进行显著性检验.

6. 为了检验 X 射线的杀菌作用,用 200 kV 的 X 射线照射杀菌,每次照射 6 min,照射次数为 x,照射后所剩细菌数为 y,试验结果如下表所示:

x	1	2	3	4	5	6	7	8	9	10
y	783	621	483	431	287	251	175	154	129	103
x	11	12	13	14	15	16	17	18	19	20
y	72	50	43	31	28	20	16	12	9	7

根据经验可知,y 关于 x 的曲线回归方程可能有 $\hat{y}=ae^{bx}$,$\hat{y}=a+b\ln x$,$\sqrt{\hat{y}}=a+b\sqrt{x}$ 三种形式.试给出具体的回归方程,并求其对应的非线性决定系数 R^2 和剩余标准差 $\hat{\sigma}$.

第7章 数理统计的案例实现

SPSS(Statistical Package for Social Science)是由美国 SPSS 公司开发的大型统计学软件包,意为"社会科学统计软件包",其应用领域非常广泛.伴随着产品服务领域的扩大和服务深度的拓展,SPSS 的含义延伸为 Statistical Product and Service Solutions(统计产品和服务解决方案).本章以数理统计的知识为主线,简要介绍并解读应用 SPSS 统计软件进行数据分析的操作步骤.在实际应用中不必拘泥于某一个统计软件,重要的是面对丰富且复杂的数据资料,掌握正确的数据分析的统计方法,给出准确的判断及合理的解释.

§7.1 数据的描述性统计分析

通过 SPSS 不仅可以对数据做描述性统计分析,掌握数据的基本统计特征,把握数据的整体分布形态,还可以根据数据绘制图形,直观展现数据的分布特点.

例 7.1.1 用 SPSS 统计软件建立例 4.2.2 的数据集,然后计算样本数据的均值、标准差、样本偏度及样本峰度.

解 启动 SPSS,主窗口屏幕显示的是数据视图(Data View),如图 7.1.1 所示,点击左下角变量视图(Variable View),窗口切换为变量视图窗口,可根据样本数据的类型对变量进行定义和编辑.

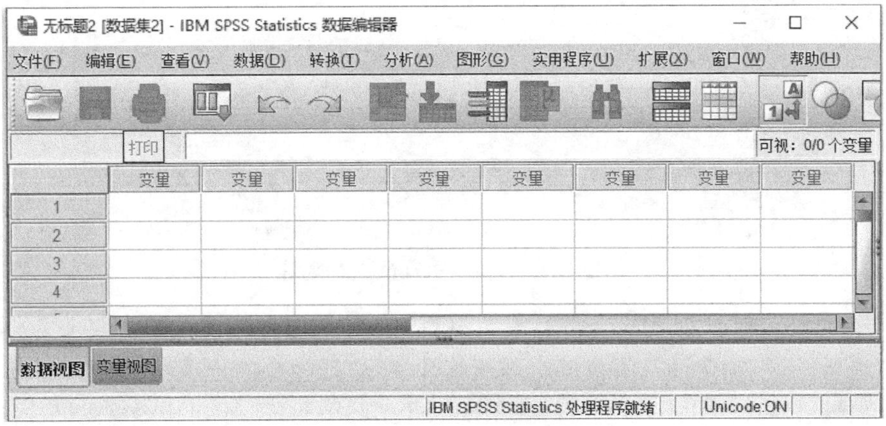

图 7.1.1 数据视图窗口

SPSS 建立数据集并进行操作的步骤如下.

Step 1:在变量视图中定义机械零件的质量(单位:g)为变量"零件质量",数值类型选择

"数值型（Numeric）"，宽度默认为 8 位，如图 7.1.2 所示，定义完毕的变量将自动显示在数据视图中．

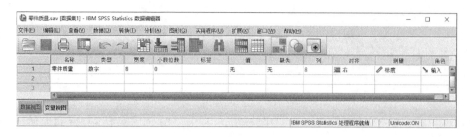

图 7.1.2　变量视图窗口

将 100 个原始数据依次录入，点击"文件（File）"菜单中的"保存（Save）"子菜单，选择存放文件的位置，保存文件名为"零件质量"，得到后缀为".sav"的数据文件"零件质量.sav"，它由数据的结构和内容两部分组成，其中数据的结构记录数据类型、取值说明、数据缺失情况等必要信息，数据的内容则是有待分析的具体数据．

Step 2：对样本数据进行描述性统计分析．

（1）打开"零件质量.sav"数据文件，选择"分析（A）"→"描述统计（E）"→"描述（D）"菜单项，自动弹出其对话框，如图 7.1.3 所示．

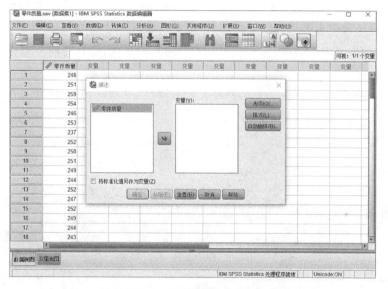

图 7.1.3　描述过程的主对话框

（2）选中左边列表框中的"零件质量"，单击中间的箭头将其移入右边的"变量"列表框，再单击"选项（O）"，指定计算哪些基本描述统计量，选择相应的选项。本例选取平均值、标准差、最大值、最小值、方差、范围、峰度、偏度，如图 7.1.4 所示，也可以根据需要选择所需统计量．

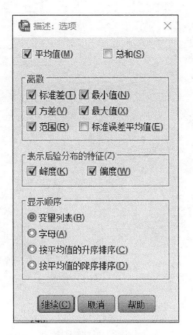

图 7.1.4 选项

(3) 单击"继续(C)",返回(1),单击"确定",得到图 7.1.5 所示结果.

描述统计

		零件质量	有效个案数（成列）
N	统计	100	100
范围	统计	28	
最小值	统计	237	
最大值	统计	265	
平均值	统计	250.43	
标准差	统计	5.176	
偏度	统计	.228	
	标准误差	.241	
峰度	统计	.431	
	标准误差	.478	

图 7.1.5 零件质量的描述统计

由此可知这些机械零件质量的平均值为 250.43,最大值为 265,最小值为 237,标准偏差为 5.176,偏度为 0.228,峰度为 0.431.

例 7.1.2 根据例 4.4.2 的样本数据绘制零件质量的频率图,以及直方图与茎叶图.

解 操作步骤如下.

Step 1:打开数据文件"零件质量. sav",在主对话窗口中执行"分析(A)"→"描述统计(E)"→"频率(F)"菜单项,自左侧选取变量后单击"图表(C)"按钮,并选中绘制其频率分布的直方图,得到如图 7.1.6 所示的零件质量的频率图及如图 7.1.7 所示的零件质量的直方图.

零件质量

		频率	百分比	有效百分比	累积百分比
有效	237	1	1.0	1.0	1.0
	240	2	2.0	2.0	3.0
	241	1	1.0	1.0	4.0
	242	2	2.0	2.0	6.0
	243	1	1.0	1.0	7.0
	244	5	5.0	5.0	12.0
	245	3	3.0	3.0	15.0
	246	7	7.0	7.0	22.0
	247	8	8.0	8.0	30.0
	248	4	4.0	4.0	34.0
	249	9	9.0	9.0	43.0
	250	8	8.0	8.0	51.0
	251	7	7.0	7.0	58.0
	252	12	12.0	12.0	70.0
	253	5	5.0	5.0	75.0
	254	5	5.0	5.0	80.0
	255	6	6.0	6.0	86.0
	256	3	3.0	3.0	89.0
	257	2	2.0	2.0	91.0
	258	3	3.0	3.0	94.0
	259	2	2.0	2.0	96.0
	260	1	1.0	1.0	97.0
	263	1	1.0	1.0	98.0
	264	1	1.0	1.0	99.0
	265	1	1.0	1.0	100.0
	总计	100	100.0	100.0	

图 7.1.6 零件质量的频率图

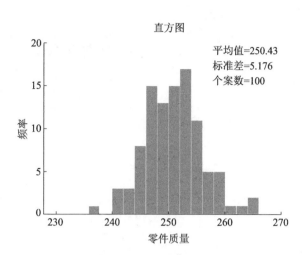

图 7.1.7 零件质量的直方图

Step 2：Step 1 适用于分组数据，由于本例中机械零件质量是连续数据，因此需要使用分组频数分布表，计算全距离确定组距和组数，列出范围，分组分类，进行频数统计. 由例 7.1.1 的统计分析可知，样本观测值的最小值为 237，最大值为 265，数据范围是 28，现在把数据分为 10 个组.

Step 3：把数据分布区间确定为 $(236.5, 266.5)$，等距分为 10 个子区间：$(236.5, 239.5), (239.5, 242.5), \cdots, (263.5, 266.5)$，应用 SPSS 分组分类，执行"转换（T）"→"重新编码为不同变量（R）"，如图 7.1.8 所示. 在左侧栏选中变量"零件质量"，中间列表框中出现"零件质量→?"，表示还没有进行变更操作，在右侧栏"输出变量"处自主命名为"分组区间"，单击"旧值和新值（O）"，弹出如图 7.1.9 所示的窗口，依次设置上述区间范围内的值，对应"新值"一栏并"添加"新值，赋值 $1, 2, \cdots, 10$ 以对应本例中的 10 个子区间。单击"继续（C）"，在数据视图中会看到出现一列新的变量"分组区间".

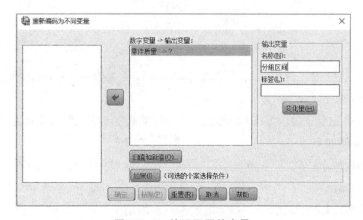

图 7.1.8 编码不同的变量

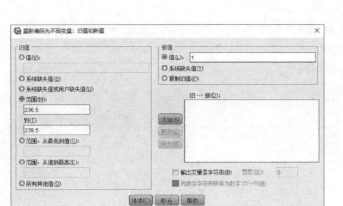

图 7.1.9　变量赋值

Step 4：为了使频率图更加直观，转入变量视图，对"分组区间"这个新增变量添加"值标签"，如图 7.1.10 所示．再次执行"分析(A)"→"描述统计(E)"→"频率(F)"菜单项，选入新变量"分组区间"进行频数分析，勾选"显示频率表(D)"，步骤和 Step1 相同，只是连续数据的步骤多了一步分组操作，如图 7.1.11 所示，还可以勾选"在直方图中显示正态曲线(S)"．

图 7.1.10　定义值标签

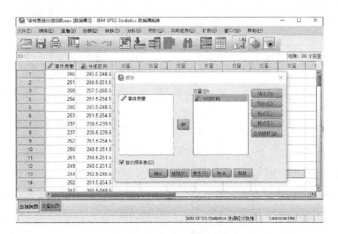

图 7.1.11　分组频数

由此可以得到零件质量的频率图及直方图,分别如图 7.1.12 和图 7.1.13 所示.在探索过程中本例对分类变量"分组区间"进行数据分析,因此直方图中显示的是新值 $1,2,\cdots,10$,对应于频率图中的区间范围.

分组区间				
	频率	百分比	有效百分比	累积百分比
有效 236.5~239.5	1	1.0	1.0	1.0
239.5~242.5	5	5.0	5.0	6.0
242.5~245.5	9	9.0	9.0	15.0
245.5~248.5	19	19.0	19.0	34.0
248.5~251.5	24	24.0	24.0	58.0
251.5~254.5	22	22.0	22.0	80.0
254.5~257.5	11	11.0	11.0	91.0
257.5~260.5	6	6.0	6.0	97.0
260.5~263.5	1	1.0	1.0	98.0
263.5~266.5	2	2.0	2.0	100.0
总计	100	100.0	100.0	

图 7.1.12　零件质量频率图

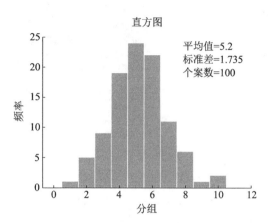

图 7.1.13　零件质量直方图

SPSS 统计软件中有多种图形形式来直观显示数据分布,探索分析模块的基本功能是初步考察样本数据集的特征,可以检查数据集是否存在异常值、检验数据是否服从正态分布等.

打开数据文件"零件质量.sav",选择"分析(A)"→"描述统计(E)"→"探索(E)"菜单项,可以绘制茎叶图(见图 7.1.14)、箱图(见图 7.1.15)、直方图等;选择"图形(G)"→"旧对话框(L)"菜单项,还可以绘制折线图、面积图、饼图、柱状图等.

```
频率      Stem & 叶

 1.00 Extremes   (=<237)
 3.00   24 . 001
 3.00   24 . 223
 8.00   24 . 44444555
15.00   24 . 666666677777777
13.00   24 . 8888999999999
15.00   25 . 000000001111111
17.00   25 . 22222222222233333
11.00   25 . 44444555555
 5.00   25 . 66677
 5.00   25 . 88899
 1.00   26 . 0
 1.00   26 . 3
 2.00 极值    (>=264)

主干宽度:    10
每个叶:      1 个案
```

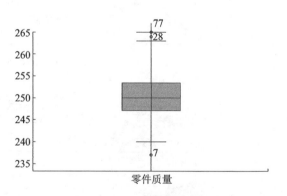

图 7.1.14　零件质量茎叶图　　　　　　图 7.1.15　零件质量箱图

茎叶图的形状和功能与直方图相似,可以近似地看成将传统的直方图横向放置,整个图形完全由文本输出构成,内容主要分为三列:第一列为频率,表示所在行的观察值频数;第二列为主干,表示实际观测值除以主干宽度后的整数部分;第三列为叶,表示实际观测值除以主干宽度后的小数部分.例如,图 7.1.14 中第三行的主干宽度为 10,茎叶数为 24,叶子为 223,则本行有三个数据,即 242、242、243;第四行有八个数据;有极端值 1 个≤237,2 个≥

264,并没有给出具体样本值.

箱图便于描述多个连续变量的分布情况,也可对一个变量进行分组考察,它更注重基于百分位数指标给出主要统计信息.图 7.1.15 最中间的粗线表示当前变量的中位数为 250,将与四分位数值(方框的上下界)的距离超过 1.5 倍四分位距的数值定义为异常值,图中有三个离群值,7、28、77 表示数据集中的个案序号,对照数据表可知数值分别为 237、264、265,这与直方图、茎叶图是一致的.

例 7.1.3　根据例 2.4.1 的样本数据,对 $PM_{2.5}$ 观测值进行基本的描述性统计分析,判断是否存在离群值.

解　操作步骤如下.

Step 1:建立数据集"PM 值指标观测.sav",执行"分析(A)"→"描述统计(E)"→"探索(E)"菜单项,将变量"$PM_{2.5}$"选入因变量列表,在右侧栏中单击"统计(S)",在弹出的窗口中选中"离群值(O)、百分位数(P)",部分输出结果如图 7.1.16 和图 7.1.17 所示.

描述

			统计	标准 错误
PM2.5	平均值		236.52	13.183
	平均值的 95% 置信区间	下限	209.59	
		上限	263.44	
	5% 剪除后平均值		237.19	
	中位数		246.00	
	方差		5387.858	
	标准 偏差		73.402	
	最小值		58	
	最大值		426	
	全距		368	
	四分位距		96	
	偏度		-.189	.421
	峰度		1.095	.821

图 7.1.16　$PM_{2.5}$ 的基本统计描述

百分位数

百分位数	加权平均(定义1) PM 2.5	图基枢纽 PM 2.5
5	77.20	
10	142.20	
25	186.00	193.50
50	246.00	246.00
75	282.00	279.50
90	308.60	
95	367.80	

图 7.1.17　$PM_{2.5}$ 的百分位数

Step 2:与四分位数值的距离超过 1.5 倍四分位距的数值被定义为离群值,在箱图中用"。"表示,超过 3 倍的为极值,用"﹡"表示,散点旁边默认标出相应案例号备查.从描述性分析中可看到四分位距 $H=96$,下四分位数(25%)为 $186,186-1.5H=42$,上四分位数(75%)为 $282,282+1.5H=426$.

$PM_{2.5}$ 的茎叶图和箱图分别如图 7.1.18 和图 7.1.19 所示.从茎叶图和箱图可以看出,个案 3 和 27 为极端值,其样本观察值分别为 58 和 426,与四分位数值的距离没有超过 1.5 倍四分位距,所以 $PM_{2.5}$ 的样本数据中没有离群值.

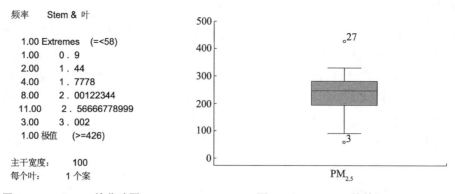

频率   Stem & 叶

1.00	Extremes (=<58)
1.00	0 . 9
2.00	1 . 44
4.00	1 . 7778
8.00	2 . 00122344
11.00	2 . 56666778999
3.00	3 . 002
1.00	极值 (>=426)

主干宽度: 100
每个叶: 1 个案

图 7.1.18 PM$_{2.5}$ 的茎叶图　　　　　　　**图 7.1.19 PM$_{2.5}$ 的箱图**

统计分析中,常用相关系数定量地描述两个变量之间线性关系的紧密程度.

例 7.1.4 根据例 2.4.1 的样本数据分别计算二氧化硫与 PM$_{2.5}$、一氧化碳与 PM$_{2.5}$、臭氧与 PM$_{2.5}$、可吸入颗粒物与 PM$_{2.5}$ 的样本相关系数并绘制散点图.

解 操作步骤如下.

Step 1:打开数据集"PM 值指标观测. sav",执行"分析(A)"→"相关(C)"→"双变量(B)"菜单项,将变量"二氧化硫"和"PM$_{2.5}$"选入右侧"变量"矩形框中,相关系数默认勾选"皮尔逊(N)",即通常所指的相关系数 r,单击"确定",如图 7.1.20 所示.

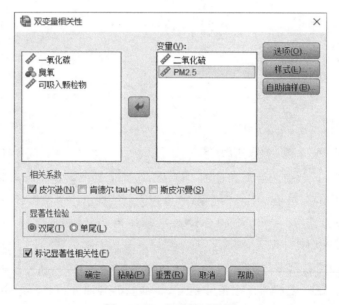

图 7.1.20 相关性对话框

图 7.1.21 为二氧化硫和 PM$_{2.5}$ 的相关性,从图中可以看出二氧化硫与 PM$_{2.5}$ 的相关系数为 0.433,这两个观测指标的相关程度比较低,数据上的 * 表示在 $\alpha = 0.05$ 的显著水平下二者显著相关,检验的显著性概率 $p = 0.015 < 0.05$.

相关性

		二氧化硫	PM2.5
二氧化硫	皮尔逊相关性	1	.433*
	显著性 (双尾)		.015
	个案数	31	31
PM2.5	皮尔逊相关性	.433*	1
	显著性 (双尾)	.015	
	个案数	31	31

*表示在0.05级别（双尾），相关性显著。

图 7.1.21 二氧化硫和 $PM_{2.5}$ 的相关性

Step 2：重复 Step 1，可得到一氧化碳与 $PM_{2.5}$ 的相关系数为 0.777，表示这两个观测指标中等程度相关；臭氧与 $PM_{2.5}$ 的相关系数为 0.003，表示这两个观测指标基本不相关；可吸入颗粒物与 $PM_{2.5}$ 的相关系数为 0.930，表示这两个观测指标的相关程度很高.

Step 3：执行"图形(G)"→"旧对话框(L)"→"散点图/点图(S)"菜单项，在弹出的窗口中选择简单散点图，单击"定义"，将变量"$PM_{2.5}$"选入 Y 轴，"二氧化硫"选入 X 轴；执行相同的操作，分别依次将一氧化碳、臭氧、可吸入颗粒物选入 X 轴，得到如图 7.1.22 所示的散点图.

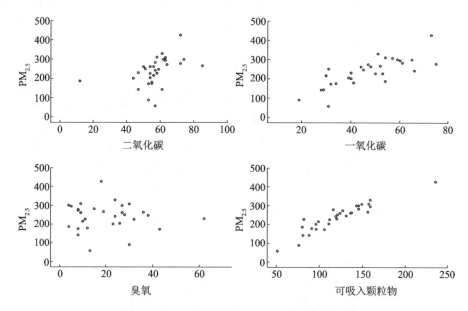

图 7.1.22 各观测指标与 $PM_{2.5}$ 关系的散点图

从上述散点图中可以看出，可吸入颗粒物与 $PM_{2.5}$ 的关系比较密切，有高度的线性正相关关系.

§7.2 参数区间估计的案例分析

本节根据样本数据，应用 SPSS 统计软件给出总体分布的均值与方差的区间估计.

7.2.1 单个正态总体的区间估计

设总体 $X \sim N(\mu, \sigma^2)$, $X_1, X_2, \cdots, X_n$ 为来自 X 的一个样本,针对 σ^2 已知和未知两种情形,求 μ 的置信度为 $1-\alpha$ 的置信区间.

例 7.2.1 某胶合板厂对生产的胶合板做抗压力试验,获得数据(单位:kg/cm^2)如下:48.2,49.3,51.0,44.6,43.5,41.8,39.4,46.9,45.7,47.1.求该胶合板平均抗压强度 μ 的置信度为 0.95 的置信区间.

解 操作步骤如下.

将数据录入名称为"抗压强度.sav"的文件并打开该文件.本例使用两种方法来求均值的置信区间.

方法一:利用数据探索过程.

Step 1:选择"分析(A)"→"描述统计(E)"→"探索(E)"菜单项,弹出如图 7.2.1 所示的窗口,自左侧栏选择变量"抗压强度"到"因变量列表(D)".

图 7.2.1 "探索"窗口

Step 2:单击对话框右侧栏"统计(S)",在弹出的窗口中勾选"描述",SPSS 系统中默认平均值的置信区间为 95%,单击"继续"按钮返回,然后在"探索"窗口单击"确定",得到统计量描述表如图 7.2.2 所示.

描述

			统计	标准 错误
抗压强度	平均值		45.750	1.1137
	平均值的 95% 置信区间	下限	43.231	
		上限	48.269	
	5% 剪除后平均值		45.811	
	中位数		46.300	
	方差		12.403	
	标准 偏差		3.5218	
	最小值		39.4	
	最大值		51.0	
	全距		11.6	
	四分位距		5.4	
	偏度		-.389	.687
	峰度		-.287	1.334

图 7.2.2 抗压强度的统计描述

从图中可看出,抗压强度的样本均值为 45.750,样本标准偏差为 3.5218,置信度为

0.95 的抗压强度均值的置信区间为 $[43.231,48.269]$.

方法二:利用单样本 t 检验均值过程.

本例数据涉及的是单个总体,进行总体均值假设检验时,抗压强度的总体可近似认为服从正态分布,因此采用单样本 t 检验进行分析(参考第 4 章假设检验).

Step 1:选择"分析(A)"→"比较均值(M)"→"单样本 T 检验(S)"菜单项,选择待检验的变量到"检验变量(T)"框中,在"检验值(V)"中输入原假设的检验值,默认检验值为 0,此处输入检验值为样本均值 45.750,如图 7.2.3 所示.

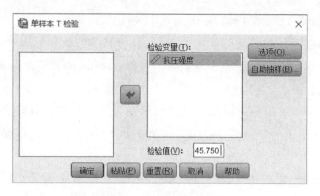

图 7.2.3 单样本 t 检验

Step 2:单击"选项(O)"弹出窗口,"置信区间百分比(C)"默认值为 95%(见图 7.2.4),即显著性水平 α 为 0.05,单击"继续(C)",返回主窗口,输出结果如图 7.2.5 所示.

图 7.2.4 单样本 t 检验选项设置

单样本统计

	N	均值	标准差	标准误差平均值
抗压强度	10	45.750	3.5218	1.1137

单样本检验

			检验值 = 45.750				
			显著性			差值95%	置信区间
	t	自由度	单侧 P	双侧 P	平均值差值	下限	上限
抗压强度	.000	9	.500	1.000	.0000	-2.519	2.519

图 7.2.5 单样本 t 检验输出结果

从图中可以看出,本例中抗压强度的样本均值为 45.750,样本均值与总体均值差值的 95%置信区间的绝对误差为 $\Delta=2.519$,因此胶合板抗压强度均值的置信度为 0.95 的置信区间是 $[\overline{X}-\Delta,\overline{X}+\Delta]=[43.231,48.269]$.

7.2.2 两个正态总体的区间估计

例 7.2.2 现有两批导线,从第一批中抽取 4 根,从第二批中抽取 5 根,测得它们的电阻(单位:Ω)如下.

第一批:0.143,0.142,0.143,0.138.

第二批:0.140,0.142,0.136,0.140,0.138.

设两批导线的电阻分别服从正态分布 $N(\mu_1,\sigma_1^2)$ 和 $N(\mu_2,\sigma_2^2)$,其中参数 $\mu_1,\mu_2,\sigma_1^2,\sigma_2^2$ 均未知,假设 $\sigma_1^2=\sigma_2^2$,试求这两批导线电阻的均值差 $\mu_1-\mu_2$ 的置信度为 0.90 的置信区间.

解 操作步骤如下.

Step 1:首先在 SPSS 的变量视图中定义两个变量——组别和电阻值,然后在数据视图中输入数据,两批电阻值的"组别"变量值分别为 1 和 2,保存成名称为"电阻均值差.sav"的文件.

Step 2:选择"分析(A)"→"比较均值(M)"→"独立样本 T 检验(E)"菜单项,将"电阻值"变量移入"检验变量(T)"框中,将"组别"变量移入"分组变量(G)"框中.

Step 3:单击"定义组(D)",弹出"定义组"对话框,在"组 1"中输入 1,"组 2"中输入 2,单击"选项(O)"在"置信区间百分比(C)"中输入 90%,缺失值默认系统设置,返回独立样本 t 检验对话框,如图 7.2.6 所示.

图 7.2.6 独立样本 t 检验

Step 4:单击"确定"按钮,在输出窗口可以看到如图 7.2.7 所示的分析结果.

组统计

组别		N	均值	标准差	标准误差平均值
电阻值	1	4	.14150	.002380	.001190
	2	5	.13920	.002280	.001020

独立样本检验

			电阻值	
			假定等方差	不假定等方差
莱文方差等同性检验	F		.000	
	显著性		.990	
平均值等同性 t 检验	t		1.475	1.467
	自由度		7	6.425
	显著性	单侧 P	.092	.095
		双侧 P	.184	.189
	平均值差值		.002300	.002300
	标准误差差值		.001559	.001567
	差值 90% 置信区间	下限	-.000653	-.000710
		上限	.005253	.005310

图 7.2.7　独立样本 t 检验输出结果

组统计表输出了各组的相关统计量,标准偏差的差距不大,这与电阻值的方差等同性检验结果是一致的.独立样本 t 检验给出了两独立样本在方差齐和方差不齐两种情况下均值差的 90% 置信区间,这里假设 $\sigma_1^2 = \sigma_2^2$,所以均值差 $\mu_1 - \mu_2$ 的置信度为 0.90 的置信区间是 $[-0.000653, 0.005253]$.

两独立样本 t 检验的原假设是:两批导线电阻的测量均值无显著差异.接下来需要判断原假设成立与否.首先进行两总体方差是否相等的 F 检验,本例中检验的 F 统计量观测值为 0.000,对应的概率 p 值为 0.990,不能拒绝两组数据方差相等的假设,因此两总体的方差无显著差异;其次进行两总体的均值检验,已知方差无显著差异,应参考"假定等方差"这一列的数据分析,"平均值等同性 t 检验"的 p 值为 0.184,大于显著性水平 0.01,所以不能拒绝原假设,即认为两批导线的电阻值没有显著差异.

由独立样本检验表中"差值 90% 置信区间"可得到两批导线电阻均值差 $\mu_1 - \mu_2$ 的置信度为 0.90 的置信区间为 $[-0.000653, 0.005253]$,包含零点,也验证了假设检验的论断,即两总体的均值无显著差异.

例 7.2.3　已知两个工厂生产的蓄电池的电容量均服从正态分布 $N(\mu, \sigma^2)$,样本数据如下.

甲厂:144,141,138,142,141,143,138,137.

乙厂:142,143,139,140,138,141,140,138,142,136.

试求:(1) 电容量的均值差 $\mu_1 - \mu_2$ 的置信度为 0.95 的置信区间;

(2) 电容量的方差比 σ_1^2 / σ_2^2 的置信度为 0.95 的置信区间.

解　(1) 求电容量的均值差 $\mu_1 - \mu_2$ 的置信度为 0.95 的置信区间,操作步骤同例 7.2.2.

Step 1:首先在 SPSS 的变量视图中定义两个变量——组别和电容量,然后在数据视图中输入数据,两个工厂电容量的"组别"变量值分别为 1 和 2,保存成名称为"电容量均值差.sav"的文件.

Step 2:选择"分析(A)"→"比较均值(M)"→"独立样本 T 检验(E)"菜单项,将"电容量"变量移入"检验变量(T)"框中,将"组别"变量移入"分组变量(G)"框中.

Step 3:单击"定义组(D)",弹出"定义组"对话框,在"组 1"中输入 1,"组 2"中输入 2,返回独立样本 t 检验对话框,得到如图 7.2.8 所示结果.

组统计

	组别	N	均值	标准差	标准误差平均值
电容量	1	8	140.50	2.563	.906
	2	10	139.90	2.183	.690

独立样本检验

		电容量	
		假定等方差	不假定等方差
莱文方差等同性检验	F	.503	
	显著性	.488	
平均值等同性 t 检验	t	.537	.527
	自由度	16	13.853
	显著性 单侧 P	.299	.303
	双侧 P	.599	.607
	平均值差值	.600	.600
	标准误差差值	1.118	1.139
	差值 95% 置信区间 下限	-1.770	-1.846
	上限	2.970	3.046

图 7.2.8 独立样本 t 检验输出结果

两组电容量的平均值差别不大,独立样本检验结果中"莱文方差等同性检验"中"假定等方差"的 F 检验量的显著性 p 值为 0.488,大于 0.05,因此不能拒绝两组数据方差相等的假设.根据独立样本检验结果第一列的数据分析,由"差值 95% 置信区间"可得到两组电容量均值差 $\mu_1 - \mu_2$ 的置信度为 0.95 的置信区间为 $[-1.770, 2.970]$.

(2) 由于 SPSS 中没有直接求方差比 σ_1^2/σ_2^2 置信区间的菜单项,因此将电容量总体分布看作未知分布,所需数据可从(1)的输出结果中得到,根据式(3.2.9)求方差比的置信区间.

Step 1:根据(1)的组统计中的标准偏差结果建立如图 7.2.9 所示的数据表,并输入数值,保存成名称为"电容量方差比.sav"的文件.

图 7.2.9 数据表

Step 2:执行"转换(T)"→"计算变量(C)"菜单项,在弹出的对话框左侧"目标变量(T)"框中输入"方差比下限",在对话框右侧"数字表达式(E)"框中按照式(3.2.9)输入区间左侧公式,即(标准差1*标准差1)/(标准差2*标准差2*IDF.F(0.975,样本容量1-1,样本容量2-1));继续输入目标变量"方差比上限",输入区间右侧公式,即(标准差1 * 标准差1) / (标准差2 * 标准差2 * IDF.F(0.025,样本容量1-1,样本容量2-1)).对话窗口如图7.2.10所示.

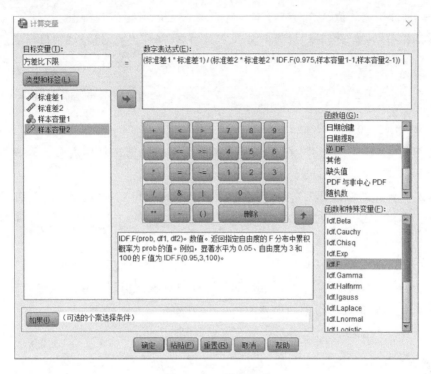

图 7.2.10 计算公式

计算公式中含 F 分布的上侧分位数,在对话框右侧"函数组(G)"中选择"逆 DF",随后在"函数和特殊变量(F)"中双击"Idf.F",IDF.F(prob,df1,df2)便出现在左边空白框中,根据公式说明选入适当的参数变量即可.

Step 3:单击"确定",数据视图即新增两个变量——方差比下限和方差比上限,如图7.2.11所示.本例为了更准确地给出方差比的置信区间,在变量视图中将新增变量的小数位数改为4位.方差比的置信度为0.95的置信区间为[0.3284,6.6485].

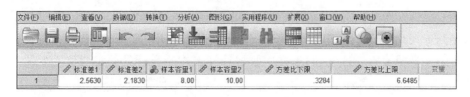

图 7.2.11 方差比的置信区间

7.2.3 非正态总体均值差的区间估计

例 7.2.4 某中学实测了初二男生和初三男生的立定跳远成绩,得到如下数据:

$\bar{x}=180.5$ cm, $\bar{y}=190.5$ cm, $s_1=20.5$ cm, $s_2=15.6$ cm, $n_1=160$, $n_2=158$.
求两个年级男生立定跳远成绩均值差的 95% 的置信区间.

解 操作步骤如下.

Step 1:在 SPSS 的数据视图窗口建立数据文件"跳远成绩均值差.sav",建立两个年级男生立定跳远成绩的均值、标准差、样本容量等六个变量,并输入观测值。

Step 2:执行"转换(T)"→"计算变量(C)"菜单项,在弹出的对话框的"目标变量(T)"框中输入目标变量"区间下限",在"数字表达式(E)"中按照

$$\left[\bar{X}-\bar{Y}-u_{\alpha/2}\sqrt{\frac{S_1^2}{n_1}+\frac{S_2^2}{n_2}},\ \bar{X}-\bar{Y}+u_{\alpha/2}\sqrt{\frac{S_1^2}{n_1}+\frac{S_2^2}{n_2}}\right]$$ 输入区间左侧公式,即均值 1−均值 2−

IDF. NORMAL(1−0.05/2,0,1) * sqrt(标准差 1 * 标准差 1/样本容量 1+标准差 2 * 标准差 2/样本容量 2),单击"确定",在数据视图窗口工作的数据文件中就会出现新变量及计算值.

Step 3:在弹出的对话框的"目标变量(T)"框中输入目标变量"区间上限",在"数字表达式(E)"中按照 $$\left[\bar{X}-\bar{Y}-u_{\alpha/2}\sqrt{\frac{S_1^2}{n_1}+\frac{S_2^2}{n_2}},\ \bar{X}-\bar{Y}+u_{\alpha/2}\sqrt{\frac{S_1^2}{n_1}+\frac{S_2^2}{n_2}}\right]$$ 输入区间右侧公式,即均值 1−均值 2+IDF. NORMAL(1−0.05/2,0,1) * sqrt(标准差 1 * 标准差 1/样本容量 1+标准差 2 * 标准差 2/样本容量 2),单击"确定",在数据视图窗口工作的数据文件中就会出现新变量及计算值. 由此所得的结果如图 7.2.12 所示.

均值1	均值2	标准差1	标准差2	样本容量1	样本容量2	区间下限	区间上限
180.50	190.50	20.5000	15.6000	160	158	−14.0008	−5.9992

图 7.2.12 均值差的置信区间

由此可知,初二男生和初三男生立定跳远成绩均值差的 95% 的置信区间为 $[-14.0008, -5.9992]$,区间估计中没有数值 0,故两个年级男生的成绩有显著差异.

§7.3 假设检验的案例分析

假设检验是根据一定假设条件由样本推断总体的一种统计方法,它在管理科学、社会科学乃至所有用到统计方法的自然科学中,都有广泛的应用.应用 SPSS 进行假设检验时,统计软件自动选择检验统计量,利用样本数据计算出检验统计量的观测值发生的概率,将选取的显著性水平 α 与检验统计量的概率 p 值相比较,进而做出判断.

7.3.1　正态总体参数的假设检验

1. 单个正态总体均值 t 检验

单个正态总体均值 t 检验是利用来自某总体的样本数据,推断总体的均值是否与指定的检验值存在显著差异,它是对总体均值的假设检验.

设总体 $X \sim N(\mu, \sigma^2)$,待检验假设为 $H_0: \mu = \mu_0$,$H_1: \mu \neq \mu_0$,选取检验统计量 $T = \dfrac{\overline{X} - \mu}{S/\sqrt{n}}$,当 H_0 成立时,$T \sim t(n-1)$.

例 7.3.1　某高校为了解在校大学生的生活费用情况,随机抽取了 287 名学生进行调查,得到在校大学生月平均生活费数据文件"大学生月生活费. sav",假设在校大学生的生活费用近似服从正态分布,在 $\alpha = 0.05$ 的显著水平下,可否认为该校大学生每月生活费的均值为 1500 元?

解　操作步骤如下.

Step 1:执行"分析(A)"→"比较均值(M)"→"单样本 T 检验(S)"菜单项,选择待检验的变量"月生活费"到"检验变量(T)"框中,在"检验值(V)"中输入原假设的检验值,此处输入 1500,如图 7.3.1 所示.

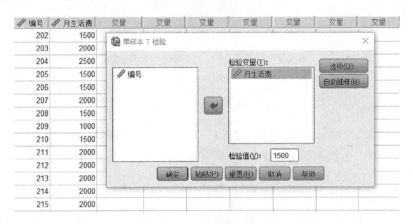

图 7.3.1　单样本 t 检验

Step 2:单击"确定",得到如图 7.3.2 所示的输出结果.

单样本统计

	N	均值	标准差	标准误差平均值
月生活费	287	1689.79	787.000	46.455

单样本检验

检验值 = 1500

			显著性			差值 95% 置信区间	
	t	自由度	单侧 P	双侧 P	平均值差值	下限	上限
月生活费	4.085	286	<.001	<.001	189.791	98.35	281.23

图 7.3.2　月生活费均值检验结果

该高校抽取调查的学生的月平均生活费为 1689.79 元,其标准偏差为 787 元,t 检验值为 4.085,显著性小于 0.01,在输出窗口中双击数据,显示准确结果为 0.000057,远小于显著性水平 0.05,因而拒绝原假设,认为月生活费与 1500 元存在显著差异.另外,总体均值 95% 的置信区间为 [1598.35, 1781.23].该区间以 95% 的概率覆盖总体均值,或者说不包含总体均值的概率为 5%,所以此前假设的总体均值等于 1500 是一个小概率事件,从而可以拒绝原假设.

单总体 t 检验一般要求样本数据总体服从正态分布,至少也是无偏分布,由中心极限定理可知,即使原数据不服从正态分布,只要样本容量足够大,其样本均值的抽样分布仍近似服从正态分布.真正的限制条件是均值能否代表相应数据的集中趋势.一般而言,单样本 t 检验是一个非常稳健的统计方法,只要没有明显的极端值,其分析结果都是稳定的.

例 7.3.2 某企业去年员工的平均日通勤距离为 6.8 千米,今年搬迁至新厂房,随机调查了 11 名员工,日通勤距离为:16.2, 15.4, 22.3, 10.2, 12.5, 0.8, 4.2, 3.5, 7.6, 6.4, 11.6.请问今年员工的平均日通勤距离是否超过去年?($\alpha = 0.05$)

解 根据题意,检验假设 $H_0: \mu \leq 6.8, H_1: \mu > 6.8$.采用右侧单侧检验,建立数据文件"通勤距离.sav",操作步骤同例 7.3.1,输出结果如图 7.3.3 所示.

单样本检验

检验值 = 6.8

	t	自由度	显著性 单侧P	双侧P	平均值差值	差值95% 置信区间 下限	上限
通勤距离	1.697	10	.060	.121	3.2636	-1.022	7.549

图 7.3.3 通勤距离的均值检验结果

SPSS 输出结果中默认的是双侧检验,这里 t 统计量的双侧概率值为 0.121,除以 2 即为单侧概率值 0.0605,因为单侧概率 $0.0605 > \alpha = 0.05$,因此接受 H_0,认为搬迁后员工的平均日通勤距离没有超过去年.

2. 独立样本 t 检验

独立样本 t 检验是检验两个独立样本均值是否存在显著差异的一种方法,它要求两个样本相互独立,服从或近似服从正态总体.在进行检验之前还要判断两个样本对应的总体方差是否相等,即进行方差齐性检验,方差齐性检验是否显著影响着均值检验统计量的选择和结果.

例 7.3.3 某公司对员工的性别、年龄、受教育年限等信息做了调查,得到数据文件"受教育年限.sav",现要求对不同性别的员工的受教育年限是否存在差异进行检验.

解 操作步骤如下.

Step 1:打开数据文件"受教育年限.sav",选择"分析(A)"→"比较均值(M)"→"独立样本 T 检验(E)"菜单项.

Step 2:选择"受教育年限"变量移入右侧"检验变量(T)"框中,"性别"变量移入"分组变量(G)"框中.

Step 3:单击"定义组(D)",弹出"定义组"对话框,在"组 1"中输入 1,"组 2"中输入 2,单击"继续"返回主对话框.其他设置取默认值,单击"确定"按钮执行命令,得到如图 7.3.4 所示的输出结果.

组统计

	性别	N	均值	标准差	标准误差平均值
受教育年限	男	166	14.67	2.801	.217
	女	234	13.91	2.970	.194

独立样本检验

			受教育年限	
			假定等方差	不假定等方差
莱文方差等同性检验	F		.699	
	显著性		.403	
平均值等同性 t 检验	t		2.597	2.623
	自由度		398	367.578
	显著性	单侧 P	.005	.005
		双侧 P	.010	.009
	平均值差值		.764	.764
	标准误差差值		.294	.291
	差值 95% 置信区间	下限	.186	.191
		上限	1.343	1.338

图 7.3.4 不同性别的员工的受教育年限均值差检验结果

从统计分析结果可知,男性样本数 166,平均受教育年限 14.67,标准差 2.801;女性样本数 234,平均受教育年限 13.91,标准差 2.970.

在"独立样本检验"结果中,首先看 F 检验的结果,它用来检验两个总体的方差是否相等.在"莱文方差等同性检验"框中 F 检验的显著性为 0.403,大于 0.05,说明两组满足方差齐性,因此看"假定等方差"列的 t 检验结果: $t=2.597$, $p=0.01<0.05$,说明不同性别的员工在受教育年限上存在显著差异.

例 7.3.4 根据例 4.6.1 的数据建立数据文件"新旧吸附效果.sav",问能否认为新方法的吸附效果显著优于旧方法?($\alpha=0.05$)

解 操作步骤同例 7.3.3,输出结果如图 7.3.5 所示.

组统计

	组别	N	均值	标准差	标准误差平均值
吸附效果	新方法	9	86.89	2.369	.790
	旧方法	9	82.89	3.951	1.317

独立样本检验

			吸附效果	
			假定等方差	不假定等方差
莱文方差等同性检验	F		2.822	
	显著性		.112	
平均值等同性 t 检验	t		2.605	2.605
	自由度		16	13.093
	显著性	单侧 P	.010	.011
		双侧 P	.019	.022
	平均值差值		4.000	4.000
	标准误差差值		1.536	1.536
	差值 95% 置信区间	下限	.745	.685
		上限	7.255	7.315

图 7.3.5　新旧方法吸附效果均值差检验结果

从图 7.3.5 中可以看出,F 检验的显著性为 0.112,大于 0.05,接受新旧两种方法的吸附效果方差相等的假设,应读"假定等方差"列的 t 检验结果.

要比较新方法的吸附效果是否优于旧方法,采用右侧检验,检验假设 $H_0:\mu_1 \leqslant \mu_2$,$H_1:\mu_1 > \mu_2$,概率 $p = \dfrac{0.019}{2} = 0.0095 < \alpha = 0.05$,故拒绝原假设 H_0,接受备择假设 H_1,认为新方法的吸附效果显著优于旧方法.从图 7.3.5 中还可以得到新旧方法吸附效果均值差的置信度为 95% 的双侧置信区间为 $(0.745, 7.255)$.

3. 配对样本 t 检验

两个配对样本 t 检验用于检验两配对总体的均值是否存在显著差异.配对数据是两个样本的特殊状态,每对数据之间存在相关性,在数据分析时不能忽略.要求两个样本的样本容量相同,两个样本观测值的先后顺序是一一对应的,不能随意更改.

例 7.3.5　某苗圃厂在实验过程中将苗木分成两组,一组施肥,一组不施肥,一个月后两组的苗高增长量(单位:cm)数据如下:

施肥组/cm	3.5	3.0	3.9	2.0	3.4	3.8	3.7	2.9	3.1	3.5
不施肥组/cm	2.5	2.4	3.2	2.7	2.5	1.9	1.8	3.3	2.8	2.6

检验两组苗木的苗高增长量是否存在差异.

解　操作步骤如下.

Step 1:建立数据文件"苗高增长量.sav",选择"分析(A)"→"比较均值(M)"→"成对样本 T 检验(P)"菜单项.

Step 2：将施肥和不施肥两个变量均移入右侧"配对变量(V)"框中.

Step 3：单击对话框"选项"，弹出对话框，默认系统设置，单击"继续"返回主对话框后，单击"确定"按钮得到如图 7.3.6 所示的结果.

成对样本统计

		均值	N	标准差	标准误差平均值
配对 1	不施肥	2.5700	10	.48086	.15206
	施肥	3.2800	10	.56135	.17751

成对样本相关性

		N	相关性	显著性 单侧 P	显著性 双侧 P
配对 1	不施肥 & 施肥	10	-.303	.197	.395

成对样本检验

			配对 1 不施肥 - 施肥
配对差值	均值		-.71000
	标准差		.84255
	标准误差平均值		.26644
	差值 95% 置信区间	下限	-1.31272
		上限	-.10728
t			-2.665
自由度			9
显著性	单侧 P		.013
	双侧 P		.026

图 7.3.6　苗高增长量配对样本检验结果

从输出结果可知，不施肥组苗高增长量的均值为 2.570，施肥组苗高增长量的均值为 3.280．两组样本的简单相关系数为 -0.303，相关性不显著．由配对样本检验结果可知，两组苗高增长量差值的 95％置信区间为 $[-1.3127, -0.1073]$，t 统计量观测值对应的双侧概率 p 值为 0.026，小于显著性水平 $\alpha=0.05$，因此拒绝原假设，认为施肥与否对苗高增长量存在显著差异，说明苗木施肥对苗高增长有显著作用.

7.3.2　非正态总体参数的假设检验

实际问题中有时不能预测总体服从什么分布，需要根据样本来检验关于总体分布形式的各种假设，这一类问题称为分布拟合检验，属于非参数假设检验问题．它与参数检验的原理相同，首先根据问题提出原假设，然后利用统计学原理构造出适当的统计量，最后利用样本数据计算统计量的概率值，并与显著性水平相比较，得出结论.

1. 卡方检验

卡方检验也称为卡方拟合优度检验，它通过样本的频数分布来推断总体是否服从某种理论分布或某种假设分布.检验原假设 H_0:样本来自的总体分布与期望分布或某一理论分布无显著差异,具体检验通过分析实际频数与理论频数之间的差别或吻合程度来完成.

例 7.3.6 某城市在某一时期内共发生交通事故 600 次,按不同汽车颜色分类的数据如表 7.3.1 所示,能否认为交通事故的发生与汽车的颜色有关? ($\alpha=0.05$)

表 7.3.1 交通事故按不同汽车颜色分类

汽车颜色	红	棕	黄	白	灰	蓝
事故次数	75	125	70	80	135	115

解 原假设 H_0:交通事故的发生与汽车的颜色无关,即每种颜色的汽车发生交通事故的概率是一样的.

操作步骤如下.

Step 1:定义"汽车颜色"和"事故次数"两个变量并输入数据,保存为数据文件"交通事故.sav",具体数据格式如图 7.3.7 所示.

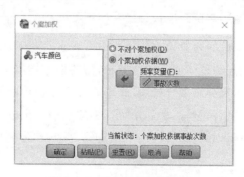

图 7.3.7 数据格式

Step 2:选择"数据(D)"→"个案加权(W)"菜单项,在"个案加权"对话框中选中"个案加权依据(W)",并从左侧列表框中选择权变量"事故次数"到"频率变量(F)"中,如图 7.3.8 所示.此时主窗口右下角显示"权重开启".

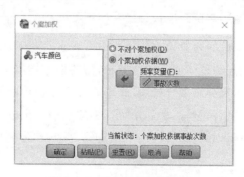

图 7.3.8 "个案加权"对话框

Step 3：选择"分析（A）"→"非参数检验（N）"→"旧对话框（L）"→"卡方（C）"菜单项，打开"卡方检验"对话框，将加权后的"事故次数"变量移入右侧"检验变量列表（T）"栏，单击"选项（O）"，在"统计"栏中勾选"描述"，其他设置选默认值，如图 7.3.9 所示.

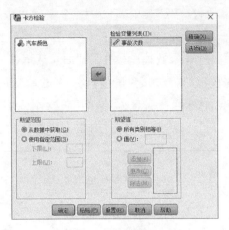

图 7.3.9　"卡方检验"对话框

Step 4：返回主对话框，单击"确定"，输出结果如图 7.3.10 所示.

描述统计

	N	平均值	标准差	最小值	最大值
事故次数	600	106.67	25.339	70	135

事故次数

	实测个案数	期望个案数	残差
70	70	100.0	-30.0
75	75	100.0	-25.0
80	80	100.0	-20.0
115	115	100.0	15.0
125	125	100.0	25.0
135	135	100.0	35.0
总计	600		

检验统计

	事故次数
卡方	40.000[a]
自由度	5
渐近显著性	<.001

a. 0 个单元格 (0.0%) 的期望频率低于 5。期望的最低单元格频率为 100.0。

图 7.3.10　卡方检验输出结果

从描述统计表中可知检验数据的均值为 106.67，标准差为 25.339；事故次数表为频数分布表，每行对应一种汽车颜色，给出了实际个案数、期望个案数及残差；检验统计表给出了卡方检验的结果，卡方统计量为 40，在 SPSS 输出窗口中单击"渐近显著性"，概率 p 值小于显著性水平 0.05，因此拒绝 H_0，认为交通事故的发生与汽车的颜色有关.

例 7.3.7　为验证某医院一周内每日病患人数的比例是否为 $1:1:2:2:1:1:1$，现对该医院某一周的病患人数进行统计，得到如表 7.3.2 所示结果.

表 7.3.2　病患人数统计表

星期	一	二	三	四	五	六	日
病患人数	31	38	70	80	29	24	32

解 原假设 H_0:一周内每日病患人数的比例符合 $1:1:2:2:1:1:1$.

操作步骤如下.

Step 1:建立数据文件"病患人数比例.sav",定义"星期"和"人数"两个变量并输入数据,选择"数据(D)"→"个案加权(W)"菜单项,选中"个案加权依据(W)",指定"人数"为加权变量.

Step 2:选择"分析(A)"→"非参数检验(N)"→"旧对话框(L)"→"卡方(C)"菜单项,打开"卡方检验"对话框,将加权后的"人数"变量移入右侧"检验变量列表(T)"栏,在"期望值"栏中选中"值(V)",使用"添加(A)"将病患人数比例依次填入右侧空白框中,如图 7.3.11 所示.然后单击"选项(O)",在"统计"栏中勾选"描述",其他设置选默认值.

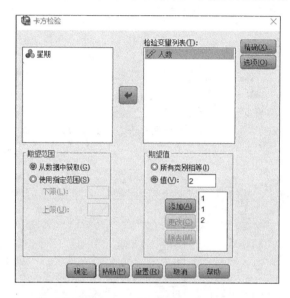

图 7.3.11 "卡方检验"对话框

Step 3:返回主对话框,单击"确定",得到如图 7.3.12 所示的结果.

描述统计

	N	平均值	标准差	最小值	最大值
人数	304	53.11	22.478	24	80

人数

	实测个案数	期望个案数	残差
24	24	33.8	-9.8
29	29	33.8	-4.8
31	31	67.6	-36.6
32	32	67.6	-35.6
38	38	33.8	4.2
70	70	33.8	36.2
80	80	33.8	46.2
总计	304		

检验统计

	人数
卡方	144.623[a]
自由度	6
渐近显著性	<.001

a. 0 个单元格 (0.0%) 的期望频率低于 5。期望的最低单元格频率为 33.8。

图 7.3.12 卡方检验输出结果

从描述统计表中可知检验数据的均值为 53.11,标准差为 22.478;检验统计表给出了卡方检验的结果,渐进显著性概率 p 值小于显著性水平 0.05,因此拒绝原假设,认为一周内每日病患人数的比例不符合 $1:1:2:2:1:1:1$.

2. 单样本 K‑S 检验

前面的非参数检验例题是对分类数据进行研究,连续性数据一般用 K‑S 检验(Kolmogorov-Smirnov)进行分析,主要检验样本来自的总体是否同指定的分布一致.该方法是一种拟合优度检验方法,即将变量的观察累积分布函数与指定的理论分布进行比较,主要有正态分布、均匀分布和泊松分布等.其基本功能是判断一组样本观测结果的经验分布是否服从特定的理论分布,通过分析观测的经验累积分布概率与理论累计频率分布的偏离值来实现.

例 7.3.8　某学校对初三学生的百米速度进行调查,随机抽取 30 名学生进行百米测试,所得数据如下(单位:s):

$$12.9,13.1,14.3,13.9,14.6,13.9,14.5,14.3,14.3,13.3,$$
$$13.0,15.0,14.3,14.2,13.2,12.0,12.8,13.4,14.2,14.0,$$
$$14.0,14.0,13.5,13.6,13.7,13.9,13.8,15.1,15.2,16.2.$$

试分析该校初三学生的百米速度是否服从正态分布.($\alpha=0.05$)

解　操作步骤如下.

Step 1:输入数据,建立数据文件"百米速度.sav".

Step 2:选择"分析(A)"→"非参数检验(N)"→"旧对话框(L)"→"单样本 K‑S(1)"菜单项,将变量"百米速度"移入"检验变量列表(T)"框中,在"检验分布"一栏中勾选"正态(N)",如图 7.3.13 所示.

Step 3:在主对话框中单击"确定",得到如图 7.3.14 所示的结果.

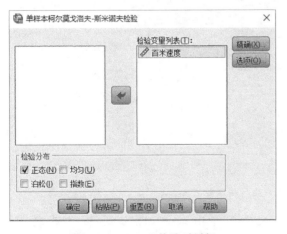

图 7.3.13　K‑S 检验对话框

单样本柯尔莫戈洛夫-斯米诺夫检验

		百米速度
N		30
正态参数[a,b]	平均值	13.940
	标准差	.8295
最极端差值	绝对	.132
	正	.132
	负	-.081
检验统计		.132
渐近显著性（双尾）[c]		.192
蒙特卡洛显著性（双尾）[d]	显著性	.196
	99% 置信区间　下限	.185
	上限	.206

a. 检验分布为正态分布.
b. 根据数据计算.
c. 里利氏显著性修正.
d. 基于 10000 蒙特卡洛样本且起始种子为 2000000 的里利氏法.

图 7.3.14　K‑S 检验结果

由图 7.3.14 可知,30 名学生的百米速度均值为 13.940 s,标准差为 0.8295. K‑S 检验结果显示:$Z=0.132$,概率 $p=0.192>0.05$,因此接受原假设,认为该校初三学生的百米速度服从正态分布.

3. 独立性检验

实际问题中经常要考察两个变量是否有关系,如月收入与文化程度、性别与成绩、吸烟与患肺病等,此时可以用"交叉表"独立性的检验方法进行分析.

例 7.3.9 为研究慢性气管炎与吸烟的关系,对 339 名 50 岁以上的对象进行调查,数据资料见例 4.6.2,检验患有慢性气管炎是否与吸烟有关.($\alpha = 0.1$)

解 原假设 H_0:患有慢性气管炎与吸烟无关.

操作步骤如下.

Step 1:建立名为"气管炎与吸烟. sav"的数据文件,输入三个变量——气管炎、吸烟情况、人数,前两个变量分别定义了值标签,详细设置如图 7.3.15 和图 7.3.16 所示.

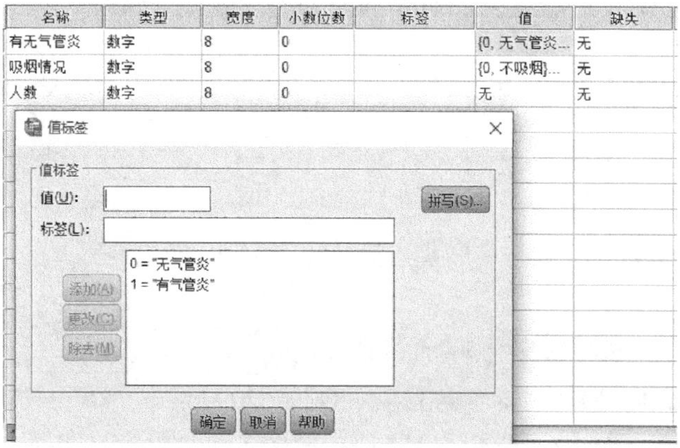

图 7.3.15 变量值标签定义

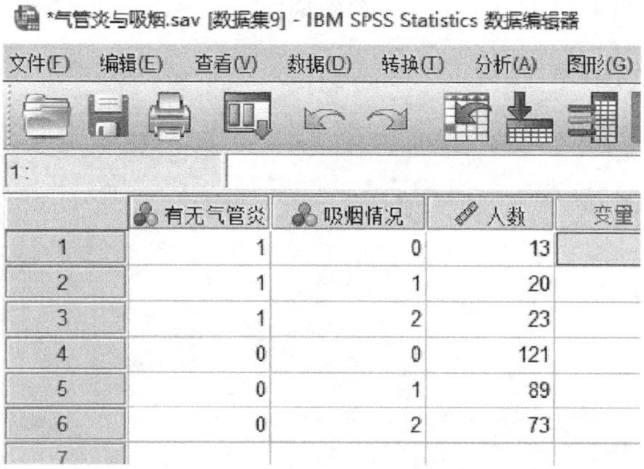

图 7.3.16 有无气管炎与吸烟数据表

Step 2:选择"数据(D)"→"个案加权(W)"菜单项,选中"个案加权依据(W)",指定"人数"为加权变量.

Step 3:选择"分析(A)"→"描述统计(E)"→"交叉表(C)"菜单项,弹出如图 7.3.17 所示对话框,将变量"有无气管炎"移入"行(O)"框中作为交叉表的行变量,"吸烟情况"移入

"列(C)"框中作为交叉表的列变量,需要注意的是,此处要求行、列变量是分类变量.

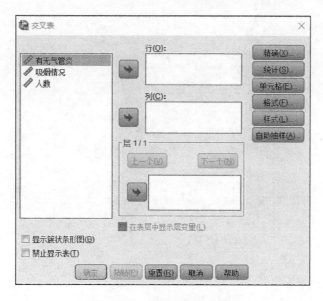

图 7.3.17　"交叉表"对话框

Step 4:单击右侧的"统计(S)"按钮,在弹出的对话框中勾选"卡方(H)",还可根据具体的变量特征选取相应的方法进行统计分析,如图 7.3.18 所示.

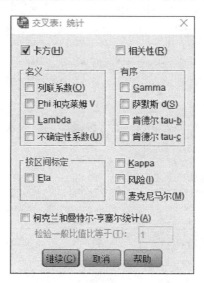

图 7.3.18　"交叉表:统计"对话框

Step 5:单击"交叉表"对话框右侧的"单元格(E)"按钮,在弹出的对话框中按图 7.3.19 所示勾选.可根据需要决定是否输出期望值及各种百分比.

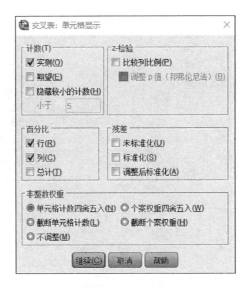

图 7.3.19 "交叉表:单元格显示"对话框

Step 6:返回主对话框,单击"确定"得到如图 7.3.20 所示结果.

个案处理摘要

	个案					
	有效		缺失		总计	
	N	百分比	N	百分比	N	百分比
有无气管炎 * 吸烟情况	339	100.0%	0	0.0%	339	100.0%

有无气管炎 * 吸烟情况 交叉表

			吸烟情况			总计
			不吸烟	每日20支以下	每日20支以上	
有无气管炎	无气管炎	计数	121	89	73	283
		占 有无气管炎 的百分比	42.8%	31.4%	25.8%	100.0%
		占 吸烟情况 的百分比	90.3%	81.7%	76.0%	83.5%
	有气管炎	计数	13	20	23	56
		占 有无气管炎 的百分比	23.2%	35.7%	41.1%	100.0%
		占 吸烟情况 的百分比	9.7%	18.3%	24.0%	16.5%
总计		计数	134	109	96	339
		占 有无气管炎 的百分比	39.5%	32.2%	28.3%	100.0%
		占 吸烟情况 的百分比	100.0%	100.0%	100.0%	100.0%

卡方检验

	值	自由度	渐进显著性（双侧）
皮尔逊卡方	8.634[a]	2	.013
似然比	8.892	2	.012
线性关联	8.486	1	.004
有效个案数	339		

a. 0 个单元格 (0.0%) 的期望计数小于 5。最小期望计数为 15.86。

图 7.3.20 独立性检验输出结果

从有无气管炎和吸烟情况两个变量的交叉表中可以看出各种情况的人数占比,例如调查的 339 人中有 134 人不吸烟,其中无气管炎的有 121 人,占比 90.3%,有气管炎的有 13 人,占比 9.7%.根据卡方检验结果可知,卡方检验的统计量为 8.634,$p = 0.013 < \alpha = 0.1$,所以拒绝原假设,认为患有气管炎与吸烟有关.

在列联表分析中,原假设为行、列变量相互独立,常用的检验统计量为皮尔逊卡方统计量.如果期望频数偏小的单元格大量存在,那么卡方检验的值存在偏大的趋势,更容易拒绝原假设.因此,如果单元格中期望频数小于 5 的单元格超过 20%,就不宜使用卡方检验.

§7.4　方差分析的案例分析

方差分析可以对两组及以上样本的均值差异显著性进行检验.为了保证分析结果的准确性,观测变量各总体需要满足正态性及方差齐性,同时观测值要相互独立.

7.4.1　单因素方差分析

单因素方差分析用于检验一个因素在不同水平下观测值的均值是否存在显著差异,分析的数据包括一个因素(自变量),一个或多个独立的因变量.方差分析对方差齐性要求比较高,在应用 SPSS 软件时要进行方差同质性检验.

例 7.4.1　某农场在一试验田的四个区域进行土壤含水量的调查,每个区域测试三个样本,数据如图 7.4.1 所示,文件名"土壤含水量.sav".试问四个区域的土壤含水量有无显著差异?($\alpha = 0.1$)

	🔅 区域	📏 土壤含水量
1	1	19.92
2	1	21.39
3	1	17.69
4	2	16.72
5	2	14.87
6	2	14.55
7	3	17.33
8	3	19.41
9	3	21.47
10	4	23.04
11	4	21.91
12	4	20.92

图 7.4.1　土壤含水量数据

解　操作步骤如下.

Step 1:打开数据文件,选择"分析(A)"→"比较均值(M)"→"单因素 ANOVA 检验"菜单项,弹出如图 7.4.2 所示对话框,将观测变量"土壤含水量"移入"因变量列表(E)"框,控制变量"区域"移入"因子(F)"框,变量"区域"有 4 个取值表示控制变量有 4 个水平,各处理重复数相等,每个水平下有 3 次重复.

图 7.4.2 单因素方差分析

Step 2:单击对话框右侧的"对比(N)"按钮,在弹出的窗口中勾选"多项式(P)",表示将组间平方和划分成趋势成分,主要用于检验因变量在因子变量的各顺序水平间的趋势.其他保持默认设置.

Step 3:单击对话框右侧的"选项(O)"按钮,在弹出的窗口中勾选"描述(D)""方差齐性检验(H)""平均值图(M)",如图 7.4.3所示.

Step 4:单击对话框右侧的"事后比较(H)"按钮,弹出"事后多重比较"对话框如图 7.4.4 所示.SPSS 提供了 18 种多重比较检验的方法,包括方差齐性及方差不齐两种情况.由于方差分析的前提有要求,因此应用中大多采用"假定等方差"的比较方法.根据比较目的和适应条件的不同,各种多重比较方法有不同的侧重点,常

图 7.4.3 "选项"对话框

见的有 LSD、S-N-K、图基(Tukey)、邓肯(Duncan)等,本例勾选"LSD"最小显著差异法,它的灵敏度比较高,或者假阳性可能性比较大.

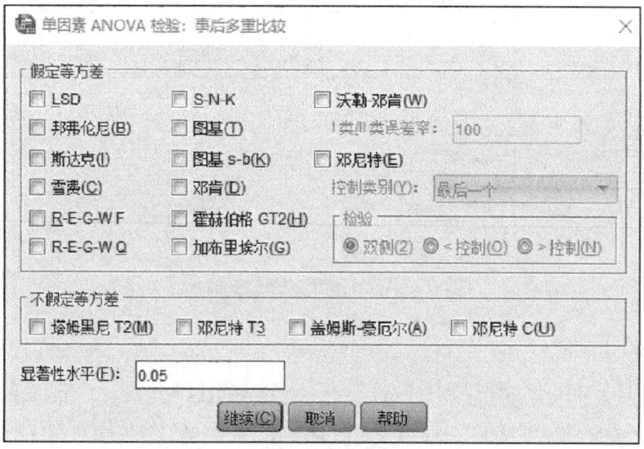

图 7.4.4 "事后多重比较"对话框

Step 5:返回主对话框,单击"确定"得到如图 7.4.5 所示结果.

描述

土壤含水量

		试验田A区	试验田B区	试验田C区	试验田D区	总计
N		3	3	3	3	12
平均值		19.6667	15.3800	19.4033	21.9567	19.1017
标准差		1.86296	1.17145	2.07001	1.06077	2.82428
标准误差		1.07558	.67634	1.19512	.61244	.81530
平均值的 95% 置信区间	下限	15.0388	12.4700	14.2611	19.3216	17.3072
	上限	24.2945	18.2900	24.5455	24.5918	20.8961
最小值		17.69	14.55	17.33	20.92	14.55
最大值		21.39	16.72	21.47	23.04	23.04

图 7.4.5　描述统计

在 4 个不同区域下共有 12 个样本,试验田 D 区的土壤含水量平均值最高,试验田 B 区的土壤含水量平均值最低,这一点和后面图 7.4.9 的均值折线图是一致的.方差齐性检验结果如图 7.4.6 所示,从图中可以看出,以基于平均值的方差齐性检验为准,$p = 0.728 >$ 0.05,认为满足方差齐性这一前提条件.

方差齐性检验

		莱文统计	自由度 1	自由度 2	显著性
土壤含水量	基于平均值	.443	3	8	.728
	基于中位数	.355	3	8	.787
	基于中位数并具有调整后自由度	.355	3	6.916	.788
	基于剪除后平均值	.439	3	8	.732

图 7.4.6　方差齐性检验结果

图 7.4.7 为 SPSS 生成的方差分析表,由图可知组间离差平方和为 67.236,自由度为 3,组内离差平方和为 20.506,自由度为 8,检验统计量 F 值为 8.744,显著性概率 p 值为 0.007,小于显著性水平 $\alpha = 0.1$,因此认为不同区域的土壤含水量有显著差异.进一步通过多重比较了解哪些区域的土壤含水量有差异,如图 7.4.8 所示.

ANOVA

土壤含水量

			平方和	自由度	均方	F	显著性
组间	（组合）		67.236	3	22.412	8.744	.007
	线性项	对比	17.800	1	17.800	6.944	.030
		偏差	49.436	2	24.718	9.643	.007
组内			20.506	8	2.563		
总计			87.742	11			

图 7.4.7　方差分析表

多重比较

因变量: 土壤含水量

LSD

(I) 区域	(J) 区域	平均值差值 (I-J)	标准误差	显著性	95% 置信区间 下限	95% 置信区间 上限
试验田A区	试验田B区	4.28667*	1.30723	.011	1.2722	7.3011
	试验田C区	.26333	1.30723	.845	-2.7511	3.2778
	试验田D区	-2.29000	1.30723	.118	-5.3045	.7245
试验田B区	试验田A区	-4.28667*	1.30723	.011	-7.3011	-1.2722
	试验田C区	-4.02333*	1.30723	.015	-7.0378	-1.0089
	试验田D区	-6.57667*	1.30723	.001	-9.5911	-3.5622
试验田C区	试验田A区	-.26333	1.30723	.845	-3.2778	2.7511
	试验田B区	4.02333*	1.30723	.015	1.0089	7.0378
	试验田D区	-2.55333	1.30723	.087	-5.5678	.4611
试验田D区	试验田A区	2.29000	1.30723	.118	-.7245	5.3045
	试验田B区	6.57667*	1.30723	.001	3.5622	9.5911
	试验田C区	2.55333	1.30723	.087	-.4611	5.5678

*. 平均值差值的显著性水平为 0.05。

图 7.4.8　多重比较表

从描述统计表中可知试验田 B 区和 D 区的平均土壤含水量差别比较大,但二者在统计学上是否有显著差异,还需要通过多重比较表来判断. 由图 7.4.8 可知,试验田 A 区和试验田 C 区、D 区,以及试验田 C 区和试验田 D 区土壤含水量均值差异显著性均大于 0.05,对应的"平均值差值(I-J)"数值没有标注 *,说明它们两者之间的土壤含水量差异不显著,其他各组数据均标有 *,表示显著性概率 p 值均低于 0.05,数据之间有显著差异.

均值折线图以区域(因素)为横轴,土壤含水量的平均值为纵轴,显示不同水平均数的分布情况. 由图 7.4.9 可知,各试验田区域的土壤含水量均值情况为:试验田 B 区的含水量均值最小,D 区的含水量均值最大,而 A 区和 C 区居中,具体差异显著性参照多重比较结果.

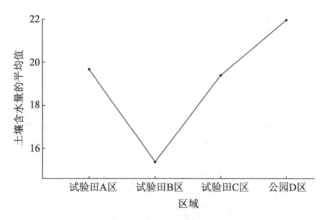

图 7.4.9　均值折线图

例 7.4.2　消费者协会为了对四个行业的服务质量进行评价,在四个行业分别抽取不同的企业作为样本. 最近一年中,23 家企业被投诉的次数如表 7.4.1 所示.

表 7.4.1　企业被投诉情况

行业	被投诉次数						
零售业	57	66	49	40	34	53	44
旅游业	68	39	29	45	56	51	
航空业	31	49	21	34	40		
家电制造业	44	51	65	77	58		

解　原假设 H_0:不同行业的被投诉次数没有显著差异.

本例以不同行业为自变量(因素),它是分类型变量;以被投诉次数为因变量(响应变量),它是数值型变量.虽然各水平重复数不等,但是这种情况的方差分析步骤与例 7.4.1 中的等重复数情况的分析步骤是相同的,只是计算公式上有些细微差异.

操作步骤如下.

Step 1:打开数据文件"被投诉次数. sav",选择"分析(A)"→"比较均值(M)"→"单因素 ANOVA 检验"菜单项,在弹出的对话框中将观测变量"被投诉次数"移入"因变量列表(E)"框,控制变量"不同行业"移入"因子(F)"框.

Step 2:单击对话框右侧的"对比(N)"按钮,在弹出的窗口中勾选"多项式(P)",其他保持系统默认设置.

Step 3:单击对话框右侧的"选项(O)"按钮,在弹出的窗口中勾选"方差齐性检验(H)",其他选项默认系统设置.

Step 4:单击对话框右侧的"事后比较(H)"按钮,勾选"LSD".

Step 5:返回主对话框,单击"确定".部分结果如图 7.4.10 所示.

方差齐性检验

		莱文统计	自由度 1	自由度 2	显著性
被投诉次数	基于平均值	.195	3	19	.898
	基于中位数	.197	3	19	.897
	基于中位数并具有调整后自由度	.197	3	18.370	.897
	基于剪除后平均值	.192	3	19	.900

ANOVA

被投诉次数

			平方和	自由度	均方	F	显著性
组间	(组合)		1456.609	3	485.536	3.407	.039
	线性项	未加权	83.710	1	83.710	.587	.453
		加权	52.174	1	52.174	.366	.552
		偏差	1404.435	2	702.217	4.927	.019
组内			2708.000	19	142.526		
总计			4164.609	22			

图 7.4.10　方差齐性检验结果

根据方差齐性检验结果可知,显著性为 0.898,认为满足方差齐性这一前提条件.从方差分析表可知,方差检验 F 值为 3.407,显著性概率 p 值为 0.039,小于显著性水平 0.05,因此拒绝原假设,认为不同行业的被投诉次数有显著差异.

7.4.2 多因素方差分析

多因素方差分析的基本思想等同于单因素方差分析,但它研究的是两个或两个以上因素对因变量的作用和影响,以及这些因素共同作用的影响.

例 7.4.3 为了从 3 种不同原料和 3 种不同温度中选择使酒精含量最高的产品组合,每一水平组合重复 4 次,数据文件保存为"原料温度产量.sav",部分数据如图 7.4.11 所示,试分析不同的原料和温度对酒精含量的影响.

	🍀 原料	🍀 温度	📏 酒精含量
1	1	1	41
2	1	1	49
3	1	1	23
4	1	1	25
5	1	2	11
6	1	2	12
7	1	2	25
8	1	2	24
9	1	3	6
10	1	3	22
11	1	3	26
12	1	3	11
13	2	1	47

图 7.4.11 原料温度产量数据

解 原假设 H_0:不同的原料和温度及其相互作用对酒精含量的影响都不显著.

操作步骤如下.

Step 1:打开数据文件,选择"分析(A)"→"一般线性模型(G)"→"单变量(U)"菜单项,在多因素方差分析窗口中将观测变量"酒精含量"移入"因变量(D)"框,"原料"和"温度"两个控制变量移入"固定因子(F)"框,如图 7.4.12 所示.

Step 2:单击"图(T)"按钮,在弹出的对话框中将"原料"和"温度"两个变量分别指定为"水平轴(H)"和"单独的线条(S)",单击"添加(A)",如图 7.4.13 所示.

图 7.4.12 方差分析主对话框

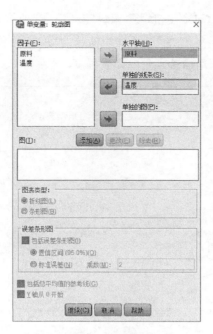

图 7.4.13　均值图形输出

Step 3：单击主对话框右侧的"模型（M）"按钮，它建立的是饱和模型，SPSS 多因素方差分析默认的指定模型是"全因子（A）"，表示包含所有控制变量的独立作用及交互作用；如果要建立非饱和模型，则需要选中"构建项（B）"，指定其中一部分交互作用. 本例选择默认设置，如图 7.4.14 所示.

图 7.4.14　"模型"对话框

Step 4:单击"事后比较(H)"按钮,将"原料"和"温度"两个变量选入右侧框"下列各项的事后检验(P)"中,在"假定等方差"对话框中勾选"LSD",如图 7.4.15 所示,进一步明确两个观测变量及其交互作用对酒精含量的影响程度.

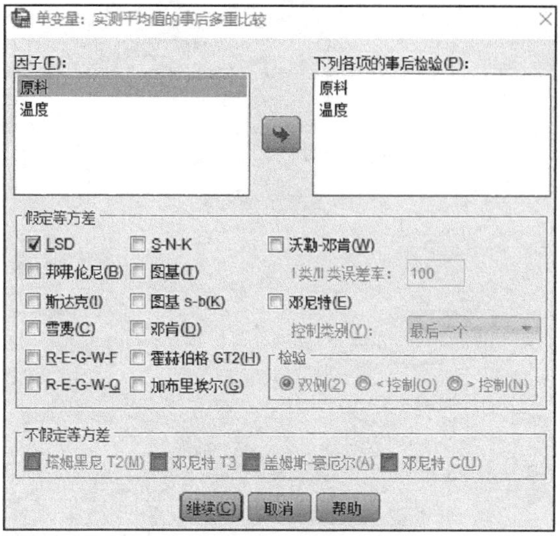

图 7.4.15 事后多重比较

Step 5:单击"选项(O)"按钮,勾选"齐性检验(H)".

Step 6:返回主对话框,点击"确定"按钮,得到如图 7.4.16 至图 7.4.18 所示结果.

误差方差的莱文等同性检验[a,b]

		莱文统计	自由度 1	自由度 2	显著性
酒精含量	基于平均值	1.559	8	27	.184
	基于中位数	1.436	8	27	.227
	基于中位数并具有调整后自由度	1.436	8	17.141	.251
	基于剪除后平均值	1.558	8	27	.184

检验"各个组中的因变量误差方差相等"这一原假设.

　　a. 因变量:酒精含量

　　b. 设计:截距 + 原料 + 温度 + 原料 * 温度

图 7.4.16 方差齐性检验结果

从图 7.4.16 中可知,方差齐性检验的显著性 p 值为 0.184,因此认为没有证据可以表明各总体的方差不相等,满足方差分析的前提条件.

主体间效应检验

因变量: 酒精含量

源	III 类平方和	自由度	均方	F	显著性
修正模型	6164.500[a]	8	770.563	11.403	<.001
截距	38025.000	1	38025.000	562.716	<.001
原料	1913.167	2	956.583	14.156	<.001
温度	3633.500	2	1816.750	26.885	<.001
原料 * 温度	617.833	4	154.458	2.286	.086
误差	1824.500	27	67.574		
总计	46014.000	36			
修正后总计	7989.000	35			

a. R 方 = .772（调整后 R 方 = .704）

图 7.4.17 双因素方差分析表

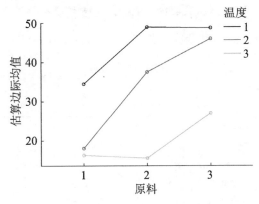

图 7.4.18 交互影响折线图

从方差分析结果来看,原料、温度的概率 p 值均小于 0.05,对酒精含量均值存在显著影响,二者的交互作用对酒精含量没有显著影响.决定系数 R 方和调整后 R 方分别为 0.772 和 0.704,说明该模型对数据的拟合程度较好.多因素方差分析参考调整后 R 方,反映多因素方差分析模型对观测数据的总体拟合程度.交互影响折线图直观反映了不同原料在不同温度下对产品酒精含量的影响,总体来说,随着温度从 1 水平到 2 水平再到 3 水平的变化,原料 1,2,3 生产的产品的酒精含量都有所下降,但下降的程度不同,具体交互作用是否显著应参考检验结果.

7.4.3 多因素方差分析的进一步分析

例 7.4.3 中方差分析针对的是饱和模型,但由于变量的交互作用不显著,因此可以尝试建立非饱和模型.在具体进行方差分析时,将交互作用误差平方和并入误差平方和中,自由度也做相应合并,再一次应用 SPSS 进行方差分析的数据处理.

打开数据文件选择变量,前两步操作同例 7.4.3,在主对话框右侧栏中单击"模型(M)",在弹出的对话框的"指定模型"中选中"构建项(B)",将"原料"和"温度"变量移入右侧框"模型(M)"中,"构建项"的"类型(P)"选择"主效应",如图 7.4.19 所示.

图 7.4.19　方差分析模型构建

单击"继续"返回主对话框,其余操作同例 7.4.3,得到如图 7.4.20 所示结果.

主体间效应检验

因变量: 酒精含量

源	III 类平方和	自由度	均方	F	显著性
修正模型	5546.667[a]	4	1386.667	17.601	<.001
截距	38025.000	1	38025.000	482.643	<.001
原料	1913.167	2	956.583	12.142	<.001
温度	3633.500	2	1816.750	23.060	<.001
误差	2442.333	31	78.785		
总计	46014.000	36			
修正后总计	7989.000	35			

a. R 方 = .694(调整后 R 方 = .655)

图 7.4.20　主体间效应检验结果

从方差分析结果来看,原料、温度对酒精含量均值存在显著影响. 由折线图 7.4.21 可知三条折线基本平行,说明原料和温度两个控制变量间不存在交互作用. R 方和调整 R 方分别为 0.694 和 0.655,相对于有交互作用的双因素方差分析,该模型对数据的拟合程度有所降低. 这是因为将交互作用引起的变差并入随机因素引起的误差项时,会使线性模型整体对观测变量变差解释的部分变小,各控制变量所能够解释的变差比例相对于随机因素来说也减小,导致整个 F 检验统计量的值变小,对应的概率 p 值变大,因此不易得到控制变量不同水平对观测变量有显著影响的结论,同时模型对数据的拟合程度有所降低.

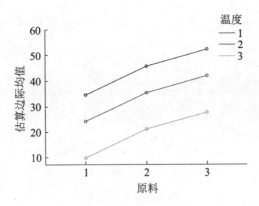

图 7.4.21　均值折线图

例 7.4.4　以例 5.3.1 的数据为观测数据,保存数据文件名为"小白鼠子宫重量.sav",分析不同品系的大白鼠注射不同剂量的雌激素对子宫发育的影响.

解　操作步骤如下.

Step 1:打开数据文件,选择"分析(A)"→"一般线性模型(G)"→"单变量(U)"菜单项,在主对话框中将观测变量"子宫重量"移入"因变量(D)"框,"品系"和"雌激素剂量"两个控制变量移入"固定因子(F)"框.

Step 2:大白鼠的品系和不同剂量的雌激素对子宫发育没有交互影响.在主对话框中单击"模型(M)",在弹出的对话框的"指定模型"中选中"构建项(B)",将"品系"和"雌激素剂量"变量移入右侧框"模型(M)"中,"构建项"的"类型(P)"选择"主效应",其他选项选择默认值,单击"继续"返回主对话框.

Step 3:单击"图(T)",在弹出的对话框中将"品系"和"雌激素剂量"两个变量分别指定为"水平轴(H)"和"单独的线条(S)",单击"添加(A)"按钮,得到一个以品系为横轴、以估算边际平均值为纵轴的折线图.其他选项选择默认值,单击"继续"返回主对话框.

Step 4:在主对话框中单击"确定",得到如图 7.4.22 所示的双因素无重复试验的方差分析结果和如图 7.4.23 所示的两因素对子宫发育影响的折线图.

主体间效应检验

因变量: 子宫重量

源	III 类平方和	自由度	均方	F	显著性
修正模型	12531.667[a]	5	2506.333	27.677	<.001
截距	100467.000	1	100467.000	1109.452	<.001
品系	6457.667	3	2152.556	23.771	<.001
雌激素剂量	6074.000	2	3037.000	33.537	<.001
误差	543.333	6	90.556		
总计	113542.000	12			
修正后总计	13075.000	11			

a. R 方 = .958(调整后 R 方 = .924)

图 7.4.22　双因素方差分析表

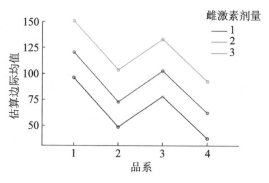

图 7.4.23 折线图

从方差分析结果来看,品系和雌激素剂量两个因素的偏差平方和分别为 6457.667 和 6074.000,总偏差平方和为 13075.000,显著性概率 p 值均小于 0.001,说明两个因素对子宫发育有显著影响.

折线图 7.4.23 反映了不同品系和雌激素剂量影响下子宫的平均重量,三条折线是平行的,表明品系和雌激素剂量之间不存在交互作用.

7.4.4 正交试验设计方差分析

正交试验的方案设计完成后,在 SPSS 中通过方差分析得到正交试验结果.

例 7.4.5 以例 5.5.1 为例,为提高花菜种子的产量和质量,进行了 4 因素 2 水平的正交试验,将四个因素及种子产量的数据保存为"花菜留种质量.sav",数据表如图 7.4.24 所示,然后进行方差分析.

A	B	C	D	种子产量
1	1	1	1	350.00
1	1	2	2	325.00
1	2	1	2	425.00
1	2	2	1	425.00
2	1	1	2	200.00
2	1	2	1	250.00
2	2	1	1	275.00
2	2	2	2	375.00

图 7.4.24 花菜留种试验数据

解 操作步骤如下.

Step 1:打开数据文件,选择"分析(A)"→"一般线性模型(G)"→"单变量(U)"菜单项,在主对话框中将观测变量"种子产量"移入"因变量(D)"框,将"A""B""C""D"四个因素移入"固定因子(F)"框.

Step 2:由于 A×B,A×C 交互作用,在主对话框中单击"模型(M)",在弹出的对话框的"指定模型"中选中"构建项(B)",将左侧框中"A""B""C""D"变量移入右侧框"模型(M)"中,然后分别在按住"Ctrl"键的同时选中"A""B"和"A""C",单击"构建项"下方的箭头按钮,"构建项"的"类型(P)"选择"交互",其他选项选择默认值,如图 7.4.25 所示. 单击"继续"返回主对话框.

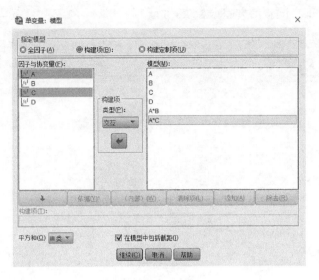

图 7.4.25 模型构建

Step 3:在主对话框中单击"确定",输出结果为正交试验的方差分析表,如图 7.4.26 所示.

主体间效应检验

因变量: 种子产量

源	III 类平方和	自由度	均方	F	显著性
修正模型	46093.750[a]	6	7682.292	10.926	.228
截距	861328.125	1	861328.125	1225.000	.018
A	22578.125	1	22578.125	32.111	.111
B	17578.125	1	17578.125	25.000	.126
C	1953.125	1	1953.125	2.778	.344
D	78.125	1	78.125	.111	.795
A * B	78.125	1	78.125	.111	.795
A * C	3828.125	1	3828.125	5.444	.258
误差	703.125	1	703.125		
总计	908125.000	8			
修正后总计	46796.875	7			

a. R 方 = .985(调整后 R 方 = .895)

图 7.4.26 方差分析表

从方差分析结果来看,因素 A、B、C、D,以及两个交互作用(A×B、A×C)的显著性 p 值均大于 0.05,说明各项变异来源的值均不显著.

合并检验统计量 $F<1$ 的因素 D 与交互作用 A×B 后,继续进行正交试验设计的再一次方差分析,考虑 A×C 的交互作用,在 SPSS 中再次操作:在主对话框中单击"模型(M)",在弹出的对话框的"指定模型"中选中"构建项(B)",将左侧框中"A""B""C"三个变量移入

右侧框"模型(M)"中,然后在按住"Ctrl"键的同时选中"A""C","构建项"的"类型(P)"选择"交互",模型构建设置如图 7.4.27 所示.单击"继续"返回主对话框.在主对话框中单击"确定",输出结果即为正交试验的方差分析表,如图 7.4.28 所示.

图 7.4.27　模型构建

主体间效应检验

因变量:种子产量

源	III 类平方和	自由度	均方	F	显著性
修正模型	45937.500[a]	4	11484.375	40.091	.006
截距	861328.125	1	861328.125	3006.818	<.001
A	22578.125	1	22578.125	78.818	.003
B	17578.125	1	17578.125	61.364	.004
C	1953.125	1	1953.125	6.818	.080
A*C	3828.125	1	3828.125	13.364	.035
误差	859.375	3	286.458		
总计	908125.000	8			
修正后总计	46796.875	7			

a.R 方 = .982(调整后 R 方 = .957)

图 7.4.28　合并因子后的方差分析表

从方差分析结果来看,因素 C 的 F 值为 6.818,显著性大于 0.05,故施肥方法(因素 C)不显著,因此 A、B 及相互作用 A×C 均显著.

§7.5　相关与回归案例分析

变量之间的关系在自然科学中是非常重要的研究课题,在管理、经济等社会科学中也有广泛应用.相关分析研究变量间相互联系的方向和程度,而回归分析主要寻求变量间联系的具体数学形式,并根据自变量的固定值估计和预测因变量的值.只有当变量间存在相关关系时,用回归分析去寻求相关的具体数学形式才有实际意义.

7.5.1　相关分析

相关分析用于研究变量间的不确定关系,尤其是两个或多个随机变量间的线性相关关系.相关分析常用的分析方法是绘制散点图和计算相关系数,二者还可以结合起来使用.

例 7.5.1　某学校为了测验初三男生的某项体育指标,考察仰卧起坐和俯卧撑两项体育运动的联系.现随机抽取 9 名男生进行这两项测试,数据如表 7.5.1 所示,检验二者是否显著相关. ($\alpha = 0.05$)

表 7.5.1　测试数据

仰卧起坐/个	9	30	26	25	40	18	15	20	8
俯卧撑/个	12	40	32	30	36	21	14	16	7

解　(1) 绘制散点图.

散点图常用于探讨两变量数据的相关程度. SPSS 中有多种绘制图形的途径,本例列举两种方法.

方法一:选择“图形(G)”→“旧对话框(L)”→“散点图/点图(S)”菜单项,在弹出的对话框中选择“简单散点图”,单击“定义”,在图 7.5.1 所示对话框中将“仰卧起坐”移入“X 轴”,“俯卧撑”移入“Y 轴”,其他设置不变,单击“确定”,即可在输出窗口得到如图 7.5.2 所示散点图.

图 7.5.1　定义散点图

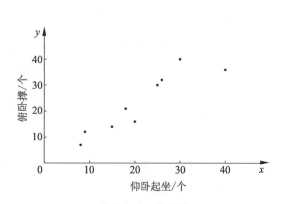

图 7.5.2　散点图

方法二:选择“图形(G)”→“图表构建器(C)”菜单项,弹出如图 7.5.3 所示对话框.在左下侧“选择范围(C)”中选择“散点图/点图”,“选择范围(C)”右侧图形栏中选择简单散点图,双击或将其拉入右上方空白框中,将左上角“变量(V)”框中的“仰卧起坐”拖入“X 轴?”,“俯卧撑"拖入"Y轴?",其他设置保持不变,单击"确定",即可在输出窗口得到与图7.5.2相同的散点图.

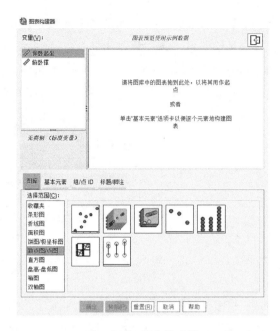

图 7.5.3　图表构建器

从散点图可以看出,仰卧起坐和俯卧撑存在较强的正相关关系,即仰卧起坐做得多的男生俯卧撑做得也比较多.

（2）计算相关系数.

Step 1:建立数据文件"仰卧起坐和俯卧撑.sav"并打开,选择"分析（A）"→"相关（C）"→"双变量（B）"菜单项,弹出如图7.5.4所示对话框.

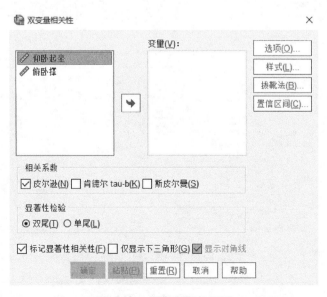

图 7.5.4　双变量相关性图

Step 2:将左侧栏中的两个变量移入右侧"变量(V)"框,在"相关系数"栏勾选"皮尔逊(N)",另外两种也可以勾选以做比较,其他设置保持系统默认.

Step 3:单击主对话框右侧"选项(O)",在弹出的窗口的"统计"栏中勾选"均值和标准差(M)",单击"继续"返回.

Step 4:完成所有设置后,在主对话框中单击"确定",结果如图 7.5.5 所示.

描述统计

	平均值	标准差	个案数
仰卧起坐	21.22	10.256	9
俯卧撑	23.11	11.720	9

相关性

		仰卧起坐	俯卧撑
仰卧起坐	皮尔逊相关性	1	.915**
	显著性 (双尾)		<.001
	个案数	9	9
俯卧撑	皮尔逊相关性	.915**	1
	显著性 (双尾)	<.001	
	个案数	9	9

**. 在 0.01 级别（双尾），相关性显著。

图 7.5.5　相关分析结果

从相关分析输出结果可知仰卧起坐和俯卧撑的平均值分别为 21.22 和 23.11,二者的皮尔逊相关系数为 0.915,右上角标示了 **,显著性概率 p 值为 0.001,远小于 $\alpha = 0.05$,说明仰卧起坐和俯卧撑有显著的线性正相关关系.

7.5.2　回归分析

回归分析是研究变量之间的统计相关关系的一种统计方法,被广泛应用于分析事物之间的统计关系.前面介绍的相关分析可以表明变量间关系关系的性质和程度,以及描述两个变量之间线性关系的密切程度,而确定变量间相关的具体数学形式还要依赖回归分析,它不仅可以揭示变量 x 对变量 y 的影响的大小,还可以由回归方程进行预测和控制.

应用 SPSS 做回归分析,可以得到很多统计数据(如相关系数、决定系数);通过 F 检验判断因变量与自变量之间是否存在回归关系,通过 t 检验判断各回归系数是否非零;计算回归系数的置信区间、计算残差、绘图;等等.

例 7.5.2　假定一保险公司希望确定居民住宅区火灾造成的损失数额(单位:千元)与该住户到最近的消防站的距离(单位:km)之间的相关关系,以便准确地定出保险金额. 表 7.5.2 列出了 15 起火灾事故发生地与最近的消防站的距离及损失数额.

表 7.5.2　距离及损失数额

距离 x/km	3.4	1.8	4.6	2.3	3.1	5.5	0.7	3.0
火灾损失 y/千元	26.2	17.8	31.3	23.1	27.5	36.0	14.1	22.3

距离 x/km	2.6	4.3	2.1	1.1	6.1	4.8	3.8	
火灾损失 y/千元	19.6	31.3	24.0	17.3	43.2	36.4	26.1	

解 操作步骤如下.

Step 1:建立数据文件"消防站距离与损失. sav"并打开,选择"分析(A)"→"回归(R)"→"线性(L)"菜单项,弹出如图 7.5.6 所示对话框.将左侧栏中的变量"损失"移入"因变量(D)"框,"距离"移入"自变量(I)"框,在"方法(M)"下拉列表中选择对自变量的选入方法,因为本例只有一个自变量,是一元线性回归,所以此处选择默认的"输入"法.

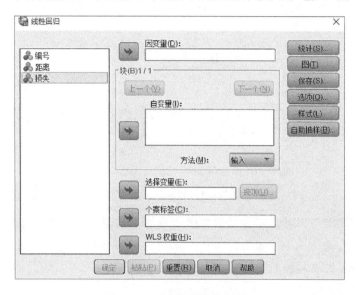

图 7.5.6 "线性回归"对话框

Step 2:单击主对话框右侧的"统计(S)",本例为了说明回归分析能得到很多统计数据,勾选较多项(SPSS 做回归分析时可根据需要勾选),如图 7.5.7 所示,单击"继续"返回.

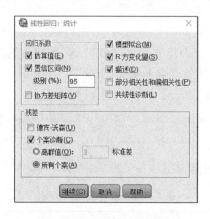

图 7.5.7 回归分析统计量

Step 3:单击"确定",得到如图 7.5.8 和图 7.5.9 所示回归分析结果.

相关性

		损失	距离
皮尔逊相关性	损失	1.000	.961
	距离	.961	1.000
显著性（单尾）	损失	.	<.001
	距离	.000	.
个案数	损失	15	15
	距离	15	15

描述统计

	平均值	标准偏差	个案数
损失	26.413	8.0690	15
距离	3.280	1.5763	15

图 7.5.8　描述统计

图 7.5.9　相关性

从图中可知,消防站距离与火灾损失的平均值为 3.28 和 26.413,二者的相关系数为 0.961,说明它们之间存在高度的正相关关系.

图 7.5.10 为拟合过程中变量进入/退出模型的情况,因为一元线性回归分析中只有一个变量,所以"距离"变量进入回归模型中.如果是多元线性回归分析,将显示变量依次出现在多个回归模型中.

输入/除去的变量[a]

模型	输入的变量	除去的变量	方法
1	距离[b]	.	输入

a. 因变量：损失

b. 已输入所请求的所有变量。

图 7.5.10　输入变量

模型摘要表明模型的拟合效果,图 7.5.11 表明模型 1 中的简单相关系数为 0.961,表示自变量和因变量线性关系的密切程度;判定系数 R 方为 0.923,表示这条回归线可帮助数据解释的部分.判定系数越大代表可解释的部分越大,在所有的变差中,回归方程能解释的变差占比为 92.3%,或者说用距离去预测火灾损失的准确度为 92.3%.

模型摘要[b]

		模型 1
R		.961[a]
R 方		.923
调整后 R 方		.918
标准估算的错误		2.3163
更改统计	R 方变化量	.923
	F 变化量	156.886
	自由度 1	1
	自由度 2	13
	显著性 F 变化量	<.001

a. 预测变量：(常量), 距离

b. 因变量：损失

图 7.5.11　模型摘要

图 7.5.12 所示为一元线性回归方差分析表,由图可知,对回归模型进行检验的 F 值为 156.886,显著性 p 值$<0.01<\alpha=0.05$,认为因变量损失与自变量距离之间有显著的回归关系,这个回归模型有统计学意义.

ANOVA[a]

模型		平方和	自由度	均方	F	显著性
1	回归	841.766	1	841.766	156.886	<.001[b]
	残差	69.751	13	5.365		
	总计	911.517	14			

a. 因变量:损失

b. 预测变量:(常量),距离

图 7.5.12 一元线性回归方差分析表

图 7.5.13 所示为一元线性回归系数表,它通过 t 检验判断回归方程是否显著,常数项为 10.278,检验统计量 t 值 7.237,显著性 p 值小于 $\alpha=0.05$,说明回归方程的常数项不为 0;自变量距离的回归系数为 4.919,其 t 值为 12.525,显著性 p 值小于 $\alpha=0.05$,说明回归方程的自变量的系数不为 0,认为因变量损失与自变量距离之间有显著的线性关系.线性回归方程为 $y=4.919x+10.278$.

系数[a]

模型		未标准化系数		标准化系数	t	显著性	B 的 95.0% 置信区间	
		B	标准错误	Beta			下限	上限
1	(常量)	10.278	1.420		7.237	<.001	7.210	13.346
	距离	4.919	.393	.961	12.525	<.001	4.071	5.768

a. 因变量:损失

图 7.5.13 一元线性回归系数表

如果将距离的各观察值代入回归方程,就可以求出预测的损失值,残差统计见图 7.5.14.

残差统计[a]

	最小值	最大值	平均值	标准偏差	个案数
预测值	13.722	40.286	26.413	7.7541	15
残差	-3.4683	3.3914	.0000	2.2321	15
标准预测值	-1.637	1.789	.000	1.000	15
标准残差	-1.497	1.464	.000	.964	15

a. 因变量:损失

图 7.5.14 残差统计

例 7.5.3 某财务软件公司要研究财务软件产品的广告投入与销售额的关系,随机抽取 10 家代理商,观察数据见例 6.1.1,保存为"广告费与销售量.sav"数据文件,请探讨广告费投入与月平均销售额的关系,同时绘制数据的散点图及其回归线.

解　操作步骤如下.

选择"分析(A)"→"回归(R)"→"曲线估算(C)"菜单项,选择"销售量"移入"因变量(D)"框,"广告费"移入"变量(V)"框,勾选对话框右侧的"模型绘图(O)",以同时绘出数据的散点图及其回归线;然后在"模型"中勾选"线性(L)"(若不知道数据的回归模型,可以多勾选几项以寻找更好的回归方程);最后勾选"显示 ANOVA 表(Y)",如图 7.5.15 所示.

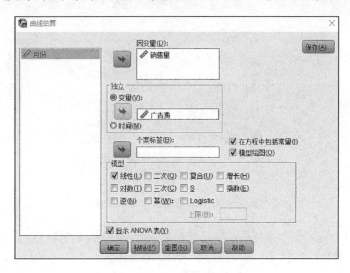

图 7.5.15　"曲线估算"对话框

输出结果如图 7.5.16 和图 7.5.17 所示.

模型摘要

R	R 方	调整后 R 方	标准 估算的错误
.994	.988	.987	1.630

自变量为 广告费。

图 7.5.16　模型摘要

ANOVA

	平方和	自由度	均方	F	显著性
回归	1815.930	1	1815.930	683.468	<.001
残差	21.255	8	2.657		
总计	1837.185	9			

自变量为 广告费。

图 7.5.17　线性回归方差分析

从图中可知,相关系数为 0.994,说明广告费与销售量有高度的线性正相关关系;方差分析表检验统计量 F 值为 683.468,说明回归关系显著.

回归方程系数见图 7.5.18,散点图如图 7.5.19 所示.广告费的回归系数为 0.885,检验统计量 t 值为 26.143,显著性 p 值小于 $\alpha=0.05$,说明自变量与因变量的回归关系显著,线性回归方程为 $y=0.885x+11.615$.

系数

	未标准化系数		标准化系数		
	B	标准 错误	Beta	t	显著性
广告费	.885	.034	.994	26.143	<.001
(常量)	11.615	1.280		9.073	<.001

图 7.5.18　回归方程系数

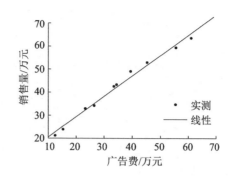

图 7.5.19　散点图及拟合回归线

例 7.5.4　最大摄氧量（VO_{2max}）是评价人体是否健康的关键指标,根据例 6.5.1 分析最大摄氧量与年龄（age）、体重（weight）、心率（heart_rate）和性别（gender）之间的关系。

解　操作步骤如下.

Step 1:打开数据文件"最大摄氧量. sav",选择"分析（A）"→"回归（R）"→"线性（L）"菜单项,弹出主对话框.

Step 2:将变量"VO_{2max}"移入"因变量（D）"框,将 age、weight、heart_rate、gender 四个变量移入"自变量（I）"框,在"方法（M）"下拉列表中选择对自变量的选入方法,此处选择默认的"输入"法,其他保持系统默认设置,将自变量列表中的自变量全部选入回归模型,如图 7.5.20 所示.

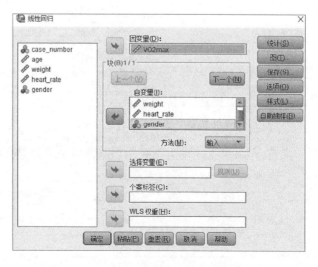

图 7.5.20　"线性回归"对话框

Step 3：单击线性回归主对话框右侧的"统计（S）"，按图 7.5.21 所示勾选统计项.

图 7.5.21　统计选项

Step 4：返回主对话框，单击"确定"，得到如图 7.5.22 至图 7.5.24 所示回归分析结果.

模型摘要

	模型 1
R	.703[a]
R 方	.494
调整后 R 方	.473
标准估算的错误	6.22175
更改统计　R 方变化量	.494
F 变化量	23.223
自由度 1	4
自由度 2	95
显著性 F 变化量	<.001

a. 预测变量：(常量), gender, heart_rate, age, weight

图 7.5.22　模型摘要

ANOVA[a]

模型		平方和	自由度	均方	F	显著性
1	回归	3595.797	4	898.949	23.223	<.001[b]
	残差	3677.464	95	38.710		
	总计	7273.261	99			

a. 因变量：$VO2_{max}$

b. 预测变量：(常量), gender, heart_rate, age, weight

图 7.5.23　方差分析

系数^a

		模型 1				
		(常量)	age	weight	heart_rate	gender
未标准化系数	B	84.959	-.211	-.295	-.109	7.897
	标准错误	6.393	.070	.049	.037	1.406
标准化系数	Beta		-.232	-.485	-.215	.454
t		13.289	-3.023	-6.057	-2.931	5.615
显著性		<.001	.003	<.001	.004	<.001
B 的 95.0% 置信区间	下限	72.267	-.349	-.392	-.183	5.105
	上限	97.651	-.072	-.198	-.035	10.689

a. 因变量：$VO2_{max}$

图 7.5.24　回归方程系数

模型摘要中决定系数 R 方为 0.494，调整后 R 方为 0.473，表示自变量一共可以解释因变量 47.3% 的变异，说明多元回归方程中引入的几个自变量对最大摄氧量的解释程度尚可.

方差分析表中检验统计量 F 值为 23.223，显著性 p 值小于 0.01，说明模型具有统计学意义，认为因变量 VO_{2max} 与 age、weight、heart_rate、gender 四个自变量之间存在显著的回归关系.

回归方程系数表中 t 检验可判断选定的四个自变量与因变量之间均存在显著的线性关系. 线性回归方程的表达式为

$$y = 84.959 - 0.211x_1 - 0.295x_2 - 0.109x_3 + 7.897x_4.$$

根据上述方程，结合被预测者的具体测量数据，将各个参数代入方程可以直接计算可得

$$y = 84.959 - 0.211 \times 40 - 0.295 \times 80 - 0.109 \times 130 + 7.897 \times 1 = 46.646,$$

即预测其最大摄氧量为 46.646.

接下来借助 SPSS 实现基于多重线性回归模型的个体预测功能，具体操作步骤如下.

Step 1：选择"分析（A）"→"一般线性模型（G）"→"单变量（U）"菜单项，将变量"VO_{2max}"移入"因变量（D）"框，将 age、weight、heart_rate、gender 四个变量选入"协变量（C）"框，如图 7.5.25 所示.

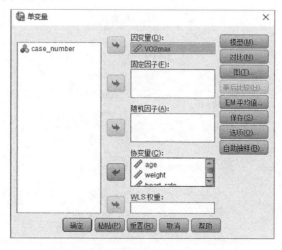

图 7.5.25　变量输入

Step 2：单击"粘贴(P)"，进入 SPSS 的语法编辑界面，如图 7.5.26 所示.

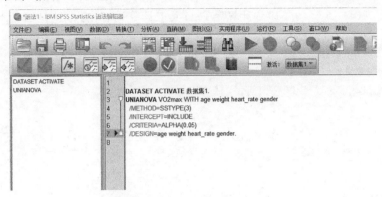

图 7.5.26　SPSS 语法编辑界面

这里需要用到 LMATRIX 命令，在/CRITERIA 和/DESIGN 两行代码之间插入 /LMATRIX＝ALL 1 40 80 130 1，其中 LMATRIX 表示允许在多元线性回归模型中输入每个自变量的值来进行预测，LMATRIX＝ALL 表示利用截距和所有自变量进行多元回归模型的预测，ALL 后面的 1 表示计算时要求包含截距项，40 80 130 1 分别对应各个自变量的取值，即 age(40 岁)，weight(80 kg)，heart_rate(130 次/min)，性别(男性＝1).需要注意的是，此处所列参数的顺序一定要与/DESIGN 这一行自变量的顺序保持一致，如图 7.5.27 所示.

图 7.5.27　语法编辑命令

Step 3：选择 Run All 或者用鼠标选中所有语法，单击上方菜单栏下的三角形，运行选中的代码，得到如图 7.5.28 所示结果.

对比结果（K矩阵）[a]

对比		因变量 VO2$_{max}$
L1	对比估算	46.660
	假设值	0
	差异（估算 - 假设）	46.660
	标准误差	1.186
	显著性	<.001
	差值的 95% 置信区间　下限	44.306
	上限	49.015

a. 基于用户指定的对比系数 (L) 矩阵号 1

图 7.5.28　输出结果

输出结果中的对比估算值表示该患者最大摄氧量的预测值为 46.660 mL/(min·kg)，95％置信区间为(44.306,49.015).计算结果与人工计算稍有出入，这是因为 SPSS 在计算过程中使用了更多的小数位数.

主要参考文献

［1］茆诗松，程依明，濮晓龙. 概率论与数理统计教程［M］. 3 版. 北京：高等教育出版社，2019.

［2］盛骤，谢式千，潘承毅. 概率论与数理统计［M］. 5 版. 北京：高等教育出版社，2019.

［3］李晓莉，张雅文. 概率论与数理统计［M］. 2 版. 北京：高等教育出版社，2022.

［4］赵彦晖. 数理统计［M］. 北京：科学出版社，2013.

［5］荣腾中，刘琼荪，钟波，等. 概率论与数理统计［M］. 2 版. 北京：高等教育出版社，2018.

［6］张帼奋，张奕. 概率论与数理统计［M］. 北京：高等教育出版社，2017.

［7］杜荣骞. 生物统计学［M］. 4 版. 北京：高等教育出版社，2014.

［8］陆元鸿. 数理统计方法［M］. 上海：华东理工大学出版社，2005.

［9］R. L. 奥特，M. 朗格内克. 统计学方法与数据分析引论（上）［M］. 张忠占，等译. 北京：科学出版社，2003.

［10］威廉·费勒. 概率论及其应用（卷 1）［M］. 胡迪鹤，译. 3 版. 北京：人民邮电出版社，2021.

［11］李春喜，姜丽娜，邵云，等. 生物统计学［M］. 5 版. 北京：科学出版社，2013.

附　表

附表 1　泊松分布函数表

$$P(X \leqslant k) = \sum_{i=0}^{k} \frac{\lambda^i}{i!} e^{-\lambda}$$

λ	k								
	0	1	2	3	4	5	6	7	8
0.1	0.905	0.995	1.000						
0.2	0.819	0.982	0.999	1.000					
0.3	0.741	0.963	0.996	1.000					
0.4	0.670	0.938	0.992	0.999	1.000				
0.5	0.607	0.910	0.986	0.998	1.000				
0.6	0.549	0.878	0.977	0.997	1.000				
0.7	0.497	0.844	0.966	0.994	0.999	1.000			
0.8	0.449	0.809	0.953	0.991	0.999	1.000			
0.9	0.407	0.772	0.937	0.987	0.988	1.000			
1.0	0.368	0.736	0.920	0.981	0.996	0.999	1.000		
1.1	0.333	0.699	0.900	0.974	0.995	0.999	1.000		
1.2	0.301	0.663	0.879	0.966	0.992	0.998	1.000		
1.3	0.273	0.627	0.857	0.957	0.989	0.998	1.000		
1.4	0.247	0.592	0.833	0.946	0.986	0.997	0.999	1.000	
1.5	0.223	0.558	0.809	0.934	0.981	0.996	0.999	1.000	
1.6	0.202	0.525	0.783	0.921	0.976	0.994	0.999	1.000	
1.7	0.183	0.493	0.757	0.907	0.970	0.992	0.998	1.000	
1.8	0.165	0.463	0.731	0.891	0.964	0.990	0.997	0.999	1.000
1.9	0.150	0.434	0.704	0.875	0.956	0.987	0.997	0.999	1.000
2.0	0.135	0.406	0.677	0.857	0.947	0.983	0.995	0.999	1.000
2.1	0.122	0.380	0.650	0.839	0.938	0.980	0.994	0.999	1.000
2.2	0.111	0.355	0.623	0.819	0.928	0.975	0.993	0.998	1.000
2.3	0.100	0.331	0.596	0.799	0.916	0.970	0.991	0.997	0.999
2.4	0.091	0.308	0.570	0.779	0.904	0.964	0.988	0.997	0.999
2.5	0.082	0.287	0.544	0.758	0.891	0.958	0.986	0.996	0.999
2.6	0.074	0.267	0.518	0.736	0.877	0.951	0.983	0.995	0.999
2.7	0.067	0.249	0.494	0.714	0.863	0.943	0.979	0.993	0.998
2.8	0.061	0.231	0.469	0.692	0.848	0.935	0.976	0.992	0.998
2.9	0.055	0.215	0.446	0.670	0.832	0.926	0.971	0.990	0.997
3.0	0.050	0.199	0.423	0.647	0.815	0.916	0.966	0.988	0.996
3.1	0.045	0.185	0.401	0.625	0.798	0.906	0.961	0.986	0.995
3.2	0.041	0.171	0.380	0.603	0.781	0.895	0.955	0.983	0.994
3.3	0.037	0.159	0.359	0.580	0.763	0.883	0.949	0.980	0.993
3.4	0.033	0.147	0.340	0.558	0.744	0.871	0.942	0.977	0.992
3.5	0.030	0.136	0.321	0.537	0.725	0.858	0.935	0.973	0.990
3.6	0.027	0.126	0.303	0.515	0.706	0.844	0.927	0.969	0.988
3.7	0.025	0.116	0.285	0.494	0.687	0.830	0.918	0.965	0.986
3.8	0.022	0.107	0.269	0.473	0.668	0.816	0.909	0.960	0.984
3.9	0.020	0.099	0.253	0.453	0.648	0.801	0.899	0.955	0.981
4.0	0.018	0.092	0.238	0.433	0.629	0.785	0.889	0.949	0.979

附表 2　标准正态分布表

$$\Phi(u)=\int_{-\infty}^{u}\varphi(t)\,\mathrm{d}t=\int_{-\infty}^{u}\frac{1}{\sqrt{2\pi}}\,\mathrm{e}^{-\frac{x^{2}}{2}}\,\mathrm{d}x \quad (u\geqslant 0)$$

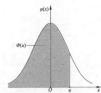

u	0.00	0.01	0.02	0.03	0.04	0.05	0.06	0.07	0.08	0.09
0.0	0.5000	0.5040	0.5080	0.5120	0.5160	0.5199	0.5239	0.5279	0.5319	0.5359
0.1	0.5398	0.5438	0.5478	0.5517	0.5557	0.5596	0.5636	0.5675	0.5714	0.5753
0.2	0.5793	0.5832	0.5871	0.5910	0.5948	0.5987	0.6026	0.6064	0.6103	0.6141
0.3	0.6179	0.6217	0.6255	0.6293	0.6331	0.6368	0.6406	0.6443	0.6480	0.6517
0.4	0.6554	0.6591	0.6628	0.6664	0.6700	0.6736	0.6772	0.6808	0.6844	0.6879
0.5	0.6915	0.6950	0.6985	0.7019	0.7054	0.7088	0.7123	0.7157	0.7190	0.7224
0.6	0.7257	0.7291	0.7324	0.7357	0.7389	0.7422	0.7454	0.7486	0.7517	0.7549
0.7	0.7580	0.7611	0.7642	0.7673	0.7703	0.7734	0.7764	0.7794	0.7823	0.7852
0.8	0.7881	0.7910	0.7939	0.7967	0.7995	0.8023	0.8051	0.8078	0.8106	0.8133
0.9	0.8159	0.8186	0.8212	0.8238	0.8264	0.8289	0.8315	0.8340	0.8365	0.8389
1.0	0.8413	0.8438	0.8461	0.8485	0.8508	0.8531	0.8554	0.08577	0.8599	0.8621
1.1	0.8643	0.8665	0.8686	0.8708	0.8729	0.8749	0.8770	0.8790	0.8810	0.8830
1.2	0.8849	0.8869	0.8888	0.8907	0.8925	0.8944	0.8962	0.8980	0.8997	0.90147
1.3	0.90320	0.90490	0.90658	0.90824	0.90988	0.91149	0.91309	0.91466	0.91621	0.91774
1.4	0.91924	0.92073	0.92220	0.92364	0.92507	0.92647	0.92785	0.92922	0.93056	0.93189
1.5	0.93319	0.93448	0.93574	0.93699	0.93822	0.93943	0.94062	0.94179	0.94295	0.94408
1.6	0.94520	0.94630	0.94738	0.94845	0.94950	0.95053	0.95154	0.95254	0.95352	0.95449
1.7	0.95543	0.95637	0.95728	0.95818	0.95907	0.95994	0.96080	0.96164	0.96246	0.96327
1.8	0.96407	0.96485	0.96562	0.96638	0.96712	0.96784	0.96856	0.96926	0.96995	0.97062
1.9	0.97128	0.97193	0.97257	0.97320	0.97381	0.97441	0.97500	0.97558	0.97615	0.97670
2.0	0.97725	0.97778	0.97831	0.97882	0.97932	0.97982	0.98030	0.98077	0.98124	0.98169
2.1	0.98214	0.98257	0.98300	0.98341	0.98382	0.98422	0.98461	0.98500	0.98537	0.98574
2.2	0.98610	0.98645	0.98679	0.98713	0.98745	0.98778	0.98809	0.98840	0.98870	0.98899
2.3	0.98928	0.98956	0.98983	$0.9^{2}0097$	$0.9^{2}0358$	$0.9^{2}0613$	$0.9^{2}0863$	$0.9^{2}1106$	$0.9^{2}1344$	$0.9^{2}1576$
2.4	$0.9^{2}1802$	$0.9^{2}2024$	$0.9^{2}2240$	$0.9^{2}2451$	$0.9^{2}2656$	$0.9^{2}2857$	$0.9^{2}3053$	$0.9^{2}3244$	$0.9^{2}3431$	$0.9^{2}3613$
2.5	$0.9^{2}3790$	$0.9^{2}3963$	$0.9^{2}4132$	$0.9^{2}4297$	$0.9^{2}4457$	$0.9^{2}4614$	$0.9^{2}4766$	$0.9^{2}4915$	$0.9^{2}5060$	$0.9^{2}5201$
2.6	$0.9^{2}5339$	$0.9^{2}5473$	$0.9^{2}5604$	$0.9^{2}5731$	$0.9^{2}5855$	$0.9^{2}5975$	$0.9^{2}6093$	$0.9^{2}6207$	$0.9^{2}6319$	$0.9^{2}6427$
2.7	$0.9^{2}6533$	$0.9^{2}6636$	$0.9^{2}6736$	$0.9^{2}6838$	$0.9^{2}6928$	$0.9^{2}7020$	$0.9^{2}7110$	$0.9^{2}7197$	$0.9^{2}7282$	$0.9^{2}7365$
2.8	$0.9^{2}7445$	$0.9^{2}7523$	$0.9^{2}7599$	$0.9^{2}7673$	$0.9^{2}7744$	$0.9^{2}7814$	$0.9^{2}7882$	$0.9^{2}7948$	$0.9^{2}8012$	$0.9^{2}8074$
2.9	$0.9^{2}8134$	$0.9^{2}8193$	$0.9^{2}8250$	$0.9^{2}8305$	$0.9^{2}8359$	$0.9^{2}8411$	$0.9^{2}8462$	$0.9^{2}8511$	$0.9^{2}8559$	$0.9^{2}8605$
3.0	$0.9^{2}8650$	$0.9^{2}8694$	$0.9^{2}8736$	$0.9^{2}8777$	$0.9^{2}8817$	$0.9^{2}8856$	$0.9^{2}8893$	$0.9^{2}8930$	$0.9^{2}8965$	$0.9^{2}8999$
3.1	$0.9^{3}0324$	$0.9^{3}0646$	$0.9^{3}0957$	$0.9^{3}1260$	$0.9^{3}1553$	$0.9^{3}1836$	$0.9^{3}2112$	$0.9^{3}2378$	$0.9^{3}2636$	$0.9^{3}2886$
3.2	$0.9^{3}3129$	$0.9^{3}3363$	$0.9^{3}3590$	$0.9^{3}3810$	$0.9^{3}4024$	$0.9^{3}4230$	$0.9^{3}4429$	$0.9^{3}4623$	$0.9^{3}4810$	$0.9^{3}4991$
3.3	$0.9^{3}5166$	$0.9^{3}5335$	$0.9^{3}5499$	$0.9^{3}5658$	$0.9^{3}5811$	$0.9^{3}5959$	$0.9^{3}6103$	$0.9^{3}6242$	$0.9^{3}6376$	$0.9^{3}6505$
3.4	$0.9^{3}6631$	$0.9^{3}6752$	$0.9^{3}6869$	$0.9^{3}6982$	$0.9^{3}7091$	$0.9^{3}7197$	$0.9^{3}7299$	$0.9^{3}7398$	$0.9^{3}7493$	$0.9^{3}7585$
3.5	$0.9^{3}7674$	$0.9^{3}7759$	$0.9^{3}7842$	$0.9^{3}7922$	$0.9^{3}7999$	$0.9^{3}8074$	$0.9^{3}8146$	$0.9^{3}8215$	$0.9^{3}8282$	$0.9^{3}8347$
3.6	$0.9^{3}8409$	$0.9^{3}8469$	$0.9^{3}8527$	$0.9^{3}8583$	$0.9^{3}8637$	$0.9^{3}8689$	$0.9^{3}8739$	$0.9^{3}8787$	$0.9^{3}8834$	$0.9^{3}8879$
3.7	$0.9^{3}8922$	$0.9^{3}8964$	$0.9^{4}0039$	$0.9^{4}0426$	$0.9^{4}0799$	$0.9^{4}1158$	$0.9^{4}1504$	$0.9^{4}1838$	$0.9^{4}2159$	$0.9^{4}2468$
3.8	$0.9^{4}2765$	$0.9^{4}3052$	$0.9^{4}3327$	$0.9^{4}3593$	$0.9^{4}3848$	$0.9^{4}4094$	$0.9^{4}4331$	$0.9^{4}4558$	$0.9^{4}4777$	$0.9^{4}4988$
3.9	$0.9^{4}5190$	$0.9^{4}5385$	$0.9^{4}5573$	$0.9^{4}5753$	$0.9^{4}5926$	$0.9^{4}6092$	$0.9^{4}6253$	$0.9^{4}6406$	$0.9^{4}6554$	$0.9^{4}6696$
4.0	$0.9^{4}6833$	$0.9^{4}6964$	$0.9^{4}7090$	$0.9^{4}7211$	$0.9^{4}7327$	$0.9^{4}7439$	$0.9^{4}7546$	$0.9^{4}7649$	$0.9^{4}7748$	$0.9^{4}7843$
4.1	$0.9^{4}7934$	$0.9^{4}8022$	$0.9^{4}8106$	$0.9^{4}8186$	$0.9^{4}8263$	$0.9^{4}8338$	$0.9^{4}8409$	$0.9^{4}8477$	$0.9^{4}8542$	$0.9^{4}8605$
4.2	$0.9^{4}8665$	$0.9^{4}8723$	$0.9^{4}8778$	$0.9^{4}8832$	$0.9^{4}8882$	$0.9^{4}8931$	$0.9^{4}8978$	$0.9^{5}0226$	$0.9^{5}0655$	$0.9^{5}1066$
4.3	$0.9^{5}1460$	$0.9^{5}1837$	$0.9^{5}2199$	$0.9^{5}2545$	$0.9^{5}2876$	$0.9^{5}3193$	$0.9^{5}3497$	$0.9^{5}3788$	$0.9^{5}4066$	$0.9^{5}4332$
4.4	$0.9^{5}4587$	$0.9^{5}4831$	$0.9^{5}5065$	$0.9^{5}5288$	$0.9^{5}5502$	$0.9^{5}5706$	$0.9^{5}5902$	$0.9^{5}6089$	$0.9^{5}6268$	$0.9^{5}6439$
4.5	$0.9^{5}6602$	$0.9^{5}6759$	$0.9^{5}6908$	$0.9^{5}7051$	$0.9^{5}7187$	$0.9^{5}7318$	$0.9^{5}7442$	$0.9^{5}7561$	$0.9^{5}7675$	$0.9^{5}7784$
4.6	$0.9^{5}7888$	$0.9^{5}7987$	$0.9^{5}8081$	$0.9^{5}8172$	$0.9^{5}8258$	$0.9^{5}8340$	$0.9^{5}8419$	$0.9^{5}8494$	$0.9^{5}8566$	$0.9^{5}8634$
4.7	$0.9^{5}8699$	$0.9^{5}8761$	$0.9^{5}8821$	$0.9^{5}8877$	$0.9^{5}8931$	$0.9^{5}8983$	$0.9^{6}0320$	$0.9^{6}0789$	$0.9^{6}1235$	$0.9^{6}1661$
4.8	$0.9^{6}2067$	$0.9^{6}2453$	$0.9^{6}2822$	$0.9^{6}3173$	$0.9^{6}3508$	$0.9^{6}3827$	$0.9^{6}4131$	$0.9^{6}4420$	$0.9^{6}4696$	$0.9^{6}4958$
4.9	$0.9^{6}5208$	$0.9^{6}5446$	$0.9^{6}5673$	$0.9^{6}5889$	$0.9^{6}6094$	$0.9^{6}6289$	$0.9^{6}6475$	$0.9^{6}6652$	$0.9^{6}6821$	$0.9^{6}6981$

附表 3　标准正态分布的双侧分位数 $(u_{\alpha/2})$ 表

$$\alpha = 1 - \int_{-u_{\alpha/2}}^{u_{\alpha/2}} \frac{1}{\sqrt{2\pi}} e^{-\frac{x^2}{2}} \mathrm{d}x$$

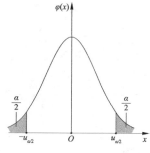

α	0.00	0.01	0.02	0.03	0.04	0.05	0.06	0.07	0.08	0.09
0.0	∞	2.575829	2.326348	2.170090	2.053749	1.959964	1.880794	1.811911	1.750686	1.695398
0.1	1.644854	1.598193	1.554774	1.514102	1.475791	1.439531	1.405072	1.372204	1.340755	1.310579
0.2	1.281552	1.253565	1.226528	1.200359	1.174987	1.150349	1.126391	1.103063	1.080319	1.058122
0.3	1.036433	1.015222	0.994458	0.974114	0.954165	0.934589	0.915365	0.896473	0.877896	0.859617
0.4	0.841621	0.823894	0.806421	0.789192	0.772193	0.755415	0.738847	0.722479	0.706303	0.690309
0.5	0.674490	0.658838	0.643345	0.628006	0.612813	0.597760	0.582841	0.568051	0.553385	0.538836
0.6	0.524401	0.510073	0.495850	0.481727	0.467699	0.453762	0.439913	0.426148	0.412463	0.398855
0.7	0.385320	0.371856	0.358459	0.345125	0.331853	0.318639	0.305481	0.292375	0.279319	0.266311
0.8	0.253347	0.240426	0.227545	0.214702	0.201893	0.189113	0.176374	0.163658	0.150969	0.138304
0.9	0.125661	0.113039	0.100434	0.087845	0.075270	0.625707	0.050154	0.037608	0.025069	0.012533

附表 4 χ^2 分布的上侧分位数 $(\chi^2_\alpha(n))$ 表

$$P(\chi^2 > \chi^2_\alpha(n)) = \alpha$$

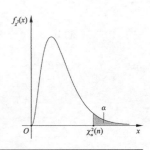

n	α									
	0.995	0.99	0.975	0.95	0.90	0.10	0.05	0.025	0.01	0.001
1	—	0.0^3157	0.001	0.0^2393	0.0158	2.706	3.841	5.024	6.635	10.828
2	0.010	0.0201	0.051	0.103	0.211	4.605	5.991	7.378	9.210	13.816
3	0.072	0.115	0.216	0.352	0.584	6.251	7.815	9.348	11.345	16.266
4	0.207	0.297	0.484	0.711	1.064	7.779	9.488	11.143	12.277	18.467
5	0.412	0.554	0.831	1.145	1.610	9.236	11.070	12.833	13.068	20.515
6	0.676	0.0872	1.237	1.635	2.204	10.645	11.592	14.449	16.812	22.458
7	0.989	1.239	1.690	2.167	2.833	12.017	14.067	16.013	18.475	24.322
8	1.344	1.646	2.180	2.733	3.490	13.362	15.507	17.535	20.090	26.125
9	1.735	2.088	2.700	3.325	4.168	14.684	16.919	19.023	21.666	27.877
10	2.156	2.558	3.247	3.940	4.865	15.987	18.307	20.483	23.209	29.588
11	2.603	3.053	3.816	4.575	5.578	17.275	19.675	21.920	24.725	31.264
12	3.074	3.571	4.404	5.226	6.304	18.549	21.026	23.337	26.217	32.909
13	3.565	4.107	5.009	5.892	7.042	19.812	22.362	24.736	27.688	34.528
14	4.075	4.660	5.629	6.571	7.790	21.064	23.685	26.119	29.141	36.123
15	4.601	5.229	6.262	7.261	8.547	22.307	24.996	27.488	30.578	37.697
16	5.142	5.812	6.908	7.962	9.312	23.542	26.296	28.845	32.000	39.252
17	5.697	6.408	7.564	8.672	10.085	24.769	27.587	30.191	33.409	40.790
18	6.265	7.015	8.231	9.390	10.865	25.989	28.869	31.526	34.805	42.312
19	6.844	7.633	8.907	10.117	11.651	27.204	30.144	32.852	36.191	43.820
20	7.434	8.260	9.591	10.851	12.443	28.412	31.410	34.170	37.566	45.315
21	8.034	8.897	10.283	11.591	13.240	29.615	32.671	36.479	38.932	46.797
22	8.643	9.542	10.982	12.338	14.041	30.813	33.924	36.781	40.289	48.268
23	9.260	10.196	11.689	13.091	14.848	32.007	35.172	38.076	41.638	49.728
24	9.886	10.856	12.401	13.848	15.659	33.196	36.415	39.364	42.980	51.179
25	10.520	11.524	13.120	14.611	16.473	34.382	37.652	40.646	44.314	52.618
26	11.160	12.198	13.844	15.379	17.292	35.563	38.885	41.923	45.642	54.052
27	11.808	12.879	14.573	16.151	18.114	36.741	40.113	43.194	46.963	55.476
28	12.460	13.565	15.308	16.928	18.939	37.916	41.337	44.461	48.278	56.893
29	13.121	14.256	16.047	17.708	19.768	39.087	42.557	45.722	49.588	58.301
30	13.787	14.953	16.791	18.493	20.599	40.256	43.773	46.979	50.892	59.703

附表 5 t 分布的上侧分位数$(T>t_\alpha(n))$表

$$P(T>t_\alpha(n))=\alpha$$

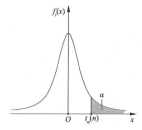

n	α											
	0.45	0.40	0.35	0.30	0.25	0.20	0.15	0.10	0.05	0.025	0.01	0.005
1	0.158	0.325	0.510	0.727	1.000	1.376	1.963	3.078	6.314	12.706	31.821	63.657
2	0.142	0.289	0.445	0.617	0.816	1.061	1.386	1.886	2.920	4.303	6.965	9.925
3	0.137	0.277	0.424	0.584	0.765	0.978	1.250	1.638	2.353	3.182	4.541	5.841
4	0.134	0.271	0.414	0.569	0.741	0.941	1.190	1.533	2.132	2.776	3.747	4.604
5	0.132	0.267	0.408	0.559	0.727	0.920	1.156	1.476	2.015	2.571	3.365	4.032
6	0.131	0.265	0.404	0.553	0.718	0.906	1.134	1.440	1.943	2.447	3.143	3.707
7	0.130	0.263	0.402	0.549	0.711	0.896	1.119	1.415	1.895	2.365	2.998	3.499
8	0.130	0.262	0.399	0.546	0.706	0.889	1.108	1.397	1.860	2.306	2.896	3.355
9	0.129	0.261	0.398	0.543	0.703	0.883	1.100	1.383	1.833	2.262	2.821	3.250
10	0.129	0.260	0.397	0.542	0.700	0.879	1.093	1.372	1.812	2.228	2.764	3.169
11	0.129	0.260	0.396	0.540	0.697	0.876	1.088	1.363	1.796	2.201	2.718	3.106
12	0.128	0.259	0.395	0.539	0.695	0.873	1.083	1.356	1.782	2.179	2.681	3.055
13	0.128	0.259	0.394	0.538	0.694	0.870	1.079	1.350	1.771	2.160	2.650	3.012
14	0.128	0.258	0.393	0.537	0.692	0.868	1.076	1.345	1.761	2.145	2.624	2.977
15	0.128	0.258	0.393	0.536	0.691	0.866	1.074	1.341	1.753	2.131	2.602	2.947
16	0128.	0.258	0.392	0.535	0.690	0.865	1.071	1.337	1.746	2.120	2.583	2.921
17	0.128	0.257	0.392	0.534	0.689	0.863	1.069	1.333	1.740	2.110	2.567	2.898
18	0.127	0.257	0.392	0.534	0.688	0.862	1.067	1.330	1.734	2.101	2.552	2.878
19	0.127	0.257	0.391	0.533	0.688	0.861	1.066	1.328	1.729	2.093	2.539	2.861
20	0.127	0.257	0.391	0.533	0.687	0.860	1.064	1.325	1.725	2.086	2.528	2.845
21	0.127	0.257	0.391	0.532	0.686	0.859	1.063	1.323	1.721	2.080	2.518	2.881
22	0.127	0.256	0.390	0.532	0.686	0.858	1.061	1.321	1.717	2.074	2.508	2.819
23	0.127	0.256	0.390	0.532	0.685	0.858	1.060	1.319	1.714	2.069	2.500	2.807
24	0.127	0.256	0.390	0.531	0.685	0.857	1.059	1.318	1.711	2.064	2.492	2.797
25	0.127	0.256	0.390	0.531	0.684	0.856	1.058	1.316	1.708	2.060	2.485	2.787
26	0.127	0.256	0.390	0.531	0.684	0.856	1.058	1.315	1.706	2.056	2.479	2.779
27	0.127	0.256	0.389	0.531	0.684	0.855	1.057	1.314	1.703	2.052	2.473	2.771
28	0.127	0.256	0.389	0.530	0.683	0.855	1.056	1.313	1.701	2.048	2.467	2.763
29	0.127	0.256	0.389	0.530	0.683	0.854	1.055	1.311	1.699	2.045	2.462	2.756
30	0.127	0.256	0.389	0.530	0.683	0.854	1.055	1.310	1.697	2.042	2.457	2.750
40	0.126	0255	0.388	0.529	0.681	0.851	1.050	1.303	1.684	2.021	2.423	2.704
60	0.126	0.254	0.387	0.527	0.679	0.848	1.046	1.296	1.671	2.000	2.390	2.660
120	0.126	0.254	0.386	0.526	0.677	0.845	1.041	1.289	1.658	1.980	2.358	2.617
∞	0.126	0.253	0.385	0.524	0.674	0.842	1.036	1.282	1.645	1.960	2.326	2.576

附表 6　F 分布的上侧分位数($F_\alpha(n_1,n_2)$)表

$$P(F>F_\alpha(n_1,n_2))=\alpha$$

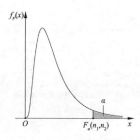

$\alpha=0.1$

n_2	\multicolumn{18}{c}{n_1}
	1	2	3	4	5	6	7	8	9	10	15	20	30	50	100	200	500	∞
1	39.9	49.5	53.6	55.8	57.2	58.2	58.9	59.4	59.9	60.2	61.2	61.7	62.3	62.7	63.0	63.2	63.3	63.3
2	8.53	9.00	9.16	9.24	9.29	9.33	9.35	9.37	9.38	9.39	9.42	9.44	9.46	9.47	9.48	9.49	9.49	9.49
3	5.24	5.46	5.39	5.34	5.31	5.28	5.27	5.25	5.24	5.23	5.20	5.18	5.17	5.15	5.14	5.14	5.14	5.13
4	4.54	4.32	4.19	4.11	4.05	4.01	3.98	3.95	3.94	3.92	3.87	3.84	3.82	3.80	3.78	3.77	3.76	3.76
5	4.06	3.78	3.62	3.52	3.45	3.40	3.37	3.34	3.32	3.30	3.24	3.21	3.17	3.15	3.13	3.12	3.11	3.10
6	3.78	3.46	3.29	3.18	3.11	3.05	3.01	2.98	2.96	2.94	2.87	2.84	2.80	2.77	2.75	2.73	2.73	2.72
7	3.59	3.26	3.07	2.96	2.88	2.83	2.78	2.75	2.72	2.70	2.63	2.59	2.56	2.52	2.50	2.48	2.48	2.47
8	3.46	3.11	2.92	2.81	2.73	2.67	2.62	2.59	2.56	2.54	2.46	2.42	2.38	2.35	2.32	2.31	2.30	2.29
9	3.36	3.01	2.81	2.69	2.61	2.55	2.51	2.47	2.44	2.42	2.34	2.30	2.25	2.22	2.19	2.17	2.17	2.16
10	3.28	2.92	2.73	2.61	2.52	2.46	2.41	2.38	2.35	2.32	2.24	2.20	2.16	2.12	2.09	2.07	2.06	2.06
11	3.23	2.86	2.66	2.54	2.45	2.39	2.34	2.30	2.27	2.25	2.17	2.12	2.08	2.04	2.00	1.99	1.98	1.97
12	3.18	2.81	2.61	2.48	2.39	2.33	2.28	2.24	2.21	2.19	2.10	2.06	2.01	1.97	1.94	1.92	1.91	1.90
13	3.14	2.76	2.56	2.43	2.35	2.28	2.23	2.20	2.16	2.14	2.05	2.01	1.96	1.92	1.88	1.86	1.85	1.85
14	3.10	2.73	2.52	2.39	2.31	2.24	2.19	2.15	2.12	2.10	2.01	1.96	1.91	1.87	1.83	1.82	1.80	1.80
15	3.07	2.70	2.49	2.36	2.27	2.21	2.16	2.12	2.09	2.06	1.97	1.92	1.87	1.83	1.79	1.77	1.76	1.76
16	3.05	2.67	2.46	2.33	2.24	2.18	2.13	2.09	2.06	2.03	1.94	1.89	1.84	1.79	1.76	1.74	1.73	1.72
17	3.03	2.64	2.44	2.31	2.22	2.15	2.10	2.06	2.03	2.00	1.91	1.86	1.81	1.76	1.73	1.71	1.69	1.69
18	3.01	2.62	2.42	2.29	2.20	2.13	2.08	2.04	2.00	1.98	1.89	1.84	1.78	1.74	1.70	1.68	1.67	1.66
19	2.99	2.61	2.40	2.27	2.18	2.11	2.06	2.02	1.98	1.96	1.86	1.81	1.76	1.71	1.67	1.65	1.64	1.63
20	2.97	2.59	2.38	2.25	2.16	2.09	2.04	2.00	1.96	1.94	1.84	1.79	1.74	1.69	1.65	1.63	1.62	1.61
22	2.95	2.56	2.35	2.22	2.13	2.06	2.01	1.97	1.93	1.90	1.81	1.76	1.70	1.65	1.61	1.59	1.58	1.57
24	2.93	2.54	2.33	2.19	2.10	2.04	1.98	1.94	1.91	1.88	1.78	1.73	1.67	1.62	1.58	1.56	1.54	1.53
26	2.91	2.52	2.31	2.17	2.08	2.01	1.96	1.92	1.88	1.86	1.76	1.71	1.65	1.59	1.55	1.53	1.51	1.50
28	2.89	2.50	2.29	2.16	2.06	2.00	1.94	1.90	1.87	1.84	1.74	1.69	1.63	1.57	1.53	1.50	1.49	1.48
30	2.88	2.49	2.28	2.14	2.05	1.98	1.93	1.88	1.85	1.82	1.72	1.67	1.61	1.55	1.51	1.48	1.47	1.46
40	2.84	2.44	2.23	2.09	2.00	1.98	1.87	1.83	1.79	1.76	1.66	1.61	1.54	1.48	1.43	1.14	1.39	1.38
50	2.81	2.41	2.20	2.06	1.97	1.90	1.84	1.80	1.76	1.73	1.63	1.57	1.50	1.44	1.39	1.36	1.34	1.33
60	2.79	2.39	2.18	2.04	1.95	1.87	1.82	1.77	1.74	1.71	1.60	1.54	1.48	1.41	1.36	1.33	1.31	1.29
80	2.77	2.37	2.15	2.02	1.92	1.85	1.79	1.75	1.71	1.68	1.57	1.51	1.44	1.38	1.32	1.28	1.26	1.24
100	2.76	2.36	2.14	2.00	1.91	1.83	1.78	1.73	1.70	1.66	1.56	1.49	1.42	1.35	1.29	1.26	1.23	1.21
200	2.73	2.33	2.11	1.97	1.88	1.80	1.75	1.70	1.66	1.63	1.52	1.56	1.38	1.31	1.24	1.20	1.17	1.14
500	2.72	2.31	2.10	1.96	1.86	1.79	1.73	1.68	1.64	1.61	1.50	1.44	1.36	1.28	1.21	1.16	1.12	1.09
∞	2.71	2.30	2.03	1.94	1.85	1.77	1.72	1.67	1.63	1.60	1.49	1.42	1.34	1.26	1.18	1.13	1.08	1.00

数理统计方法

$\alpha = 0.05$

n_2	\multicolumn{15}{c}{n_1}													
	1	2	3	4	5	6	7	8	9	10	12	14	16	18	20
1	161	200	216	225	230	234	237	239	241	242	244	246	246	247	248
2	18.5	19.0	19.2	19.2	19.3	19.3	19.4	19.4	19.4	19.4	19.4	19.4	19.4	19.4	19.4
3	10.1	9.55	9.28	9.12	9.01	8.94	8.89	8.85	8.81	8.79	8.74	8.71	8.69	8.67	8.66
4	7.71	6.94	6.59	6.39	6.26	6.16	6.09	6.04	6.00	5.96	5.91	5.87	5.84	5.82	5.80
5	6.61	5.79	5.41	5.19	5.05	4.95	4.88	4.82	4.77	4.74	4.68	4.64	4.60	4.58	4.56
6	5.99	5.14	4.76	4.53	4.39	4.28	4.21	4.15	4.10	4.06	4.00	3.96	3.92	3.90	3.87
7	5.59	4.74	4.35	4.12	3.97	3.87	3.79	3.73	3.68	3.64	3.57	3.53	3.49	3.47	3.44
8	5.32	4.46	4.07	3.84	3.69	3.58	3.50	3.44	3.39	3.35	3.28	3.24	3.20	3.17	3.15
9	5.12	4.26	3.86	3.63	3.48	3.37	3.29	3.23	3.18	3.14	3.07	3.03	2.99	2.96	2.94
10	4.96	4.10	3.71	3.48	3.33	3.22	3.14	3.07	3.02	2.98	2.90	2.86	2.83	2.80	2.77
11	4.84	3.98	3.59	3.26	3.20	3.09	3.01	2.95	2.90	2.85	2.79	2.74	2.70	2.67	2.65
12	4.75	3.89	3.49	3.26	3.11	3.00	2.91	2.85	2.80	2.75	2.69	2.64	2.60	2.57	2.54
13	4.67	3.81	3.41	3.18	3.03	3.92	2.83	2.77	2.71	2.67	2.60	2.55	2.51	2.48	2.46
14	4.60	3.74	3.34	3.11	2.96	2.85	2.76	2.70	2.65	2.60	2.53	2.48	2.44	2.41	2.39
15	4.54	3.68	3.29	3.06	2.90	2.79	2.71	2.64	2.59	2.54	2.48	2.42	2.38	2.35	2.33
16	4.49	3.63	3.24	3.01	2.85	2.74	2.66	2.59	2.54	2.49	2.42	2.37	2.33	2.30	2.28
17	4.45	3.59	3.20	2.96	2.81	2.70	2.61	2.55	2.49	2.45	2.38	2.33	2.29	2.26	2.23
18	4.41	3.55	3.16	2.93	2.77	2.66	2.58	2.51	2.46	2.41	2.34	2.29	2.25	2.22	2.19
19	4.38	3.52	3.13	2.90	2.74	2.63	2.54	2.48	2.42	2.88	2.31	2.26	2.21	2.18	2.06
20	4.35	3.49	3.10	2.87	2.71	2.60	2.51	2.45	2.39	2.35	2.28	2.22	2.18	2.15	2.12
21	4.32	3.47	3.07	2.84	2.68	2.57	2.49	2.42	2.37	2.32	2.25	2.20	2.16	2.12	2.10
22	4.30	3.44	3.05	2.82	2.66	2.55	2.46	2.40	2.34	2.30	2.23	2.17	2.13	2.10	2.07
23	4.28	3.42	3.03	2.80	2.64	2.53	2.44	2.37	2.32	2.27	2.20	2.15	2.11	2.107	2.05
24	4.26	3.40	3.01	2.78	2.62	2.51	2.42	2.36	2.30	2.25	2.18	2.13	2.09	2.05	2.03
25	4.24	3.39	2.99	2.76	2.60	2.49	2.40	2.34	2.28	2.24	2.16	2.11	2.07	2.04	2.01
26	4.23	3.37	2.98	2.74	2.59	2.47	2.39	2.32	2.27	2.22	2.15	2.09	2.05	2.02	1.99
27	4.21	3.35	2.96	2.73	2.57	2.46	2.37	2.31	2.25	2.20	2.13	2.08	2.04	2.00	1.97
28	4.20	3.34	2.95	2.71	2.56	2.45	2.36	2.29	2.24	2.19	2.12	2.06	2.02	1.99	1.96
29	4.18	3.33	2.93	2.70	2.55	2.43	2.35	2.28	2.22	2.18	2.10	2.05	2.01	1.97	1.94
30	4.17	3.32	2.92	2.69	2.53	2.42	2.33	2.27	2.21	2.16	2.09	2.14	1.99	1.96	1.93
32	4.15	3.29	2.90	2.67	2.51	2.40	2.31	2.24	2.19	2.14	2.07	2.01	1.97	1.94	1.91
34	4.13	3.28	2.88	2.65	2.49	2.38	2.29	2.23	2.17	2.12	2.05	1.99	1.95	1.92	1.89
36	4.11	3.26	2.87	2.63	2.48	2.36	2.28	2.21	2.15	2.11	2.03	1.98	1.93	1.90	1.87
38	4.10	3.24	2.85	2.62	2.46	2.35	2.26	2.19	2.14	2.09	2.02	1.96	1.92	1.88	1.85
40	4.08	3.23	2.84	2.61	2.45	2.34	2.25	2.18	2.12	2.08	2.00	1.95	1.90	1.87	1.84
42	4.07	3.22	2.83	2.59	2.44	2.32	2.24	2.17	2.11	2.06	1.99	1.93	1.89	1.86	1.83
44	4.06	3.21	2.82	2.58	2.43	2.31	2.23	2.16	2.10	2.05	1.98	1.92	1.88	1.84	1.81
46	4.05	3.20	2.81	2.57	2.42	2.30	2.22	2.15	2.09	2.04	1.97	1.91	1.87	1.83	1.80
48	4.04	3.19	2.80	2.57	2.41	2.29	2.21	2.14	2.08	2.03	1.96	1.90	1.86	1.82	1.79
50	4.03	3.18	2.79	2.56	2.40	2.29	2.20	2.13	2.07	2.03	1.95	1.89	1.85	1.81	1.78
60	4.00	3.15	2.76	2.53	2.37	2.25	2.17	2.10	2.04	1.99	1.92	1.86	1.82	1.78	1.75
80	3.96	3.11	2.72	2.49	2.33	2.21	2.13	2.06	2.00	1.95	1.88	1.82	1.77	1.73	1.70
100	3.94	3.09	2.70	2.46	2.31	2.19	2.10	2.03	1.97	1.93	1.85	1.79	1.75	1.71	1.68
125	3.92	3.07	2.68	2.44	2.29	2.17	2.08	2.01	1.96	1.91	1.83	1.77	1.72	1.69	1.65
150	3.90	3.06	2.66	2.43	2.27	2.16	2.07	2.00	1.94	1.89	1.82	1.76	1.71	1.67	1.64
200	3.89	3.04	2.65	2.42	2.26	2.14	2.06	1.98	1.93	1.88	1.80	1.74	1.69	1.66	1.62
300	3.87	3.03	2.63	2.40	2.24	2.13	2.04	1.97	1.91	1.86	1.78	1.72	1.68	1.64	1.61
500	3.86	3.01	2.62	2.39	2.23	2.12	2.03	1.96	1.90	1.85	1.77	1.71	1.66	1.62	1.59
1000	3.85	3.00	2.61	2.38	2.22	2.11	2.02	1.95	1.89	1.84	1.76	1.70	1.65	1.61	1.58
∞	3.84	3.00.	2.60	2.37	2.21	2.10	2.01	1.94	1.88	1.83	1.75	1.69	1.64	1.60	1.57

n_2	n_1														
	22	24	26	28	30	35	40	45	50	60	80	100	200	500	∞
1	249	249	249	250	250	251	251	251	252	252	252	253	254	254	254
2	19.5	19.5	19.5	19.5	19.5	19.5	19.5	19.5	19.5	19.5	19.5	19.5	19.5	19.5	19.5
3	8.65	8.64	8.53	8.62	8.62	8.60	8.59	8.59	8.58	8.57	8.59	8.55	8.54	8.53	8.53
4	5.79	5.77	5.76	5.75	5.75	5.73	5.72	5.71	5.70	5.69	5.67	5.66	5.65	5.64	5.63
5	4.54	4.53	4.52	4.50	4.50	4.48	4.46	4.45	4.44	4.43	4.41	4.41	4.39	4.37	4.37
6	3.86	3.84	3.83	3.82	3.81	3.79	3.77	3.76	3.75	3.74	3.72	3.71	3.69	3.68	3.67
7	3.43	3.41	3.40	3.39	3.38	3.36	3.34	3.33	3.32	3.30	3.29	3.27	3.25	3.24	3.23
8	3.13	3.12	3.10	3.09	3.08	3.06	3.04	3.03	3.02	3.01	2.99	2.97	2.95	2.94	2.93
9	2.92	2.90	2.89	2.87	2.86	2.84	2.83	2.81	2.80	2.79	2.77	2.76	2.73	2.72	2.71
10	2.75	2.74	2.72	2.71	2.70	2.68	2.66	2.65	2.64	2.62	2.60	2.59	2.56	2.55	2.54
11	2.63	2.61	2.59	2.58	2.57	2.55	2.53	2.52	2.51	2.49	2.47	2.46	2.43	2.42	2.40
12	2.52	2.51	2.49	2.48	2.47	2.44	2.43	2.41	2.40	2.38	2.36	2.35	2.32	2.31	2.30
13	2.44	2.42	2.41	2.39	2.38	2.36	2.34	2.33	2.31	2.30	2.27	2.26	2.23	2.22	2.21
14	2.37	2.35	2.33	2.32	2.31	2.28	2.27	2.25	2.24	2.22	2.20	2.19	2.16	2.14	2.13
15	2.31	2.29	2.27	2.26	2.25	2.22	2.20	2.19	2.18	2.16	2.14	2.12	2.10	2.08	2.07
16	2.25	2.24	2.22	2.21	2.19	2.17	2.15	2.14	2.12	2.11	2.08	2.07	2.04	2.02	2.01
17	2.21	2.19	2.17	2.16	2.15	2.12	2.10	2.09	2.08	2.06	2.03	2.02	1.99	1.97	1.96
18	2.17	2.15	2.13	2.12	2.11	2.08	2.06	2.05	2.04	2.02	1.99	1.98	1.95	1.93	1.92
19	2.13	2.11	2.10	2.08	2.07	2.05	2.03	2.01	2.00	1.98	1.96	1.94	1.91	1.89	1.88
20	2.18	2.08	2.07	2.05	2.04	2.01	1.99	1.98	1.97	1.95	1.92	1.91	1.88	1.86	1.84
21	2.07	2.05	2.04	2.02	2.01	1.98	1.96	1.95	1.94	1.92	1.89	1.88	1.84	1.82	1.81
22	2.05	2.03	2.01	2.00	1.98	1.96	1.94	1.92	1.91	1.89	1.86	1.85	1.82	1.80	1.78
23	2.02	2.00	1.99	1.97	1.96	1.93	1.91	1.90	1.88	1.86	1.84	1.82	1.79	1.77	1.76
24	2.00	1.98	1.97	1.95	1.94	1.91	1.89	1.88	1.86	1.84	1.82	1.80	1.77	1.75	1.73
25	1.98	1.96	1.95	1.93	1.92	1.89	1.87	1.86	1.84	1.82	1.80	1.78	1.75	1.73	1.71
26	1.97	1.95	1.93	1.91	1.90	1.87	1.85	1.84	1.82	1.80	1.78	1.76	1.73	1.71	1.69
27	1.95	1.93	1.91	1.90	1.88	1.86	1.84	1.82	1.81	1.79	1.76	1.74	1.71	1.69	1.67
28	1.93	1.91	1.90	1.88	1.87	1.84	1.82	1.80	1.79	1.77	1.74	1.73	1.69	1.67	1.65
29	1.92	1.90	1.88	1.87	1.85	1.83	1.81	1.79	1.77	1.75	1.73	1.71	1.67	1.65	1.64
30	1.91	1.89	1.87	1.85	1.84	1.81	1.79	1.77	1.76	1.74	1.71	1.70	1.66	1.64	1.62
32	1.88	1.86	1.85	1.83	1.82	1.79	1.77	1.75	1.74	1.71	1.69	1.67	1.63	1.61	1.59
34	1.86	1.84	1.82	1.80	1.80	1.77	1.75	1.73	1.71	1.69	1.66	1.65	1.61	1.59	1.57
36	1.85	1.82	1.81	1.79	1.78	1.75	1.73	1.71	1.69	1.67	1.64	1.62	1.59	1.56	1.55
38	1.83	1.81	1.79	1.77	1.76	1.73	1.71	1.69	1.68	1.65	1.62	1.61	1.57	1.54	1.53
40	1.81	1.79	1.77	1.76	1.74	1.72	1.69	1.67	1.66	1.64	1.61	1.59	1.55	1.53	1.51
42	1.80	1.78	1.76	1.74	1.73	1.70	1.68	1.66	1.65	1.62	1.59	1.57	1.53	1.51	1.49
44	1.79	1.77	1.75	1.73	1.72	1.69	1.67	1.65	1.63	1.61	1.58	1.56	1.52	1.49	1.48
46	1.78	1.76	1.74	1.72	1.71	1.68	1.65	1.64	1.62	1.60	1.57	1.55	1.51	1.48	1.46
48	1.77	1.75	1.73	1.71	1.70	1.67	1.64	1.62	1.61	1.59	1.55	1.54	1.49	1.47	1.45
50	1.76	1.74	1.72	1.70	1.69	1.66	1.63	1.61	1.60	1.58	1.54	1.52	1.48	1.46	1.44
60	1.72	1.70	1.68	1.66	1.65	1.62	1.59	1.57	1.56	1.53	1.50	1.48	1.44	1.41	1.39
80	1.68	1.65	1.63	1.62	1.60	1.57	1.54	1.50	1.51	1.48	1.45	1.43	1.38	1.35	1.32
100	1.65	1.63	1.61	1.59	1.57	1.54	1.52	1.49	1.48	1.45	1.41	1.39	1.34	1.31	1.28
125	1.63	1.60	1.58	1.57	1.55	1.52	1.49	1.47	1.45	1.42	1.39	1.36	1.31	1.27	1.25
150	1.61	1.59	1.57	1.55	1.53	1.50	1.48	1.45	1.44	1.41	1.37	1.34	1.29	1.25	1.22
200	1.60	1.57	1.55	1.53	1.52	1.48	1.46	1.43	1.41	1.39	1.35	1.32	1.26	1.22	1.19
300	1.58	1.55	1.53	1.51	1.50	1.46	1.43	1.41	1.39	1.36	1.32	1.30	1.23	1.19	1.15
500	1.56	1.54	1.52	1.50	1.48	1.45	1.42	1.40	1.38	1.34	1.30	1.28	1.21	1.16	1.11
1000	1.55	1.53	1.51	1.49	1.47	1.44	1.41	1.38	1.36	1.33	1.29	1.26	1.19	1.13	1.08
∞	1.45	1.52	1.50	1.48	1.46	1.42	1.39	1.37	1.35	1.32	1.27	1.24	1.17	1.11	1.00

$\alpha=0.025$

n_2	n_1															
	1	2	3	4	5	6	7	8	9	10	12	15	20	24	30	40
1	647.8	799.5	864.2	899.6	921.8	937.1	948.2	956.7	963.3	368.3	976.7	984.9	993.1	997.2	1001	1006
2	38.51	39.00	39.17	39.25	39.30	39.33	39.36	39.37	39.39	39.40	39.41	39.43	39.45	39.46	39.43	39.47
3	17.44	16.04	15.44	15.10	14.88	14.73	14.62	14.54	14.47	14.42	14.34	14.25	14.17	14.12	14.08	14.04
4	12.22	10.65	9.98	9.60	9.36	9.20	9.07	8.98	8.90	8.84	8.75	8.66	8.56	8.51	8.46	8.41
5	10.01	8.43	7.76	7.39	7.15	6.98	6.85	6.76	6.68	6.62	6.52	6.43	6.33	6.28	6.23	6.18
6	8.81	7.26	6.60	6.23	5.99	5.82	5.70	5.60	5.52	5.46	5.37	5.27	5.17	5.12	5.07	5.01
7	8.07	6.54	5.89	5.52	5.29	5.12	4.99	4.90	4.82	4.76	4.67	4.57	4.47	4.42	4.36	4.31
8	7.57	6.06	5.42	5.05	4.82	4.65	4.53	4.43	4.36	4.30	4.20	4.10	4.00	3.95	3.89	3.84
9	7.21	5.71	5.08	4.72	4.48	4.23	4.20	4.10	4.03	3.96	3.87	3.77	3.67	3.61	3.56	3.51
10	6.94	5.46	4.83	4.47	4.24	4.07	3.95	3.85	3.78	3.72	3.62	3.52	3.42	3.37	3.31	3.26
11	6.72	5.26	4.63	4.28	4.04	3.88	3.76	3.66	3.59	3.53	3.43	3.33	3.23	3.17	3.12	3.06
12	6.55	5.10	4.47	4.12	3.89	3.73	3.61	3.51	3.44	3.37	3.28	3.18	3.07	3.02	2.96	2.91
13	6.41	4.97	4.35	4.00	3.77	3.60	3.48	3.39	3.31	3.25	3.15	3.05	2.95	2.89	2.84	2.78
14	6.30	4.86	4.24	3.89	3.66	3.50	3.38	3.29	3.21	3.15	3.05	2.95.	2.84	2.79	2.73	2.67
15	6.20	4.77	4.15	3.80	3.58	3.41	3.29	3.20	3.12	3.06	2.96	2.86	2.76	2.70	2.64	2.59
16	6.12	4.69	4.08	3.73	3.50	0.334	3.22	3.12	3.05	2.99	2.89	2.79	2.68	2.63	2.57	2.51
17	6.04	4.62	4.01	3.66	3.44	3.28	3.16	3.06	2.98	2.92	2.82	2.72	2.62	2.56	2.50	2.44
18	5.98	4.56	3.95	3.61	3.38	3.22	3.10	3.01	2.93	2.87	2.77	2.67	2.56	2.50	2.44	2.38
19	5.92	4.51	3.90	3.56	3.33	3.17	3.05	2.96	2.88	2.82	2.72	2.62	2.51	2.45	2.39	2.33
20	5.87	4.46	3.86	3.51	3.29	3.13	3.01	2.84	2.77	2.68	2.57	2.46	2.41	2.35	2.29	2.29
21	5.83	4.42	3.82	3.48	3.25	3.09	2.97	2.80	2.73	2.64	2.53	2.42	2.37	2.31	2.25	2.25
22	5.79	4.38	3.78	3.44	3.22	3.05	2.93	2.76	2.70	2.60	2.50	2.39	2.33	2.27	2.21	2.21
23	5.75	4.35	3.75	3.41	3.18	3.02	2.90	2.73	2.67	2.57	2.47	2.36	2.30	2.24	2.18	2.18
24	5.72	4.32	3.72	3.38	3.15	2.99	2.87	2.78	2.70	2.64	2.54	2.44	2.33	2.27	2.21	2.15
25	5.69	4.29	3.69	3.35	3.13	2.97	2.85	2.75	2.68	2.61	2.51	2.41	2.30	2.24	2.18	2.12
26	5.66	4.27	3.67	3.33	3.10	2.94	2.82	2.73	2.65	2.59	2.49	2.39	2.28	2.22	2.16	2.09
27	5.63	4.24	3.65	3.31	3.08	2.92	2.80	2.71	2.63	2.57	2.47	2.36	2.25	2.19	2.13	2.07
28	5.61	4.22	3.63	3.29	3.06	2.90	2.78	2.69	2.61	2.55	2.45	2.34	2.23	2.17	2.11	2.05
29	5.59	4.20	3.61	3.27	3.04	2.88	2.76	2.67	2.59	2.53	2.43	2.32	2.21	2.15	2.09	2.03
30	5.57	4.18	3.59	3.25	3.03	2.87	2.75	2.65	2.57	2.51	2.41	2.31	2.20	2.14	2.07	2.01
40	5.42	4.05	3.46	3.13	2.90	2.74	2.62	2.53	2.45	2.39	2.29	2.18	2.07	2.01	1.94	1.88
60	5.29	3.93	3.34	3.01	2.79	2.63	2.51	2.41	2.33	2.27	2.17	2.06	1.94	1.88	1.82	1.74
120	5.15	3.80	3.23	2.89	2.67	2.52	2.39	2.30	2.22	2.16	2.05	1.94	1.82	1.76	1.69	1.61
∞	5.02	3.69	3.12	2.79	2.57	2.41	2.29	2.19	2.11	2.05	1.94	1.83	1.71	1.64	1.57	1.48

$\alpha = 0.01$

n_2	n_1														
	1	2	3	4	5	6	7	8	9	10	12	14	16	18	20
2	98.5	99.0	99.2	99.2	99.3	99.3	99.4	99.4	99.4	99.4	99.4	99.4	99.4	99.4	99.4
3	34.1	30.8	29.5	28.7	28.2	27.9	27.7	27.5	27.3	27.2	27.1	26.9	26.8	26.8	26.7
4	21.2	18.0	16.7	16.0	15.5	15.2	15.0	14.8	14.7	14.5	14.4	14.2	14.2	14.1	14.0
5	16.3	13.3	12.1	11.4	11.0	10.7	10.5	10.3	10.2	10.1	9.89	9.77	9.68	9.61	9.55
6	13.7	10.9	9.78	9.15	8.75	8.47	8.26	8.10	7.98	7.87	7.72	7.60	7.52	7.45	7.40
7	12.2	9.55	8.45	7.85	7.46	7.19	6.99	6.84	6.72	6.62	6.47	6.36	6.27	6.21	6.16
8	11.3	8.65	7.59	7.01	6.63	6.37	6.18	6.03	5.91	5.81	5.67	5.56	5.48	5.41	5.36
9	10.6	8.02	6.99	6.42	6.06	5.80	5.61	5.47	5.35	5.26	5.11	5.00	4.92	4.86	4.81
10	10.0	7.56	6.55	5.99	5.64	5.39	5.20	5.06	4.94	4.85	4.71	4.60	4.52	4.46	4.41
11	9.65	7.21	6.22	5.67	5.32	5.07	4.89	4.74	4.63	4.54	4.40	4.29	4.21	4.15	4.10
12	9.33	6.93	5.95	5.41	5.06	4.82	4.64	4.50	4.39	4.30	4.16	4.05	3.97	3.91	3.86
13	9.07	6.70	5.74	5.21	4.86	4.62	4.44	4.30	4.19	4.10	3.96	3.86	3.78	3.71	3.66
14	8.86	6.51	5.56	5.04	4.70	4.46	4.28	4.14	4.03	3.94	3.80	3.70	3.62	3.56	3.51
15	8.68	6.36	5.42	4.89	4.56	4.32	4.14	4.00	3.89	3.80	3.67	3.56	3.49	3.42	3.37
16	8.53	6.23	5.29	4.77	4.44	4.20	4.03	3.89	3.78	3.69	3.55	3.45	3.37	3.31	3.26
17	8.40	6.11	5.18	4.67	4.34	4.10	3.93	3.79	3.68	3.59	3.46	3.35	3.27	3.21	3.16
18	8.29	6.01	5.09	4.58	4.25	4.01	3.84	6.71	3.60	3.51	3.37	3.27	3.19	3.13	3.08
19	8.18	5.93	5.01	4.50	4.17	3.94	3.77	3.63	3.52	3.43	3.30	3.19	3.12	3.05	3.00
20	8.10	5.85	4.94	4.43	4.10	3.87	3.70	3.56	3.46	3.37	3.23	3.13	3.05	2.99	2.94
21	8.02	5.78	4.87	4.37	4.04	3.81	3.64	3.51	3.40	3.31	3.17	3.07	2.99	2.93	2.88
22	7.95	5.72	4.82	4.31	3.99	3.76	3.59	3.45	3.35	3.26	3.12	3.02	2.94	2.88	2.83
23	7.88	5.66	4.76	4.26	3.94	3.71	3.54	3.41	3.30	3.21	3.07	2.97	2.89	2.83	2.78
24	7.82	5.61	4.72	4.22	3.90	3.67	3.50	3.36	3.26	3.17	3.03	2.93	2.85	2.79	2.74
25	7.77	5.57	4.68	4.18	3.86	3.63	3.46	3.32	3.22	3.13	2.99	2.89	2.81	2.75	2.70
26	7.72	5.53	4.64	4.14	3.82	3.59	3.42	3.29	3.18	3.09	2.96	2.86	2.78	2.72	2.66
27	7.68	5.49	4.60	4.11	3.78	3.56	3.39	3.26	3.15	3.06	2.93	2.82	2.75	2.68	2.63
28	7.64	5.45	4.57	4.07	3.75	3.53	3.36	3.23	3.12	3.03	2.90	2.79	2.72	2.65	2.60
29	7.60	5.42	4.54	4.04	3.73	3.50	3.33	3.20	3.09	3.00	2.87	2.77	2.69	2.62	2.57
30	7.56	5.39	4.51	4.02	3.70	3.47	3.30	3.17	3.07	2.98	2.84	2.74	2.66	2.60	2.55
32	7.50	5.34	4.46	3.97	3.65	3.43	3.26	3.13	3.02	2.93	2.80	2.70	2.62	2.55	2.50
34	7.44	5.29	4.42	3.93	3.61	3.39	3.22	3.09	2.98	2.89	2.76	2.66	2.58	2.51	2.46
36	7.40	5.25	4.38	3.89	3.57	3.35	3.18	3.05	2.95	2.86	2.72	2.62	2.54	2.48	2.43
38	7.35	5.21	4.34	3.86	3.54	3.32	3.15	3.02	2.92	2.83	2.69	2.59	2.51	2.45	2.40
40	7.31	5.18	4.31	3.83	3.51	3.29	3.12	2.99	2.89	2.80	2.66	2.56	2.48	2.42	2.37
42	7.28	5.15	4.29	3.80	3.49	3.27	3.10	2.97	2.86	2.78	2.64	2.54	2.46	2.40	2.34
44	7.25	5.12	4.26	3.78	3.47	3.24	3.08	2.95	2.84	2.75	2.62	2.52	2.44	2.37	2.32
46	7.22	5.10	4.24	3.76	3.44	3.22	3.06	2.93	2.82	2.73	2.60	2.50	2.42	2.35	2.30
48	7.20	5.08	4.22	3.74	3.43	3.20	3.04	2.91	2.80	2.72	2.58	2.48	2.40	2.33	2.28
50	7.17	5.06	4.20	3.72	4.41	3.19	3.02	2.89	2.79	2.70	2.56	2.46	2.38	2.32	2.27
60	7.08	4.98	4.13	3.65	3.34	3.12	2.95	2.82	2.72	2.63	2.50	2.39	2.31	2.25	2.20
80	6.96	4.88	4.04	3.56	3.26	3.04	2.87	2.74	2.64	2.55	2.42	2.31	2.23	2.17	2.12
100	6.90	4.82	3.98	3.51	3.21	2.99	2.82	2.69	2.59	2.50	2.37	2.26	2.19	2.12	2.07
125	6.84	4.78	3.94	3.47	3.17	2.95	2.79	2.66	2.55	2.47	2.33	2.23	2.15	2.08	2.03
150	6.81	4.75	3.92	3.45	3.14	2.92	2.76	2.63	2.53	2.44	2.31	2.20	2.12	2.06	2.00
200	6.76	4.71	3.88	3.41	3.11	2.89	2.73	2.60	2.50	2.41	2.27	2.17	2.09	2.02	1.97
300	6.72	4.68	3.85	3.38	3.08	2.86	2.70	2.57	2.47	2.38	2.24	2.14	2.06	1.99	1.94
500	6.69	4.65	3.82	3.36	3.05	2.84	2.68	2.55	2.44	2.36	2.22	2.12	2.04	1.97	1.92
1000	6.66	4.63	3.80	3.34	3.04	2.82	2.66	2.53	2.43	2.34	2.20	2.10	2.02	1.95	1.90
∞	6.63	4.61	3.78	3.32	3.02	2.80	2.64	2.51	2.41	2.32	2.18	2.08	2.00	1.93	1.88

n_2	n_1														
	22	24	26	28	30	35	40	45	50	60	80	100	200	500	∞
2	99.5	99.5	99.5	99.5	99.5	99.5	99.5	99.5	99.5	99.5	99.5	99.5	99.5	99.5	99.5
3	26.6	26.6	26.6	26.5	26.5	26.5	26.4	26.4	26.4	26.3	26.2	26.3	26.2	26.1	26.1
4	14.0	13.9	13.9	13.9	13.8	13.8	13.7	13.7	13.7	13.7	13.6	13.6	13.5	13.5	13.5
5	9.51	9.47	9.43	9.40	9.38	9.33	9.29	9.26	9.24	9.20	9.16	9.13	9.08	9.04	9.02
6	7.35	7.31	7.28	7.25	7.23	7.18	7.14	7.11	7.09	7.06	7.01	6.99	6.93	6.90	6.88
7	6.11	6.07	6.04	6.02	5.99	5.94	5.91	5.88	5.86	5.82	5.78	5.75	5.70	5.67	5.65
8	5.32	5.28	5.25	5.22	5.90	5.15	5.12	5.00	5.07	5.03	4.99	4.96	4.91	4.88	4.86
9	4.77	4.73	4.70	4.67	4.65	4.60	4.57	4.54	4.52	4.48	4.44	4.42	4.36	4.33	4.31
10	4.36	4.33	4.30	4.27	4.25	4.20	4.17	4.14	4.12	4.08	4.04	4.01	3.96	3.93	3.91
11	4.06	4.02	3.99	3.96	3.94	3.89	3.86	3.83	3.81	3.78	3.73	3.71	3.66	3.62	3.60
12	3.82	3.78	3.75	3.72	3.70	3.65	3.62	3.59	3.57	3.54	3.49	3.47	3.41	3.38	3.36
13	3.62	3.59	3.56	3.53	3.51	3.46	3.43	3.40	3.38	3.34	3.30	3.27	3.22	3.19	3.17
14	3.46	3.43	3.40	3.37	3.35	3.30	3.27	3.24	3.22	3.18	3.14	3.11	3.06	3.03	3.00
15	3.33	3.29	3.26	3.24	3.21	3.17	3.13	3.10	3.08	3.05	3.00	2.98	2.92	2.89	2.87
16	3.22	3.18	3.15	3.12	3.10	3.05	3.02	2.99	2.97	2.93	2.89	2.86	2.81	2.78	2.75
17	3.12	3.08	3.05	3.03	3.00	2.96	2.92	2.89	2.87	2.83	2.79	2.76	2.71	2.68	2.65
18	3.03	3.00	2.97	2.94	2.92	2.87	2.84	2.81	2.73	2.75	2.70	2.68	2.62	2.59	2.57
19	2.96	2.92	2.89	2.87	2.84	2.80	2.76	2.73	2.71	2.67	2.63	2.60	2.55	2.51	2.49
20	2.90	2.86	2.83	2.80	2.78	2.73	2.69	2.67	2.64	2.61	2.56	2.54	2.48	2.44	2.42
21	2.84	2.80	2.77	2.74	2.72	2.67	2.64	2.61	2.58	2.55	2.50	2.48	2.42	2.38	2.36
22	2.78	2.75	2.72	2.69	2.67	2.62	2.58	2.55	2.53	2.50	2.45	2.42	2.36	2.33	2.31
23	2.74	2.70	2.67	2.64	2.62	2.57	2.54	2.51	2.48	2.45	2.40	2.37	2.32	2.28	2.26
24	2.70	2.66	2.63	2.60	2.58	2.53	2.49	2.46	2.44	2.40	2.36	2.33	2.27	2.24	2.21
25	2.66	2.62	2.59	2.56	2.54	2.49	2.45	2.42	2.40	2.36	2.32	2.29	2.23	2.19	2.17
26	2.62	2.58	2.55	2.53	2.50	2.45	2.42	2.39	2.36	2.33	2.28	2.25	2.19	2.16	2.13
27	2.59	2.55	2.52	2.49	2.47	2.42	2.38	2.35	2.33	2.29	2.25	2.22	2.16	2.12	2.10
28	2.56	2.52	2.49	2.46	2.44	2.39	2.35	2.32	2.30	2.26	2.22	2.19	2.13	2.09	2.06
29	2.53	2.49	2.46	2.44	2.41	2.36	2.33	2.30	2.27	2.23	2.19	2.16	2.10	2.06	2.03
30	2.51	2.47	2.44	2.41	2.39	2.34	2.30	2.27	2.25	2.21	2.16	2.13	2.07	2.03	2.01
32	2.46	2.42	2.39	2.36	2.34	2.29	2.25	2.22	2.20	2.16	2.11	2.08	2.02	1.98	1.96
34	2.42	2.38	2.35	2.32	2.30	2.25	2.21	2.18	2.16	2.12	2.07	2.04	1.98	1.94	1.91
36	2.38	2.35	2.32	2.29	2.26	2.21	2.17	2.14	2.12	2.08	2.03	2.00	1.94	1.90	1.87
38	2.35	2.32	2.28	2.26	2.23	2.18	2.14	2.11	2.09	2.05	2.00	1.97	1.90	1.86	1.84
40	2.33	2.29	2.26	2.23	2.20	2.15	2.11	2.08	2.06	2.02	1.97	1.94	1.87	1.83	1.80
42	2.30	2.26	2.23	2.20	2.18	2.13	2.09	2.06	2.03	1.99	1.94	1.91	1.85	1.80	1.78
44	2.28	2.24	2.21	2.18	2.15	2.10	2.06	2.03	2.01	1.97	1.92	1.89	1.82	1.78	1.75
46	2.26	2.22	2.19	2.16	2.13	2.08	2.04	2.01	1.99	1.95	1.90	1.86	1.80	1.75	1.73
48	2.24	2.20	2.17	2.14	2.12	2.06	2.02	1.99	1.97	1.93	1.88	1.84	1.78	1.73	1.70
50	2.22	2.18	2.15	2.12	2.10	2.05	2.01	1.97	1.95	1.91	1.86	1.82	1.76	1.71	1.68
60	2.15	2.18	2.08	2.05	2.03	1.98	1.94	1.90	1.88	1.84	1.78	1.75	1.68	1.63	1.60
80	2.07	2.03	2.00	1.97	1.94	1.89	1.85	1.81	1.79	1.75	1.69	1.66	1.58	1.53	1.49
100	2.02	1.98	1.94	1.92	1.89	1.84	1.80	1.76	1.73	1.69	1.63	1.60	1.52	1.47	1.43
125	1.98	1.94	1.91	1.88	1.85	1.80	1.76	1.72	1.69	1.65	1.59	1.55	1.47	1.41	1.37
150	1.96	1.92	1.88	1.85	1.83	1.77	1.73	1.69	1.66	1.62	1.56	1.52	1.43	1.38	1.33
200	1.93	1.89	1.85	1.82	1.79	1.74	1.69	1.66	1.63	1.58	1.52	1.48	1.39	1.88	1.28
300	1.89	1.85	1.82	1.79	1.76	1.71	1.66	1.62	1.59	1.55	1.48	1.44	1.35	1.28	1.22
500	1.87	1.83	1.79	1.76	1.74	1.68	1.63	1.60	1.56	1.52	1.45	1.41	1.31	1.23	1.16
1000	1.85	1.81	1.77	1.74	1.72	1.66	1.61	1.57	1.54	1.50	1.43	1.38	1.28	1.19	1.11
∞	1.83	1.79	1.76	1.72	1.70	1.64	1.59	1.55	1.52	1.47	1.40	1.36	1.25	1.15	1.00

附表 7 q 值表(双尾)

(上为 $q_{0.05}$,下为 $q_{0.01}$)

自由度	k(秩次距)									
	2	3	4	5	6	7	8	9	10	11
3	4.50	5.88	6.83	7.51	8.04	8.47	8.85	9.18	9.46	9.72
	8.26	10.62	12.17	13.33	14.24	15.00	15.64	16.20	16.69	17.13
4	3.93	5.00	5.76	6.31	6.73	7.06	7.35	7.60	7.83	8.03
	6.51	8.12	9.17	9.96	10.58	11.10	11.55	11.93	12.27	12.57
5	3.64	4.54	5.18	5.64	5.99	6.28	6.52	6.74	6.93	7.10
	5.70	6.97	7.80	8.42	8.91	9.32	9.67	9.97	10.24	10.48
6	3.46	4.34	4.90	5.30	5.63	5.90	6.12	6.32	6.49	6.65
	5.24	6.33	7.03	7.56	7.97	8.32	8.61	8.87	9.10	9.30
7	3.34	4.16	4.68	5.06	5.36	5.61	5.82	5.99	6.15	6.29
	4.95	5.92	6.54	7.01	7.37	7.68	7.94	8.17	8.37	8.55
8	3.26	4.04	4.53	4.89	5.17	5.40	5.60	5.77	5.92	6.05
	4.75	5.64	6.20	6.62	6.96	7.24	7.47	7.68	7.86	8.03
9	3.20	3.95	4.41	4.76	5.02	5.24	5.43	5.59	5.74	5.87
	4.60	5.43	5.96	6.35	6.66	6.91	7.13	7.33	7.49	7.65
10	3.15	3.88	4.33	4.65	4.91	5.12	5.30	5.46	5.60	5.72
	4.48	5.27	5.77	6.14	6.43	6.67	6.87	7.05	7.21	7.36
11	3.11	3.82	4.26	4.58	4.82	5.03	5.20	5.35	5.49	5.61
	4.39	5.14	5.62	5.97	6.25	6.48	6.67	6.84	6.99	7.13
12	3.08	3.77	4.20	4.51	4.75	4.95	5.12	5.27	5.39	5.51
	4.32	5.05	5.50	5.84	6.10	6.32	6.51	6.67	6.81	6.94
14	3.03	3.70	4.11	4.41	4.64	4.83	4.99	5.13	5.25	5.36
	4.21	4.89	5.32	5.63	5.88	6.08	6.26	6.41	6.54	6.66
16	3.00	3.65	4.05	4.33	4.56	4.74	4.90	5.03	5.15	5.26
	4.13	4.79	5.19	5.49	5.72	5.92	6.08	6.22	6.35	6.46
18	2.97	3.61	4.00	4.28	4.49	4.67	4.82	4.96	5.07	5.17
	4.07	4.70	5.09	5.38	5.60	5.79	5.94	6.08	6.20	6.31
20	2.95	3.58	3.96	4.23	4.45	4.62	4.77	4.90	5.01	5.11
	4.02	4.64	5.02	5.29	5.51	5.69	5.84	5.97	6.09	6.19
30	2.89	3.49	3.85	4.10	4.30	4.46	4.60	4.72	4.82	4.92
	3.89	4.45	4.80	5.05	5.24	5.40	5.04	5.65	5.76	5.85
40	2.86	3.44	3.79	4.04	4.23	4.39	4.52	4.63	4.73	4.82
	3.82	4.37	4.70	4.93	5.11	5.26	5.39	5.50	5.60	5.69
60	2.83	3.40	3.74	3.98	4.16	4.31	4.44	4.55	4.65	4.73
	3.76	4.28	4.59	4.82	4.99	5.13	5.25	5.36	5.45	5.53
120	2.80	3.36	3.68	3.92	4.10	4.24	4.36	4.47	4.56	4.64
	3.70	4.20	4.50	4.71	4.87	5.01	5.12	5.21	5.30	5.38
∞	2.77	3.31	3.63	3.86	4.03	4.17	4.29	4.39	4.47	4.55
	3.64	4.12	4.40	4.60	4.76	4.88	4.99	5.08	5.16	5.23

附表 8 新复极差 SSR 检验值表

（上为 $SSR_{0.05}$，下为 $SSR_{0.01}$）

自由度	k（秩次距）									
	2	3	4	5	6	7	8	9	10	11
2	6.09	6.09	6.09	6.09	6.09	6.09	6.09	6.09	6.09	6.09
	14.04	14.04	14.04	14.04	14.04	14.04	14.04	14.04	14.04	14.04
3	4.50	4.52	4.52	4.52	4.52	4.52	4.52	4.52	4.52	4.52
	8.26	8.32	8.32	8.32	8.32	8.32	8.32	8.32	8.32	8.32
4	4.00	3.93	4.01	4.03	4.03	4.03	4.03	4.03	4.03	4.03
	6.51	6.68	6.74	6.76	6.76	6.76	6.76	6.76	6.76	6.76
5	3.75	3.80	3.81	3.81	3.81	3.64	3.81	3.81	3.81	3.81
	5.89	5.99	6.04	6.07	6.07	5.70	6.07	6.07	6.07	6.07
6	3.46	3.59	3.65	3.68	3.69	3.70	3.70	3.70	3.70	3.70
	5.24	5.44	5.55	5.61	5.66	5.68	5.69	5.70	5.70	5.70
7	3.34	3.48	3.55	3.59	3.61	3.62	3.63	3.63	3.63	3.63
	4.95	5.15	5.26	5.33	5.38	5.42	5.44	5.45	5.46	5.47
8	3.26	3.40	3.48	3.52	3.55	3.57	3.58	3.58	3.58	3.58
	4.75	4.94	5.06	5.13	5.19	5.23	52.56	5.28	5.29	5.30
9	3.20	3.34	3.42	3.47	3.50	3.52	3.54	3.54	3.55	3.55
	4.60	4.79	4.91	4.99	5.04	5.09	5.12	5.14	5.16	5.17
10	3.15	3.29	3.38	3.43	3.47	3.49	3.51	3.52	3.52	3.53
	4.48	4.67	4.79	4.87	4.93	4.98	5.01	5.04	5.06	5.07
11	3.11	3.26	3.34	3.4	3.44	3.46	3.48	3.49	3.50	3.51
	4.39	4.58	4.70	4.78	4.84	4.89	4.92	4.95	4.98	4.99
12	3.08	3.23	3.31	3.37	3.41	3.44	3.46	3.47	3.48	3.49
	4.32	4.50	4.62	4.71	4.77	4.82	4.85	4.88	4.91	4.93
13	3.06	3.20	3.29	3.35	3.39	3.42	3.44	3.46	3.47	3.48
	4.26	4.44	4.56	4.64	4.71	4.75	4.79	4.82	4.85	4.87
14	3.03	3.18	3.27	3.33	3.37	3.44	3.40	3.43	3.46	3.47
	4.21	4.39	4.51	4.59	4.65	4.78	4.70	4.74	4.80	4.82
15	3.01	3.16	3.25	3.31	3.36	3.39	3.41	3.43	3.45	3.46
	4.17	4.35	4.46	4.55	4.61	4.66	4.70	4.73	4.76	4.78
16	3.00	3.14	3.24	3.30	3.34	3.38	3.40	3.42	3.44	3.45
	4.13	4.31	4.43	4.51	4.57	4.62	4.66	4.70	4.72	4.75
17	2.98	3.13	3.22	3.29	3.33	3.37	3.39	3.41	3.43	3.44
	4.10	4.28	4.39	4.47	4.54	4.59	4.63	4.66	4.69	4.72
18	2.97	3.12	3.21	3.27	3.32	3.36	3.38	3.40	3.42	3.44
	4.07	4.25	4.36	4.45	4.51	4.56	4.60	4.64	4.66	4.69
19	2.96	3.11	3.20	3.26	3.31	3.35	3.38	3.40	3.42	3.43
	4.05	4.22	4.34	4.42	4.48	4.53	4.58	4.61	4.64	4.66
20	2.95	3.10	3.19	3.26	3.30	3.34	3.37	3.39	3.41	3.42
	4.02	4.20	4.31	4.40	4.46	4.51	4.55	4.59	4.62	4.64

自由度	k（秩次距）									
	2	3	4	5	6	7	8	9	10	11
21	2.94	3.09	3.18	3.25	3.30	3.33	3.36	3.39	3.40	3.42
	4.00	4.18	4.29	4.37	4.44	4.49	4.53	4.57	4.60	4.62
22	2.93	3.08	3.17	3.24	3.29	3.33	3.36	3.38	3.40	3.41
	3.99	4.16	4.27	4.36	4.42	4.47	4.51	4.55	4.58	4.60
23	2.93	3.07	3.17	3.23	3.28	3.32	3.35	3.37	3.39	3.41
	3.97	4.14	4.25	4.34	4.40	4.45	4.50	4.53	4.56	4.59
24	2.92	3.07	3.16	3.23	3.28	3.32	3.35	3.37	3.39	3.41
	3.96	4.13	4.24	4.32	4.39	4.44	4.48	4.52	4.55	4.57
25	2.91	3.06	3.15	3.22	3.27	3.31	3.34	3.37	3.39	3.40
	3.94	4.11	4.22	4.31	4.37	4.42	4.47	4.50	4.53	4.56
26	2.91	3.05	3.15	3.22	3.27	3.31	3.34	3.36	3.38	3.40
	3.93	4.10	4.21	4.29	4.36	4.41	4.45	4.49	4.52	4.55
27	2.90	3.05	3.14	3.21	3.26	3.30	3.33	3.36	3.38	3.40
	3.92	4.09	4.20	4.28	4.35	4.40	4.44	4.48	4.51	4.54
28	2.90	3.04	3.14	3.21	3.26	3.30	3.33	3.36	3.38	3.39
	3.91	4.08	4.19	4.27	4.33	4.39	4.43	4.47	4.50	4.52
29	2.89	3.04	3.14	3.20	3.25	3.29	3.33	3.35	3.37	3.39
	3.90	4.07	4.18	4.26	4.32	4.38	4.42	4.46	4.49	4.51
30	2.89	3.04	3.13	3.20	3.25	3.29	3.32	3.35	3.37	3.39
	3.89	4.06	4.17	4.25	4.31	4.37	4.41	4.45	4.48	4.50
31	2.88	3.03	3.13	3.20	3.25	3.29	3.31	3.37	3.39	3.40
	3.88	4.05	4.16	4.24	4.31	4.36	4.40	4.44	4.47	4.50
32	2.88	3.03	3.12	3.19	3.24	3.28	3.32	3.34	3.37	3.39
	3.87	4.04	4.15	4.23	4.30	4.35	4.39	4.43	4.46	4.49
33	3.02	3.12	3.19	3.24	3.28	3.31	2.88	3.34	3.36	3.38
	4.03	4.14	4.22	4.29	4.34	4.38	4.37	4.42	4.45	4.48
34	3.02	3.12	3.19	3.24	3.28	3.31	2.87	3.34	3.36	3.38
	4.02	4.14	4.22	4.28	4.33	4.38	4.36	4.41	4.44	4.47
35	2.87	3.02	3.11	3.18	3.24	3.28	3.31	3.34	3.36	3.38
	3.85	4.02	4.13	4.21	4.27	4.33	4.37	4.41	4.44	4.47
36	2.87	3.02	3.11	3.18	3.23	3.27	3.31	3.34	3.36	3.38
	3.85	4.01	4.12	4.20	4.27	4.32	4.36	4.40	4.43	4.46
38	2.86	3.01	3.11	3.18	3.23	3.27	3.30	3.33	3.36	3.38
	3.84	4.00	4.11	4.19	4.25	4.31	4.35	4.39	4.42	4.45
40	2.86	3.01	3.10	3.17	3.22	3.27	3.30	3.33	3.35	3.37
	3.83	3.99	4.10	4.18	4.24	4.30	4.34	4.38	4.41	4.44
80	2.81	2.96	3.06	3.13	3.19	3.23	3.27	3.30	3.32	3.35
	3.73	3.89	4.00	4.08	4.14	4.19	4.24	4.27	4.31	4.37
120	2.95	3.05	3.12	3.17	3.22	2.80	3.25	3.29	3.31	3.34
	3.86	3.86	3.96	4.04	4.11	4.16	4.20	4.24	4.27	4.34
∞	2.77	2.92	3.02	3.09	3.15	3.19	3.23	3.27	3.29	3.32
	3.67	3.80	3.90	3.98	4.04	4.09	4.14	4.17	4.21	4.24

附表 9　常用正交表

$L_4(2^3)$

试验号	1	2	3
1	1	1	1
2	1	2	2
3	2	1	2
4	2	2	1

$L_8(2^7)$

试验号	1	2	3	4	5	6	7
1	1	1	1	1	1	1	1
2	1	1	1	2	2	2	2
3	1	2	2	1	1	2	2
4	1	2	2	2	2	1	1
5	2	1	2	1	2	1	2
6	2	1	2	2	1	2	1
7	2	2	1	1	2	2	1
8	2	2	1	2	1	1	2

$L_8(2^7)$ 的交互作用列表

1	2	3	4	5	6	7
(1)	3	2	5	4	7	6
	(2)	1	6	7	4	5
		(3)	7	6	5	4
			(4)	1	2	3
				(5)	3	2
					(6)	1
						(7)

$L_8(2^7)$ 表头设计

试验号	1	2	3	4	5	6	7
3	A	B	$A \times B$	C	$A \times C$	$B \times C$	
4	A	B	$A \times B$ $C \times D$	C	$A \times C$ $B \times D$	$B \times C$ $A \times D$	D
4	A	B $C \times D$	$A \times B$	C $B \times D$	$A \times C$	D $B \times C$	$A \times D$
5	A $D \times E$	B $C \times D$	$A \times B$ $C \times E$	C $B \times D$	$A \times C$ $B \times E$	D $A \times E$ $B \times C$	E $A \times D$

$$L_9(3^4)$$

试验号	1	2	3	4
1	1	1	1	1
2	1	2	2	2
3	1	3	3	3
4	2	1	2	3
5	2	2	3	1
6	2	3	1	2
7	3	1	3	2
8	3	2	1	3
9	3	3	2	1

$$L_{18}(3^7)$$

试验号	1	2	3	4	5	6	7
1	1	1	1	1	1	1	1
2	1	1	1	1	2	2	2
3	1	1	1	1	3	3	3
4	1	2	2	2	1	1	1
5	1	2	2	2	2	2	2
6	1	2	2	2	3	3	3
7	1	3	3	3	1	1	1
8	1	3	3	3	2	2	2
9	1	3	3	3	3	3	3
10	2	1	2	3	1	2	3
11	2	1	2	3	2	3	1
12	2	1	2	3	3	1	2
13	2	2	3	1	1	2	3
14	2	2	3	1	2	3	1
15	2	2	3	1	3	1	2
16	2	3	1	2	1	2	3
17	2	3	1	2	2	3	1
18	2	3	1	2	3	1	2

$L_8(4\times2^4)$

试验号	1	2	3	4	5
1	1	1	1	1	1
2	1	2	2	2	2
3	2	1	1	2	2
4	2	2	2	1	1
5	3	1	2	1	2
6	3	2	1	2	1
7	4	1	2	2	1
8	4	2	1	1	2

$L_{16}(4\times2^{12})$

试验号	1	2	3	4	5	6	7	8	9	10	11	12	13
1	1	1	1	1	1	1	1	1	1	1	1	1	1
2	1	1	1	1	1	2	2	2	2	2	2	2	2
3	1	2	2	2	2	1	1	1	1	2	2	2	2
4	1	2	2	2	2	2	2	2	2	1	1	1	1
5	2	1	1	2	2	1	1	2	2	1	1	2	2
6	2	1	1	2	2	2	2	1	1	2	2	1	1
7	2	2	2	1	1	1	1	2	2	2	2	1	1
8	2	2	2	1	1	2	2	1	1	1	1	2	2
9	3	1	2	1	2	1	2	1	2	1	2	1	2
10	3	1	2	1	2	2	1	2	1	2	1	2	1
11	3	2	1	2	1	1	2	1	2	2	1	2	1
12	3	2	1	2	1	2	1	2	1	1	2	1	2
13	4	1	2	2	1	1	2	2	1	1	2	2	1
14	4	1	2	2	1	2	1	1	2	2	1	1	2
15	4	2	1	1	2	1	2	2	1	2	1	1	2
16	4	2	1	1	2	2	1	1	2	1	2	2	1

$L_{16}(4^2\times2^9)$

试验号	1	2	3	4	5	6	7	8	9	10	11
1	1	1	1	1	1	1	1	1	1	1	1
2	1	2	1	1	1	2	2	2	2	2	2
3	1	3	2	2	2	1	1	1	2	2	2
4	1	4	2	2	2	2	2	2	1	1	1
5	2	1	1	2	2	1	2	2	1	2	2
6	2	2	1	2	2	2	1	1	2	1	1
7	2	3	2	1	1	1	2	2	2	1	1
8	2	4	2	1	1	2	1	1	1	2	2
9	3	1	2	1	2	2	1	2	2	1	2
10	3	2	2	1	2	1	2	1	1	2	1
11	3	3	1	2	1	2	1	2	1	2	1
12	3	4	1	2	1	1	2	1	2	1	2
13	4	1	2	2	1	2	2	1	2	2	1
14	4	2	2	2	1	1	1	2	1	1	2
15	4	3	1	1	2	2	2	1	1	1	2
16	4	4	1	1	2	1	1	2	2	2	1

附表 10　相关系数的临界值($r_\alpha(n-2)$)表

$$P(|r|>r_\alpha(n-2))=\alpha$$

剩余自由度	α				
	0.10	0.05	0.02	0.01	0.001
1	0.98769	0.99692	0.999507	0.999877	0.9999988
2	0.90000	0.95000	0.98000	0.99000	0.99900
3	0.8054	0.8783	0.93433	0.95873	0.99116
4	0.7293	0.8114	0.8822	0.91720	0.97406
5	0.6694	0.7545	0.8329	0.8745	0.95074
6	0.6215	0.7067	0.7887	0.8343	0.92493
7	0.5822	0.6664	0.7498	0.7977	0.8982
8	0.5494	0.6319	0.7155	0.7646	0.8721
9	0.5214	0.6021	0.6851	0.7348	0.8471
10	0.4973	0.5760	0.6581	0.7079	0.8233
11	0.4762	0.5529	0.6339	0.6835	0.8010
12	0.4575	0.5324	0.6120	0.6614	0.7800
13	0.4409	0.5139	0.5923	0.6411	0.7603
14	0.4259	0.4973	0.5742	0.6226	0.7420
15	0.4124	0.4821	0.5577	0.6055	0.7246
16	0.4000	0.4683	0.5425	0.5897	0.7084
17	0.3887	0.4555	0.5285	0.5751	0.6932
18	0.3783	0.4438	0.5155	0.5614	0.6787
19	0.3687	0.4329	0.5034	0.5487	0.6652
20	0.3598	0.4227	0.4921	0.5368	0.6524
25	0.3233	0.3809	0.4451	0.4869	0.5974
30	0.2960	0.3494	0.4093	0.4487	0.5541
35	0.2746	0.3246	0.3810	0.4182	0.5189
40	0.2573	0.3044	0.3578	0.3932	0.4896
45	0.2428	0.2875	0.3384	0.3721	0.4648
50	0.2306	0.2732	0.3218	0.3541	0.4433
60	0.2108	0.2500	0.2948	0.3248	0.4078
70	0.1954	0.2319	0.2737	0.3017	0.3799
80	0.1829	0.2172	0.2565	0.2830	0.3568
90	0.1726	0.2050	0.2422	0.2673	0.3375
100	0.1638	0.1946	0.2301	0.2540	0.3211